kristallisationslabor

Herausgegeben von G. Hofmann
Kristallisation in der industriellen Praxis

Weitere empfehlenswerte Bücher:

Sattler, K.

**Thermische Trennverfahren
Grundlagen, Auslegung, Apparate**

3., überarbeitete und erweiterte Auflage

2001, ISBN 3-527-30243-3

Sundmacher, K., Kienle, A. (Hrsg.)

**Reactive Distillation
Status and Future Directions**

2003, ISBN 3-527-30579-3

Schubert, H. (Hrsg.)

**Handbuch der Mechanischen Verfahrenstechnik
(2 Bände)**

2003, ISBN 3-527-30577-7

Bohnet, M. (Hrsg.)

Mechanische Verfahrenstechnik

2004, ISBN 3-527-31099-1

**Ullmann's Processes and Process Engineering
(3 Bände)**

2004, ISBN 3-527-31096-7

Herausgegeben von Günter Hofmann

Kristallisation
in der industriellen Praxis

WILEY-VCH Verlag GmbH & Co. KGaA

Herausgeber

Dipl.-Ing. Günter Hofmann
Messo-Chemietechnik GmbH
Friedrich-Ebert-Str. 134
47229 Duisburg

■ Das vorliegende Werk wurde sorgfältig erarbeitet. Dennoch übernehmen Herausgeber, Autoren und Verlag für die Richtigkeit von Angaben, Hinweisen und Ratschlägen sowie für eventuelle Druckfehler keine Haftung.

Bibliografische Information
Der Deutschen Bibliothek
Die Deutsche Bibliothek verzeichnet diese Publikation in der Deutschen Nationalbibliografie; detaillierte bibliografische Daten sind im Internet über <http://dnb.ddb.de> abrufbar.

© 2004 WILEY-VCH Verlag GmbH & Co. KGaA, Weinheim.

Alle Rechte, insbesondere die der Übersetzung in andere Sprachen, vorbehalten. Kein Teil dieses Buches darf ohne schriftliche Genehmigung des Verlages in irgendeiner Form – durch Fotokopie, Mikroverfilmung oder irgendein anderes Verfahren – reproduziert oder in eine von Maschinen, insbesondere von Datenverarbeitungsmaschinen, verwendbare Sprache übertragen oder übersetzt werden.

All rights reserved (including those of translation into other languages). No part of this book may be reproduced in any form – by photoprinting, microfilm, or any other means – nor transmitted or translated into a machine Language without written permission from the publishers. Registered names, trademarks, etc. used in this book, even when not specifically marked as such, are not to be considered unprotected by law.

Printed in the Federal Republic of Germany

Gedruckt auf säurefreiem Papier

Satz Kühn & Weyh, Satz und Medien, Freiburg
Druck betz-druck GmbH, Darmstadt
Bindung Litges & Dopf Buchbinderei GmbH, Heppenheim

ISBN 3-527-30995-0

Inhaltsverzeichnis

Vorwort *IX*

Vorwort des Herausgebers *XI*

Autoren *XIII*

Häufig verwendete Größen und Einheiten *XV*

I   **Einführung in das Thema** *1*

1   **Übersicht über die behandelten Themen** *(G. Hofmann)* *3*
1.1   Einteilung des Grundverfahrens Kristallisation *3*
1.2   Wirtschaftliche Bedeutung der Kristallisation *5*
1.3   Ziele der Kristallisationsverfahren *6*
1.4   Bedeutung von Gleichgewichtszuständen *7*
1.5   Treibende Kraft: Übersättigung *8*
1.6   Keimbildungsmechanismen *9*
1.7   Kristallwachstum *10*
1.8   Kristallgröße und Kristallgrößenverteilung *12*
1.9   Schmelzkristallisation *14*
1.10   Druck-Kristallisation *14*
1.11   Verfahrenstechnische Realisierung eines Kristallisationsprozesses *14*

II   **Grundlagen** *17*

2   **Gleichgewichtsdiagramme für die Kristallisation aus Lösungen und Schmelzen** *(H. Scherzberg et al.)* *19*
2.1   Grundlagen *19*
2.1.1   Begriffe *19*
2.1.2   Dimensionen für die Konzentrationsangabe *20*
2.1.3   Der Gleichgewichtszustand *21*

Kristallisation in der industriellen Praxis. Herausgegeben von Günter Hofmann
Copyright © 2004 WILEY-VCH Verlag GmbH & Co. KGaA, Weinheim
ISBN: 3-527-30995-0

2.1.4	Der metastabile Zustand	22
2.1.5	Die Gibbs'sche Phasenregel	23
2.1.6	Die Einteilung der Gleichgewichte	25
2.1.7	Die Variablen	25
2.1.8	Löslichkeitskurven und Umwandlungspunkte	26
2.2	Die Darstellung von Mehrstoffsystemen	30
2.2.1	Zweistoffsysteme	30
2.2.2	Dreistoffsysteme	42
2.2.3	Höhere Systeme	52
2.3	Abschluss und Zusammenfassung	60
3	**Grundlagen der Kristallisation** *(W. Beckmann)*	**63**
3.1	Kristallgitter und -formen	63
3.1.1	Bedingungen für den Gitteraufbau – Kristallgitter	63
3.1.2	Indizierung von Flächen – Miller'sche Indices	69
3.1.3	Gitterdefekte	70
3.1.4	Gleichgewichts- und Wachstumsformen	72
3.2	Kristallkeimbildung	75
3.2.1	Primärkeimbildung	76
3.2.2	Metastabiler Bereich und Induktionszeiten für Keimbildung	80
3.2.3	Sekundärkeimbildung	84
3.3	Kristallwachstum	87
3.3.1	Halbkristalllage – F-, S- und K-Flächen	87
3.3.2	Wachstum idealer Kristalle	89
3.3.3	Wachstum von Realkristallen	91
3.3.4	Transportprozesse	94
3.3.5	Fällung	95
3.4	Zusammenfassung	98
4	**Grundlagen der Technischen Kristallisation** *(M. Kind)*	**101**
4.1	Bilanzierung von Kristallisatoren	101
4.1.1	Bilanzierungsbeispiel	104
4.2	Kinetik und Kornzahlbilanz	104
4.3	Vereinfachung der Anzahldichtebilanz (MSMPR-Bedingungen)	105
4.4	Einfluss von Kristallisatorbauart, Betriebsweise und Stoffsystem auf die Kristallgrößenverteilung	106
4.5	Produktqualität	108
4.6	Anfahren und Reisezeit	111
4.7	Mess- und Regeltechnik	112
5	**Agglomeration bei der Kristallisation** *(W. Beckmann)*	**115**
5.1	Einführung	115
5.2	Beispiel Zucker	116
5.3	Agglomeration bei der Feststoffverfahrenstechnik	117
5.4	Kräfte bei der Agglomeration	119

5.5	Einflussgrößen bei der Agglomeration	*121*
5.6	Sphärische Agglomeration	*124*
5.7	Aspekte der Vermessung der Korngrößenverteilung von Agglomeraten	*126*
5.8	Härte von Agglomeraten	*127*
5.9	Zusammenfassung	*128*

6	**Fremdstoffbeeinflussung in der Kristallisation** *(J. Ulrich)*	*131*
6.1	Maßgeschneiderte Additive	*136*
6.2	Multifunktionelle Additive	*138*
6.3	Beispiele	*138*
6.3.1	Caprolactam	*138*
6.3.2	Gips	*141*
6.3.3	Kaliumsulfat	*142*
6.3.4	NaCl	*143*
6.3.5	KCl	*145*
6.3.6	Chlornitrobenzol	*146*
6.4	Ausblick	*146*

7	**Partikelgrößenverteilung und Modellierung von Kristallisatoren** *(S. Heffels)*	*149*
7.1	Messung von Korngrößenverteilungen	*150*
7.2	Darstellungsformen für Korngrößenverteilungen	*153*
7.3	Anzahldichtebilanz (Population Balance)	*153*
7.3.1	Beispiel: Batch-Verdampfungskristallisation	*154*
7.3.2	Beispiel: Batch-Kühlungskristallisation	*155*
7.3.3	Beispiel: MSMPR – Mixed Suspension Mixed Product Removal Kristallisator	*156*
7.3.4	Beispiel: Draft-Tube-Baffle-Kristaller (DTB) mit Feinkornauflösung	*158*
7.3.5	Beispiel: DTB mit klassierendem Austrag	*160*
7.3.6	DTB mit Feinkornauflösung und klassierendem Austrag	*160*
7.3.7	Forced-Circulation-Kristallisator (FC)	*161*
7.4	Impftechnologie	*162*
7.5	Umrechnung Massenverteilung (Korngrößenverteilung) in Anzahldichteverteilung	*164*
7.6	Zusammenfassung	*165*
7.7	Anlagen	*166*
7.7.1	Anlage 1: Berechnung der Kinetik aus einer Siebanalyse durch Anwendung der Populationsbilanz	*166*
7.7.2	Anlage 2: Beispiel Kühlungskristallisator	*168*
7.7.3	Anlage 3: Beispiel: Auslegung eines Verdampfungskristallisators	*169*

| III | **Anwendungen** 171 |

8	**Einfache Kristallisation aus Lösungen** *(H.-P. Wirges)* 173
8.1	Diskontinuierliche Kristallisationsprozesse 173
8.1.1	Einleitung 173
8.1.2	Zielsetzung und Grundtypen der diskontinuierlichen Lösungskristallisation 174
8.1.3	Korngrößenbeeinflussung 178
8.2	Verfahren und Bauarten von Kristallisatoren für die einfache Kristallisation aus Lösungen *(G. Hofmann)* 189
8.2.1	Theoretische Grundlagen 190
8.2.2	Bauarten von Kristallisatoren 197
8.2.3	Peripherie 207
8.2.4	Prozessbesonderheiten 209
8.2.5	Einstellung von Suspensionsdichten 211
8.2.6	Fallbeispiel – Kristallisation von Natriumchlorid (Speisesalz) 212
8.3	Fallbeispiele ausgeführter Anlagen 217
8.3.1	Aufarbeitung von Nasswäschersuspensionen aus der Rauchgasreinigung von Müllverbrennungsanlagen *(Th. Riegel)* 217
8.3.2	Aufarbeitung von Salzschlacken aus Aluminium-Umschmelzbetrieben *(G. Hofmann)* 226

9	**Andere Kristallisationsverfahren** 237
9.1	Druck-Kristallisation *(A. König)* 237
9.1.1	Grundlagen 238
9.1.2	RESS-Verfahren 241
9.1.3	PGSS-Verfahren 243
9.1.4	Zusammenfassung 246
9.2	Verfahren und Apparate zur Kristallisation aus Schmelzen *(J. Ulrich)* 248
9.2.1	Merkmale der Schmelzkristallisation 248
9.2.2	Verfahren und Apparate der Schmelzkristallisation 249
9.2.3	Nachbehandlungsprozesse 257

Index 263

Vorwort

Das Haus der Technik e.V. ist Zentrum für Erfahrungsaustausch und Wissenstransfer, für praxisnahe und hochwertige Weiterbildung in Technik und Wirtschaft. Es wendet sich an Fach- und Führungskräfte der Wirtschaft, Verwaltung und Industrie. Innovationen und neue wissenschaftliche Erkenntnisse praxisnah und umsetzungsorientiert zu vermitteln – das ist die Zielsetzung, die das Haus der Technik seit 75 Jahren verfolgt und erfolgreich in seinen Seminaren, Tagungen, Kongressen, Lehrgängen und Weiterbildungsstudiengängen umsetzt. Das Haus der Technik ist als Außeninstitut der RWTH Aachen auch ein Forum, in dem wichtige Themen intensiv erörtert werden, die von zentralem Interesse für Entscheidungen in Wirtschaft und Verwaltung sind.

Das Seminar „Grundlagen und Anwendungen der Kristallisation" wird vom Haus der Technik seit mehr als 20 Jahren mit großem Erfolg durchgeführt. Führende Wissenschaftler stehen seitdem als Referenten für den Teil der Grundlagen zur Verfügung. Für den praktischen Teil engagieren sich stets Fachleute aus der Industrie und dem Anlagenbau. Zwar wechselten in dieser langen Zeit die Referenten, doch waren es stets die führenden Experten, die ihre gesammelten Kenntnisse an die jeweilige neue Generation weitergegeben haben. Es lag also nahe, den vorhandenen Wissensstoff einem noch größeren Interessentenkreis zugänglich zu machen.

Wir freuen uns, dass als sichtbares Ergebnis der guten Zusammenarbeit zwischen allen jetzt am HdT-Seminar beteiligten Referenten und der WILEY-VCH Verlag GmbH das nun vorliegende Buch für Praktiker entstanden ist und wir als Haus der Technik e.V. unseren Teil dazu beitragen durften.

November 2003   Dipl.-Ing. Kai Brommann
Essen   Haus der Technik e.V.

Kristallisation in der industriellen Praxis. Herausgegeben von Günter Hofmann
Copyright © 2004 WILEY-VCH Verlag GmbH & Co. KGaA, Weinheim
ISBN: 3-527-30995-0

Vorwort des Herausgebers

In den ersten Seminaren über technische Kristallisation, die in Deutschland in den 70er Jahren durchgeführt wurden und an denen ich als junger, im Beruf unerfahrener Ingenieur teilnehmen durfte, sprach man noch von der Kunst des Kristallisierens. 30 Jahre später sind wir, Dank internationaler Forschung und Lehre auf diesem Gebiet, immerhin schon in der Lage, Kristallisationsprozesse durch naturwissenschaftliche Regeln zu beschreiben. Zu diesem Fortschritt haben Universitäten und Industrie in stetigem Austausch gleichermaßen beigetragen, z. B. über die AIF Gemeinschaftsforschung und den GVC-Fachausschuss *Kristallisation*.

Analog gliedern sich dieses Buch und das diesem Buch zu Grunde liegende, praxisbetonte HdT-Seminar in zwei Abschnitte, die *Grundlagen* und die *Anwendungen*. Alle an diesem Seminar und diesem Buch beteiligten Autoren aus Forschung und Praxis sind seit vielen Jahren auf dem Gebiet der Kristallisation tätig und haben mit ihrer Arbeit maßgeblich zum heutigen Stand des Wissens beigetragen. An dieser Stelle nicht unerwähnt bleiben dürfen auch jene Dozenten der frühen Jahre, die emeritierten Professoren R. Lacmann (TU Braunschweig) und A. Mersmann (TU München) sowie der frühere Geschäftsführer der Messo-Chemietechnik in Duisburg, W. Wöhlk, die das Seminar Anfang der 80er Jahre ins Leben riefen und auf die Beiträge dieses Buches wesentlichen Einfluss nahmen.

Im Nachfolgenden möchte ich Ihnen die heutigen Referenten und Ihre Beiträge zu diesem Buch kurz vorstellen.

Dr. habil. W. Beckmann vertritt in dem Pharmaunternehmen Schering AG in Berlin das Fachgebiet Kristallisation. In der Pharmaindustrie ist die Kristallisation eine der wichtigsten Trenntechniken und qualitätsbestimmend für die Produkte. Dr. W. Beckmann verfasste die Beiträge „*Grundlagen der Kristallisation*" und „*Agglomeration bei der Kristallisation*".

Dr. Ir. S. Heffels von der Siemens-Axiva GmbH & Co. KG in Frankfurt wird Ihnen in seinem Beitrag das Wissenswerte zu „*Partikelgrößenverteilungen und Modellierung von Kristallisatoren*" vermitteln.

Prof. Dr.-Ing. M. Kind, Lehrstuhlinhaber und Leiter des Institutes für Thermische Verfahrenstechnik der Universität Karlsruhe und außerdem Leiter des Fachausschusses *Kristallisation* in der VDI-Gesellschaft Verfahrenstechnik und Chemieingenieurwesen (GVC) ist Verfasser des Beitrages „*Grundlagen der technischen Kristallisation*".

Kristallisation in der industriellen Praxis. Herausgegeben von Günter Hofmann
Copyright © 2004 WILEY-VCH Verlag GmbH & Co. KGaA, Weinheim
ISBN: 3-527-30995-0

Prof. Dr.-Ing. A. König vom Institut für Technische Chemie 2 der Universität Erlangen-Nürnberg stellt mit seinem Beitrag „*Druck-Kristallisation*" eine jüngere Anwendung des Einheitsverfahrens Kristallisation vor, das der Erzeugung besonders feiner Kristalle dient.

Dipl.-Ing. R. Schmitz[1] †, **Dr. H. Scherzberg**[2] und **Dipl.-Phys. J. Bach**[2] von der Messo-Chemietechnik GmbH ([1]) in Duisburg bzw. der Kali-Umwelttechnik GmbH ([2]) in Sondershausen sind Verfasser des grundlegenden Beitrages über die Behandlung der „*Gleichgewichtsdiagramme für die Kristallisation aus Lösungen und Schmelzen*".

Prof. Dr.-Ing. J. Ulrich ist Lehrstuhlinhaber und Leiter des Institutes für Thermische Verfahrenstechnik an der Universität Halle-Wittenberg, außerdem Vorsitzender der *Working Party on Crystallization* der *European Federation of Chemical Engineering (EFCE)*, die alle drei Jahre das *International Symposium on Industrial Crystallization* veranstaltet, **das** wichtigste Veranstaltungsereignis in der Welt der Kristallisation. Prof. Ulrich ist Verfasser der Beiträge „*Fremdstoffbeeinflussung in der Kristallisation*" und „*Verfahren und Apparate zur Kristallisation aus Schmelzen*".

Dr. P. Wirges von der Bayer Technology Services GmbH (BTS) in Leverkusen und dort zuständig für die Koordinierung der Kristallisations-Aktivitäten der Gesellschaft zeichnet verantwortlich für den wichtigen Beitrag „*Diskontinuierliche Kristallisation*".

Dipl.-Ing. Th. Riegel, mein Firmenkollege und Geschäftsführer der Messo AG in Winterthur, steht für den Anlagenbau auf dem Gebiet der Kristallisationsanlagen. In seinem Beitrag „*Aufarbeitung von Nasswäschersuspensionen aus der Rauchgasreinigung von Müllverbrennungsanlagen*" wird dargestellt, wie aufbauend auf einer typischen Problemstellung ein Kristallisationsprozess maßgeschneidert werden kann.

Meine Beiträge befassen sich ebenfalls mit dem Gebiet der Anwendungen und stellen die „*Verfahren und Bauarten von Kristallisatoren für die einfache Kristallisation aus Lösungen*" vor sowie ein weiteres Fallbeispiel, die Entwicklung und Realisierung eines Prozesses zur „*Aufarbeitung von Salzschlacken aus Aluminium-Umschmelzbetrieben*".

Natürlich können wir in diesem Buch bei weitem nicht alle Bereiche des Thermischen Trennverfahrens *Kristallisation* behandeln oder auch nur erwähnen. Dafür ist dieses Gebiet einfach zu groß. Wir hoffen aber, dass wir Sie mit unserer Freude an diesem Fachgebiet Kristallisation, die teilweise sicher Begeisterung ist, anstecken können und wünschen jedem unserer Leser, dass er Nutzen aus der Lektüre unseres Buches ziehen kann.

November 2003
Duisburg

Günter Hofmann
Messo-Chemietechnik GmbH

Herausgeber und Autoren

Herausgeber

Dipl.-Ing. G. Hofmann
Messo-Chemietechnik GmbH
Friedrich-Ebert-Straße 134
47229 Duisburg-Rheinhausen

Haus der Technik e. V.
Hollerstraße 1
45127 Essen

Autoren

Dipl.-Phys. J. Bach
Kali-Umwelttechnik GmbH
Am Petersenschacht 7
99706 Sondershausen
Kapitel 2

Dr. habil. W. Beckmann
Chemische Entwicklung-Verfahrenstechnik
Schering AG
Müllerstraße 170–178
13353 Berlin
Kapitel 3, 5

Dr. Ir. S. Heffels
Siemens-Axiva GmbH & Co. KG
Industriepark Höchst
Gebäude G 811
65926 Frankfurt/Main
Kapitel 7

Kristallisation in der industriellen Praxis. Herausgegeben von Günter Hofmann
Copyright © 2004 WILEY-VCH Verlag GmbH & Co. KGaA, Weinheim
ISBN: 3-527-30995-0

Dipl.-Ing. G. Hofmann
Messo-Chemietechnik GmbH
Friedrich-Ebert-Straße 134
47229 Duisburg-Rheinhausen
Kapitel 1, 8.2, 8.3.2

Prof. Dr.-Ing. M. Kind
Universität Karlsruhe (TH)
Institut für Thermische Verfahrenstechnik
Kaiserstraße 12
76128 Karlsruhe
Kapitel 4

Prof. Dr.-Ing. A. König
Universität Erlangen-Nürnberg
Institut für Technische Chemie (TC2)
Egerlandstraße 3
91058 Erlangen
Kapitel 9.1

Dipl.-Ing. Th. Riegel
Messo AG
Bürglistraße 29
CH-8401 Winterthur
Kapitel 8.3.1

Dr. H. Scherzberg
Kali-Umwelttechnik GmbH
Am Petersenschacht 7
99706 Sondershausen
Kapitel 2

Dipl.-Ing. R. Schmitz †
ehemals Messo-Chemietechnik GmbH
Friedrich-Ebert-Straße 134
47229 Duisburg-Rheinhausen
Kapitel 2

Prof. Dr.-Ing. J. Ulrich
Martin-Luther-Universität Halle-Wittenberg
Institut für Thermische Verfahrenstechnik
Hoher Weg 7
06120 Halle/Saale
Kapitel 6, 9.2

Dr. H.-P. Wirges
Bayer Technology Services GmbH
Gebäude E41
51368 Leverkusen
Kapitel 8.1

Häufig verwendete Größen und Einheiten

A	Kristalloberfläche	m^2
B_o	Keimbildungsrate	$\#/s^{-1}m^{-3}$
c	Konzentration	kg/m^{-3}
Δc	Übersättigung	kg/m^{-3}
CV	Verteilungskoeffizient	–
D	Rührer– oder Laufraddurchmesser	m
g	Erdbeschleunigung	m/s^{-2}
G	Wachstumsrate	m/s^{-1}
H	Förderhöhe	m Fl. S.
K	Geschwindigkeitskoeffizient	–
k_A	Oberflächenformfaktor	–
k_V	Volumenformfaktor	–
k_g	Proportionalitätskonstante Kristallwachstumsrate	
k_N	Proportionalitätskonstante Keimbildungshäufigkeit	
L	Korngröße	m
L_{50}	Kristallgröße bei 50 % Massensummenverteilung	m
L_c	Trennkorngröße	m
L_p	mittlere Produktkristallgröße	m
L_s	mittlere Impfkristallgröße	m
M	Kristallmasse	kg
M_s	Impfkristallmasse	kg
M_{sl}	Suspensionsdichte	kg/m^{-3}
m_T	suspendierte Kristallmasse	kg
$\dot{m}$	Massenabscheidungsrate	kg/h^{-1}
N	Anzahl	#
N_e	Leistungszahl Rührer	
n	Drehzahl	min^{-1}
n	Anzahldichte	$\#/m^{-4}$
n	Gleichmäßigkeitszahl	–
P	Leistung	kW
$\dot{P}$	Produktionsleistung	kg/h^{-1}
t	Zeit	s
W_s	Gewicht Saatgut	kg

Kristallisation in der industriellen Praxis. Herausgegeben von Günter Hofmann
Copyright © 2004 WILEY-VCH Verlag GmbH & Co. KGaA, Weinheim
ISBN: 3-527-30995-0

W	Gewichtsfraktion	–
V	Volumen	m^3
$\dot{V}$	Volumenstrom, Umwälzmenge	m^3/h^{-1}
ρ	Dichte	kg/m^{-3}
σ	relative Übersättigung	–
τ	Verweilzeit	s
η	Wirkungsgrad	–
ε	spezifischer Leistungseintrag	kW/m^{-3}
ω	Rührerdrehzahl	$\#/s^{-1}$

I
Einführung in das Thema

1
Übersicht über die behandelten Themen

G. Hofmann

1.1
Einteilung des Grundverfahrens Kristallisation

Die Kristallisation ist ein Stofftrennungsverfahren, das den thermischen Prozessen der Verfahrenstechnik zuzuordnen ist (vgl. Abb. 1.2). Jedoch müssen zusätzlich zum Einheitsverfahren Kristallisation Kenntnisse aus einer Vielzahl anderer Einheitsverfahren in die Anlagenplanung und den Anlagenbetrieb mit eingebracht werden. Gemäß Abbildung 1.1 kann das Grundverfahren Kristallisation nach verschiedenen Gesichtspunkten unterteilt werden.

Geht es um die Erzeugung einzelner – im allgemeinen besonders reiner – Kristalle, spricht man von der *Einkristallzüchtung*. Siliciumeinkristalle für die Solartechnik oder Galliumarsenidkristalle, deren Züchtung schon im Weltraum erprobt wurde, sind hierfür Beispiele. Werden in einem Verfahren dagegen Kristalle in großen Mengen produziert, spricht man von der *Massen-* bzw. *Kornkristallisation*. Die

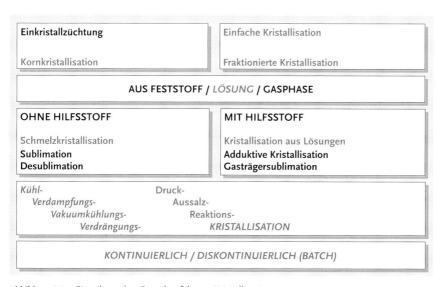

Abbildung 1.1 Einteilung des Grundverfahrens Kristallisation.

1 Übersicht über die behandelten Themen

Mechanische Prozesse
- Mahlen
- Sieben
- Dosieren

Chemische / Biochemische Prozesse
- Reaktion
- Synthese
- Fermentation

Hydrodynamische Prozesse
- Fördern
- Gasreinigung
- Endicken
- Filtrieren
- Zentrifugieren
- Mischen

Thermische Prozesse
- Wärmeaustausch
- Eindampfung
- *Kristallisation*
- Destillation
- Trocknen
- Gasverdichtung
- Gasverflüssigung
- Kälteerzeugung

Diffusionsprozesse
- Trocknung
- Ad/Absorption
- Extraktion

Abbildung 1.2 Einheitsverfahren in einer Kristallisationsanlage.

Apparate und Verfahren, in denen Einkristalle bzw. Massenkristallisate hergestellt werden, sind sehr unterschiedlich. Im Rahmen dieses Buches wird die *Kornkristallisation* behandelt werden.

Wird für die Trennung eines Stoffgemisches nur eine theoretische Stufe benötigt, spricht man von der *einfachen Kristallisation*. Zur Trennung eines Stoffgemisches, das Mischkristalle bildet, benötigt man mehrere theoretische Stufen und nennt das Verfahren in Analogie zur Rektifikation *fraktionierte Kristallisation*.

Die bekannteste und auch am weitesten technisch genutzte Methode ist die Kristallisation aus der flüssigen Phase. Daneben existieren aber auch technisch durchaus bedeutungsvolle Verfahren, bei denen aus fester oder aus der Dampfphase kristallisiert wird. Im Rahmen dieses Buches wird die *Kristallisation aus der flüssigen Phase* behandelt.

Verwendet man zusätzlich zu der zu gewinnenden Substanz einen weiteren Stoff, spricht man von der *Hilfsstoff-Kristallisation*. Zu dieser Methode zählt auch die am häufigsten angewandte Kornkristallisation aus Lösungen. Die *Sublimation/Desublimation* und die *Schmelzkristallisation* benötigen vom Grundsatz her keinen weiteren Stoff als die Substanz, die kristallin gewonnen werden soll. Hierbei spricht man dementsprechend von einer *hilfsstofffreien Kristallisation*.

Schmelzkristallisation und *Lösungskristallisation* werden in diesem Buch behandelt.

Schließlich unterscheidet man die Kristallisationsverfahren nach der Art der Erzeugung der für die Kristallisation erforderlichen treibenden Kraft – der *Übersättigung*. Diese kann erzeugt werden durch Kühlung, durch Verdampfung, durch Verdampfungskühlung, durch Reaktion von Stoffen, durch Anlegen eines hohen Druckes oder durch Erniedrigung der Löslichkeit des zu gewinnenden Produktes mittels Zugabe eines anderen, z. B. löslichen Stoffes *(Drawing-out, Aussalzen)*.

Die Kristallisationsverfahren werden darüber hinaus nach der Art der Betriebsweise in kontinuierliche und Batch-Prozesse unterteilt. Wenngleich der kontinuierliche Betrieb mit den Attributen besser und moderner verbunden ist, insbesondere wegen des geringeren Investitions- und niedrigeren Personalaufwandes, wenn es um Anlagen mit größeren Leistungen geht, finden sich diskontinuierliche Prozesse in der Industrie in bedeutend größerer Zahl als kontinuierliche. So sind auch heute noch in den Unternehmen der Großchemie deutlich mehr diskontinuierlich geführte Kristallisationsprozesse als kontinuierliche vertreten. Die diskontinuierlichen Prozesse haben dann ihre besondere Berechtigung, wenn die Produktionsleistungen verhältnismäßig klein sind, wenn die Anlagen für die Gewinnung unterschiedlicher Produkte verwendet werden sollen (multi purpose) oder wenn die Prozess- oder Reaktionskontrolle kontinuierlich nur schwer durchgeführt werden kann. *Auch die diskontinuierliche Kristallisation wird in diesem Buch vorgestellt.*

1.2 Wirtschaftliche Bedeutung der Kristallisation

Weltweit werden jährlich viele Millionen Tonnen kristalliner Produkte hergestellt. Für eine Auswahl bekannter kristalliner Produkte sind in Tabelle 1.1 jährliche Produktionsleistungen aufgelistet. Wegen der sehr unterschiedlichen Marktwerte der einzelnen Produkte gibt die reine Aufzählung der Leistungsgrößen allerdings noch keinen vollständigen Überblick über die kommerzielle Bedeutung einzelner Produktionsverfahren. So werden anorganische Massenprodukte, wie Natriumchlorid oder Natriumsulfat, zwar für eine Reihe von chemischen Prozessen in großen Mengen benötigt, Spezialchemikalien können aber trotz kleinerer Produktionsleistungen hinsichtlich ihrer Produktionswerte durchaus die so genannten Massenprodukte übersteigen.

Tabelle 1.1 Die wirtschaftliche Bedeutung der Kristallisation.

Produkt	Formel	für Jahr	für Gebiet	Produktion t/a	Wert Mio. €
Natriumchlorid	NaCl	2001	EU	38.348.000	230,1
Zucker	$C_{12}H_{22}O_{11}$	2001	EU	15.000.000	628,5
Natriumsulfat	Na_2SO_4	2000	Welt	6.500.000	58,5
REA-Gips	$CaSO_4 \cdot 2H_2O$	1998	BRD	5.000.000	25,0
Kaliumchlorid	KCl	1998	EU	4.150.000	45,7
Caprolactam	$C_6H_{11}NO$	2002	Welt	3.500.000	385,0
Zitronensäure	$C_6H_8O_4$	2002	Welt	1.423.000	189,5
Silizium-Metall	Si	1999	Welt	300.000	36,4
Isomaltulose	$C_{12}H_{22}O_{11}$	2002	Welt	50.000	10,0

1.3
Ziele der Kristallisationsverfahren

Das offenkundige Ziel der Kristallisation, nämlich die Gewinnung einer kristallinen Phase, die als End- oder Zwischenprodukt weiter verwendet wird, ist nur ein Teil aller denkbaren Aufgabenstellungen für Kristallisationsverfahren (Abb. 1.3).

Bei dem im Rahmen dieses Buches behandelten Beispiel (Kapitel 2), der Aufarbeitung einer komplex zusammengesetzten Lösung aus der Kali-Industrie, ist das Endziel des Verfahrens die Erzeugung einer hoch konzentrierten Magnesiumchloridlösung, in der nur noch möglichst wenige der Nebenkomponenten aus der Kalidüngerherstellung enthalten sind. Die hierzu eingesetzten Kristallisationsverfahren dienen demnach zur Trennung eines Stoffgemisches und nicht primär zur Gewinnung eines Produktkristallisates.

Für nahezu alle Schmelzkristallisationsprozesse gilt die gleiche Zielsetzung.

Für die Aufkonzentrierung von Lösungen werden üblicherweise Eindampfprozesse oder auch Membranverfahren angewandt. Für solche Aufgabenstellungen sind aber auch Kristallisationsverfahren im Einsatz. So werden bspw. Fruchtsäfte durch Ausfrieren, d. h. durch Kristallisation des im Fruchtsaft enthaltenen Wassers aufkonzentriert.

Mit ähnlichen Technologien wird ein anderes Ziel von Kristallisationsverfahren verfolgt: die Gewinnung des reinen Lösungsmittels. Kristallisiert man bspw. aus Meerwasser das Lösungsmittel Wasser aus und trennt das Eis von der verbleibenden aufkonzentrierten Sole ab, erhält man Süßwasser bei verhältnismäßig geringem Energieaufwand im Vergleich zur einstufigen Destillation.

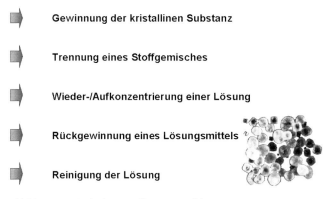

➡ Gewinnung der kristallinen Substanz

➡ Trennung eines Stoffgemisches

➡ Wieder-/Aufkonzentrierung einer Lösung

➡ Rückgewinnung eines Lösungsmittels

➡ Reinigung der Lösung

Abbildung 1.3 Ziele der Kristallisationsverfahren.

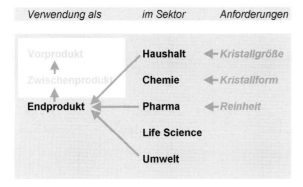

Abbildung 1.4 Anforderungen an das Kristallisat.

Schließlich kann mit einem Kristallisationsverfahren auch die Reinigung einer Lösung durchgeführt werden. Fällungsoperationen, z. B. zur Ausfällung von Schwermetallen aus Lösungen, sind Beispiele hierfür.

Kristallisationsprozesse mit all diesen unterschiedlichen Zielvorstellungen werden sowohl im Hauptproduktionskreislauf, d. h. zur Erzeugung von industriellen Produkten, wie auch im Nebenkreislauf, beispielsweise zur Aufarbeitung von Abstoßlösungen, eingesetzt.

Die Anforderungen an den Verfahrenserfolg ergeben sich angelehnt an die jeweilige Aufgabenstellung für das Kristallisationsverfahren. Im Rahmen dieses Seminars werden im Wesentlichen solche Anforderungen behandelt, die der Markt, das sind der private und der industrielle Nutzer, an das kristalline Produkt stellt (Abb. 1.4). Das Kristallisat hat in aller Regel in Hinblick auf Reinheit, Farbe, Form, Kristallgröße und Kristallgrößenverteilung sehr konkrete Anforderungen zu erfüllen. Um zu klären, wie insbesondere eine geforderte Kristallgröße oder Kristallgrößenverteilung Einfluss auf die Anlagenauslegung nimmt, sind auch die wissenschaftlichen Grundlagen zu erörtern.

1.4
Bedeutung von Gleichgewichtszuständen

Die Gleichgewichte zwischen den beteiligten festen und flüssigen Grenzen stellen die Grenzen des thermodynamisch Machbaren dar. Sie werden grafisch dargestellt in Phasendiagrammen, welche die Gleichgewichtszusammensetzung koexistierender Phasen bei unterschiedlichen Temperaturen (und ggfs. Drücken) angeben. Bei der Kristallisation aus Lösungen erfolgt der Übergang von flüssiger zu fester Phase nach einem streng organisierten Plan in drei Dimensionen. Hierbei müssen Diffusionswiderstände in der Grenzfläche Lösung/Kristall und Einbauwiderstände in der festen Phase selbst überwunden werden. Die Gleichgewichtseinstellung bei der Kristallisation nimmt deshalb u. U. längere Zeit in Anspruch. In Abbildung 1.5 sind zwei Beispiele für Fest-Flüssig-Gleichgewichte wiedergegeben. Sie zeigen zwei

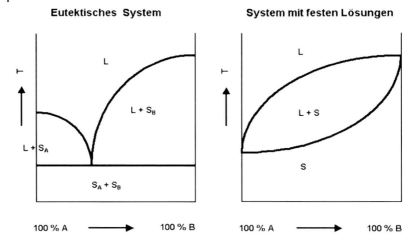

Abbildung 1.5 Bedeutung von Fest/ Flüssig-Gleichgewichten.

Möglichkeiten der Abhängigkeit zwischen der Zusammensetzung der koexistierenden Phasen und der Temperatur bei konstantem Druck für binäre Systeme.

Beim eutektischen System kann prinzipiell sowohl Komponente A oder die Komponente B durch einfache Kühlung in einer theoretischen Stufe rein dargestellt werden. Die meisten großtechnisch interessanten Produkte sind prinzipiell der Gruppe der eutektischen Systeme zuzuordnen.

Das zweite Diagramm in Abbildung 1.5 zeigt ein System, in dem über den gesamten Konzentrationsbereich der Stoffe A und B „Mischkristalle" mit jeweils anderer Zusammensetzung A und B – so genannte feste Lösungen – gebildet werden. Ein System, das diesem Gleichgewichtstyp folgt, benötigt mehrere theoretische Kristallisationsstufen, um zu den reinen Stoffen A oder B zu gelangen.

In Analogie zur Rektifikation spricht man bei der Trennung solcher Stoffsysteme durch Kristallisation von einer fraktionierten Kristallisation.

1.5
Treibende Kraft: Übersättigung

Die Kristallisation, d. h. der Übergang aus der flüssigen in die feste Phase benötigt eine treibende Kraft, d. h. das Verlassen des Gleichgewichtszustandes. Das System muss hierzu übersättigt werden, d. h. es muss ein Zustand hergestellt werden, in dem mehr Gelöstes vorhanden ist, als im Gleichgewichtszustand gelöst sein kann. Wird eine Lösung so übersättigt, versucht sie, ihren Gleichgewichtszustand wieder herzustellen durch

- Bildung neuer fester Partikel (Keimbildung),
- Anlagerung von „Übersättigungsmasse" auf bereits vorhandenen Feststoffen (Kristallwachstum).

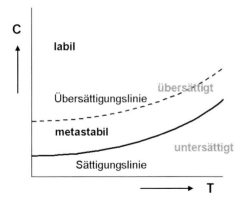

Abbildung 1.6 Der metastabile Bereich der Übersättigung.

Abbildung 1.6 zeigt die Löslichkeit einer kristallisierenden Komponente in einem Lösungsmittel als Funktion der Temperatur. Auf der Löslichkeitslinie (Sättigungslinie) bezeichnet man die Lösung als gesättigt. Bei Zuständen unterhalb dieser Löslichkeitslinie, d. h. geringerer Konzentration als es der Löslichkeitsgrenze entspricht, ist die Lösung untersättigt, bei höheren Konzentrationen übersättigt. Die übersättigte Region kann in zwei Zonen aufgeteilt werden, in eine metastabile und in eine instabile. Wird in der Lösung ein Zustand erreicht, der als instabil zu bezeichnen ist, d. h. überschreitet die tatsächlich vorhandene Konzentration an Gelöstem die so genannte Überlöslichkeitsgrenze, erfolgt die Bildung einer festen Phase spontan. Innerhalb der „metastabilen" Zone werden bereits vorhandene Kristalle durch die anliegende Übersättigung wachsen. Bei Abwesenheit von Feststoffen kann sich jedoch die Übersättigung sehr lange Zeit in der Lösung halten, eine selbstständige Keimbildung ist in diesem Bereich per Definition eher unwahrscheinlich.

1.6 Keimbildungsmechanismen

Keimbildung ist nicht nur die spontane Bildung eines Feststoffes aus einer übersättigten Lösung. Der tatsächliche Vorgang der Geburt neuer Partikel bei der Kristallisation ist komplexer. Neue Kristalle werden aufgrund unterschiedlicher Mechanismen erzeugt (Abb. 1.7).

Die Bildung von Keimen, die lediglich durch Übersättigung erzeugt werden – aufgrund des Zusammenfügens von gelösten Wachstumseinheiten ohne Beeinflussung durch andere Komponenten – wird *primäre homogene Keimbildung* genannt.

Wird die primäre Keimbildung „katalysiert" durch fremdes Material, z. B. durch feste Verunreinigungen in der Lösung, erfolgt durch Interaktion des Fremdstoffs mit der kristallisierenden Komponente eine Erniedrigung der Energiebarriere zur Keimbildung. Diesen Vorgang bezeichnet man als *primäre heterogene Keimbildung*.

Neben der primären gibt es die *sekundäre Keimbildung*. Diese wird hervorgerufen durch bereits in der übersättigten Lösung vorhandene Kristalle. Kollisionen zwischen Kristallen oder zwischen Kristallen und den Wänden des Kristallisators oder dem Laufrad der Umwälzpumpe führen dazu, dass bspw. Partikel, die dabei sind in das Gitter bereits vorhandener, größerer Kristalle eingebaut zu werden, durch mechanische Beanspruchung vom Kristallisat wieder entfernt werden und nun einen eigenständigen wachstumsfähigen Keim bilden.

Im Bereich der Sekundärkeimbildung gibt es allerdings eine ganze Reihe weiterer Mechanismen, die für die Bildung neuer Partikeln verantwortlich sein können.

In der industriellen Kristallisation darf die primäre Keimbildung keine wesentliche Rolle spielen, da die Produktkorngrößen nur sehr fein und nur schlecht kontrollierbar sein würden. Die Auslegung industrieller Kristallisatoren ist deshalb auf eine vollständige Vermeidung der primären Keimbildung ausgerichtet. Kontrolle von Keimbildung in technischen Kristallisatoren heißt deshalb Kontrolle der Sekundärkeimbildung. Treibende Kräfte für die Sekundärkeimbildung sind Übersättigung und Eintrag an mechanischer Energie. Will man möglichst große Kristalle erzeugen, muss die Anzahl der Keime gering gehalten werden, auf welcher im Verlaufe des Kristallisationsprozesses die Kristallmasse aufwachsen soll. Dazu

- darf die Übersättigung nicht zu hoch sein,
- muss der Energieeintrag in den Kristallisator, bspw. zur Suspendierung, begrenzt werden.

Neben den von der Übersättigung abhängigen Keimbildungsmechanismen kann es in Kristallisatoren durch Abrieb oder Bruch bereits vorhandener Kristalle zusätzlich zu einer rein mechanischen Partikelvermehrung kommen.

Verantwortlich für diesen Mechanismus ist ausschließlich die Hydrodynamik in einem Kristallisator. Ist ein Kristallisationssystem hydrodynamisch so ausgelegt, dass bereits die sekundäre Keimbildung kontrolliert minimiert ist, nimmt die rein mechanische Partikelvermehrung kaum noch Einfluss auf das Produktionsergebnis.

1.7
Kristallwachstum

Der Keimbildung folgt im Kristallisationsprozess das Wachstum der vorher gebildeten Keime. Kristallwachstum ist ein relativ langsamer Prozess: Die auf die Keime aufzubauende Masse muss zunächst aus der Lösung an die Kristalloberfläche herantransportiert, und an der Kristalloberfläche muss für den Einbau dieser Masse in das Kristallgitter eine geeignete Stelle gefunden werden.

Die Wachstumsgeschwindigkeit vieler Substanzen liegt in der Größenordnung von 10^{-7} bis 10^{-9} m s^{-1}. Sie nimmt zu mit wachsender Übersättigung.

Zwingt man die Kristalle jedoch durch Anlegen einer hohen Übersättigung zu schnellem Wachstum, resultiert häufig ein nicht spezifikationsgerechtes Kristallisat. Außerdem entstehen bei hohen Übersättigungen häufig unerwünschte Kristallformen, wie Nadeln und Dendriten, die sich vergleichsweise schlecht aus der Suspension abtrennen lassen.

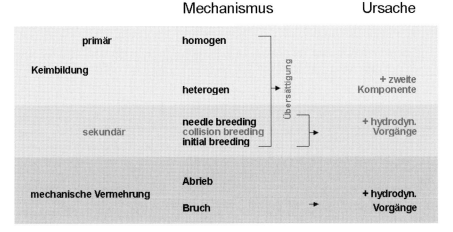

Abbildung 1.7 Keimbildungsmechanismen.

Die Zusammenhänge zwischen primärer bzw. sekundärer Keimbildung und dem Kristallwachstum als Funktion der Übersättigung sind in Abbildung 1.8 dargestellt. Während die sekundäre Keimbildung und die Kristallwachstumsgeschwindigkeit mit steigender Übersättigung stetig zunehmen, zeigt die primäre Keimbildung ab einer bestimmten Übersättigung, d. h. beim Überschreiten des metastabilen Bereiches, eine Sprungfunktion. Will man kontrolliert kristallisieren, muss man offensichtlich das Überschreiten dieser Grenze vermeiden, also die primäre Keimbildung ausschließen.

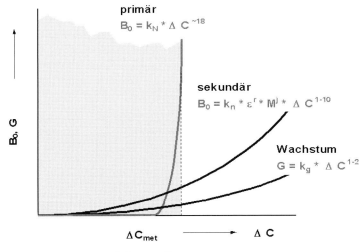

Abbildung 1.8 Die Kinetik der Kristallisation.

1.8
Kristallgröße und Kristallgrößenverteilung

Im kontinuierlichen Prozess werden – durch Sekundärkeimbildung – ständig neue Partikel gebildet, die beständig wachsen. Entnimmt man dem Kristallisator kontinuierlich Kristallisat, enthält das Kristallisat deshalb immer einen Querschnitt aller im Kristallisator befindlichen Korngrößenklassen. Die Folge hiervon ist, dass ein solches Kristallisat hinsichtlich seiner Qualität auch in Bezug auf seine Korngrößenverteilung beurteilt werden muss. Zur Kennzeichnung einer solchen Korngrößenverteilung benutzt man bspw. ein Körnungsnetz, in das der Massenrückstand einer Kristallisatprobe für die einzelnen Kristallgrößenklassen eingetragen wird (Abb. 1.9, linke Bildhälfte). Im kontinentalen Europa ist die Darstellung nach Rosin-Rammler-Sperling-Bennett (RRSB-Netz nach DIN 4190) weit verbreitet. In diesem Körnungsnetz ergeben sich für industrielle Kristallisate im Allgemeinen mehr oder weniger geneigte Geraden. Die Kristallgröße, oberhalb derer sich 36,79 Ma-% der gesamten Kristallprobe finden, nennt man die mittlere Kristallgröße d'. Die Steigung der Geraden im Körnungsnetz nennt man den Gleichmäßigkeitskoeffizienten n. Mit der mittleren Kristallgröße d' und dem Gleichmäßigkeitskoeffizienten n ist demnach eine Verteilung, die sich im RRSB-Netz durch eine Gerade darstellen lässt, vollständig charakterisiert. Trägt man statt der gewichtsmäßigen Verteilung jedoch die Anzahl der pro Kornklasse gefundenen Kristalle grafisch auf, so erhält man das so genannte Bevölkerungsdichte-Diagramm.

Die einfachste Form eines kontinuierlichen Kristallisators ist ein homogen gerührter Tank, in dem keinerlei Entmischungen stattfinden und in dem die Übersättigung homogen verteilt ist und aus dem das Produkt zudem kontinuierlich und isokinetisch entnommen wird. Man nennt diesen Kristallisator einen Mixed-Sus-

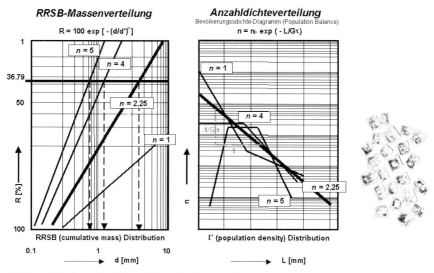

Abbildung 1.9   Kristallgröße und Kristallgrößenverteilung.

pension-Mixed-Product-Removal-Kristallisator. Aus einem solchen MSMPR-Kristallisator erhält man grundsätzlich eine Verteilung, die sich im Bevölkerungsdichte-Diagramm als Gerade darstellt und die im RRSB-Diagramm einen Gleichmäßigkeitskoeffizienten von $n \sim 2{,}25$ aufweist. In vielen Fällen befriedigt eine solche Verteilung nicht. Häufig besteht der Wunsch nach Kristallisat mit einer engeren Verteilung, d. h. nach einem möglichst uniformen Produkt, dessen Gleichmäßigkeitskoeffizient n dann $>2{,}25$ sein muss. Solche Verteilungen sind nur dann erzielbar, wenn das Kristallisat klassierend aus dem Prozess entnommen wird.

Neben der Verteilung wird häufig auch eine bestimmte mittlere Kristallgröße gefordert. Die Beeinflussung dieser mittleren Kristallgröße (bspw. gekennzeichnet durch das d' nach RRSB) erfolgt durch die Kontrolle des Energieeintrags in den Kristallisators, welcher eine Feinkornauflösung als Korrekturglied zugeschaltet werden kann. Die Auswirkungen von Feinkornlösung und Klassierung sind qualitativ im Bevölkerungsdichte-Diagramm (Abb. 1.10) dargestellt. Die Auswahl des jeweils am besten geeigneten Kristallisators richtet sich insbesondere nach den Anforderungen an die zu erzeugende mittlere Kristallgröße und an die Gleichförmigkeit des Produktes.

Neben Größe und Verteilung des Kristallisates spielt auch häufig die Kristallform eine besondere Rolle. Im Haushalt ist es wünschenswert, dass Zucker wie Zucker aussieht und durchscheinende Kristalle hat. Zucker mit der äußeren Erscheinungsform von Kochsalz, d. h. meist kugelig oder abgerundet, nicht durchscheinend, würde jeder aus verständlichen Gründen ablehnen. Neben solchen – zugegeben eher subjektiven – Qualitätsmerkmalen, die sich an der Form der Kristalle orientieren, gibt es aber auch objektive Vor- und Nachteile. Kristalle mit irregulärer Form – bspw. die erwähnten Dendriten oder Nadeln – lassen sich nur schlecht von der umgebenden Mutterlauge trennen. In solchen Fällen ist man bemüht, das Kristallwachstum so zu steuern, dass „reguläre" Kristalle entstehen.

Manchmal lässt sich dieser Wunsch erfüllen. Während jedoch der Kristallisationsprozess in Hinblick auf Kristallgröße und Kristallgrößenverteilung heute bis zu einem gewissen Grade schon berechenbar ist, ist die Beeinflussung der Kristallform

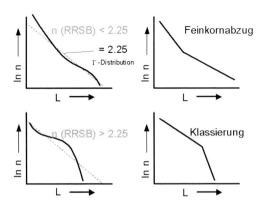

Abbildung 1.10 Rückschlüsse aus der Kristallgrößenverteilung auf Vorgänge im Kristallisator.

noch im hohen Maße eine aufwändige Angelegenheit, bei der nur umfangreiches Erfahrungswissen vor allzu großem Versuchsaufwand schützt.

1.9
Schmelzkristallisation

Obwohl bei der Schmelzkristallisation nicht primär die Herstellung des Kristallisates, sondern die Trennung eines Stoffgemisches das Ziel der Operation ist und am Prozessende eine möglichst reine Komponente, bspw. als Schmelze, vorliegen soll, sind innerhalb der Verfahrensführung prinzipiell die gleichen thermodynamischen und kinetischen Gesichtspunkte gültig wie bei der Kristallisation aus Lösungen.

Da sich jedoch die verfahrenstechnischen und anlagentechnischen Konzepte solcher Schmelzkristallisationen z. T. sehr weit gehend von denen der Lösungskristallisation unterscheiden, wird die Schmelzkristallisation in einem eigenen Kapitel behandelt.

1.10
Druck-Kristallisation

Dasselbe gilt auch für die Druck-Kristallisation. Sie wird eingesetzt, um sehr hohe Übersättigungen zu erzeugen, indem z. B. heiße Lösungen der zu kristallisierenden Stoffe mit expandierenden Gasen vermischt werden. Die Zerstäubung in feinste Tröpfchen und die extrem schnelle Unterkühlung produzieren Übersättigungen, die um 10er-Potenzen größer sind als in der herkömmlichen Kristallisation, so dass durch die enorm hohe spontane Keimbildungshäufigkeit sehr feine Kristallisate bis hinunter in den Mikrometer- und den oberen Nanometerbereich erhalten werden können. Wegen der damit verbundenen hohen Kosten ist die Druck-Kristallisation allerdings ist eine Technologie, die Hochpreisprodukten, z. B. für die Pharmaindustrie, vorbehalten bleibt.

1.11
Verfahrenstechnische Realisierung eines Kristallisationsprozesses

Die verfahrenstechnische Realisierung des Kristallisationsprozesses erfolgt basierend auf den thermodynamischen Gleichgewichten, indem vom planenden Ingenieur das am besten geeignete Kristallisationsverfahren ausgewählt und die Entscheidung über eine kontinuierliche oder diskontinuierliche Betriebsweise getroffen wird.

Hiernach richtet sich der chemisch-technologische Fluss des Verfahrens, das Prozessdesign. Die Anforderungen, bspw. an das Kristallisat, verbunden mit den kinetischen Eigenschaften des Produktes, bestimmen die verfahrenstechnische Auslegung des Kristallisators und aller zugehörigen Komponenten. Das sehr vereinfachte Schaltschema einer sehr einfachen einstufigen Vakuumverdampfungs-Kris-

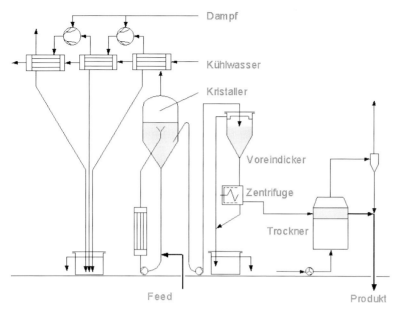

Abbildung 1.11 Vereinfachtes Fließschema einer einfachen Kristallisationsanlage.

tallisationsanlage in Abbildung 1.11 gibt einen allgemeinen Einblick in einen solchen Prozessablauf. In Abbildung 1.12 sind die verfahrenstechnischen Operationen aufgelistet, die in den verschiedenen Anlagensektionen eines Kristallisationsprozesses durchgeführt werden. Praktisch sind für Kristallisationsanlagen mehr oder minder alle Einheitsverfahren der Verfahrenstechnik im Einsatz. Zur Sicherstellung optimaler Verfahrenserfolge wird von Planern und Betreibern deshalb umfangreiches verfahrenstechnisches Wissen gefordert.

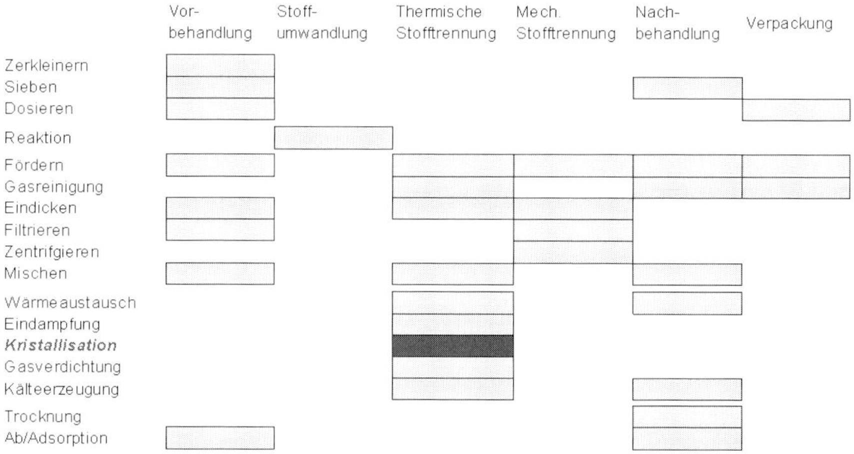

Abbildung 1.12 Die Kristallisationsanlage als komplexe Einheit greift auf viele Einheitsverfahren zurück.

II
Grundlagen

2
Gleichgewichtsdiagramme für die Kristallisation aus Lösungen und Schmelzen

H. Scherzberg, J. Bach und R. Schmitz

Kristallisation bedeutet die Überführung eines Stoffes in den festen, geordneten Zustand. In den allermeisten Fällen geht man dabei von einer Flüssigkeit aus. Aus dieser Flüssigkeit wird der zu gewinnende Stoff durch äußeren Zwang abgeschieden. Ob diese Flüssigkeit als Lösung oder als Schmelze bezeichnet wird, ist – abgesehen von einem reinen Einstoffsystem – bei strenger Betrachtungsweise nicht eindeutig zu definieren. Im Folgenden wird der Begriff Lösung oder Schmelze nach dem üblichen Sprachgebrauch verwendet werden.

Die Kristallisation innerhalb der thermischen Verfahrenstechnik ist ein sehr selektives Verfahren zur Trennung von Stoffen. Sie hat eine große industrielle Bedeutung durch die so genannte Massenkristallisation erfahren. Für die Konzeption eines Kristallisationsverfahrens ist die Kenntnis des Zustands- oder Phasendiagramms, welches landläufig bei der so genannten Lösungskristallisation auch in vereinfachter Form als „Löslichkeitsdiagramm" bezeichnet wird, von entscheidender Bedeutung. Dieser Beitrag soll eine Übersicht über die Darstellung und Behandlung von Fest-Flüssig-Zustandsdiagrammen, insbesondere für wässrige Mehrstoffsysteme geben und Anwendungsbeispiele für verschiedene Trennaufgaben zeigen. Wegen des großen Umfangs dieses Gebietes ist eine erschöpfende Behandlung nicht möglich, weshalb einige typische Beispiele herausgegriffen werden. Aus diesem Grund können nicht alle Systeme, die möglicherweise von speziellem Interesse sind, hier behandelt werden.

2.1 Grundlagen

2.1.1 Begriffe

Grundbegriffe der Kristallisation werden in den VDI-Richtlinien 2760 – Blatt 1 (Kristallisation – Stichworte und Definitionen, Grundbegriffe) erklärt.

2.1.2
Dimensionen für die Konzentrationsangabe

Grundsätzlich kann man Konzentrationen in

$$\frac{\text{Massenanteil}}{\text{Massenanteil}} \qquad (1)$$

oder in

$$\frac{\text{Massenanteil}}{\text{Volumenanteil}} \qquad (2)$$

angeben. Angaben in

$$\frac{\text{Volumenanteil}}{\text{Volumenanteil}} \qquad (3)$$

sind bei Lösungen unüblich, wohl aber, wenn man den Volumenanteil des Kristallisates in der Zweiphasenmischung angeben will. Daraus sind aber mehr als zwei Dutzend verschiedener Dimensionen ableitbar, die auch mehr oder weniger häufig verwendet werden. Abgesehen von einigen Industriezweigen, wo aus praktischen Gründen die Dichte als direktes Maß für die Konzentration benutzt wird und deshalb Angaben in g l^{-1} gebräuchlich sind, werden in der Regel temperaturunabhängige Dimensionen auf Basis von Massenanteilen verwendet.

Für die Einheit g (Gelöstes) pro 100 g (Lösungsmittel) wird sehr häufig die Kurzbezeichnung g a^{-1} nach D'Ans verwendet. Beispielhaft wurde in der Tabelle 2.1 eine Zusammenstellung für einen Konzentrationswert in verschiedenen Einheiten vorgenommen. Letztlich ist es eine Frage der Zweckmäßigkeit, welche Dimension bevorzugt werden sollte. So ist die Angabe in Mol (Gelöstem) pro 1000 Mole (Lösungsmittel) bei reziproken Salzpaaren und bei hydratbildenden Komponenten in der Darstellung erheblich einfacher und verständlicher als beispielsweise Ma-%,

Tabelle 2.1 Beispiele für einen Konzentrationswert in verschiedenen Einheiten.

Lösungsmittel: Wasser
Temperatur: 20 °C

Zahlenwert	Einheit
16,0	g (Na_2SO_4)/ 100g (Lsg.), %
36,4	g (Hydrat)/ 100g (Lsg.), %
184	g (Na_2SO_4)/ l
417	g (Hydrat)/ l
1,13	mol/ kg
1,30	mol/ l
19,1	g (Na_2SO_4)/ 100g (H_2O)
43,2	g (Hydrat)/ 100g (H_2O)
24,2	mol/ 1000mol (H_2O)
1,35	mol/ 1000g (H_2O)
41,3	mol (H_2O)/ mol (Na_2SO_4)
523	g (H_2O)/ 100g (Na_2SO_4)
231	g (H_2O)/ 100g (Hydrat)

andererseits ist die Angabe Ma-% gerade in der Technik eine sehr bekannte Konzentrationsangabe. Die Dimension g (Gelöstes) pro 100 g oder 1000 g (Lösungsmittel) wird auch häufig als Beladung bezeichnet und hat für die rechnerische Behandlung einige Vorteile. Bei der Behandlung von Mehrstoffsystemen werden nachfolgend zwangsläufig je nach Darstellungsart unterschiedliche Löslichkeitsangaben verwendet.

2.1.3
Der Gleichgewichtszustand

Zustandsdiagramme sind Temperatur-Konzentrationsdarstellungen für Phasengleichgewichte. Sie zeigen in Abhängigkeit von der Temperatur und der Konzentration die verschiedenen Phasengleichgewichtszustände, beispielsweise

- fest/flüssig,
- Kristall A oder B,
- Kristallgemenge oder Mischkristalle,
- Verbindungen der Komponenten A und B,

an. Sie geben keine Aussage über den Weg zum Erreichen der Gleichgewichtszustände, denn ein Gleichgewichtszustand ist die Folge eines zeitlich vorhergehenden Ungleichgewichtes. Gibt man beispielsweise zu einem Lösungsmittel (Wasser) einen darin lösbaren Stoff (KCl), so wird sich das Salz in dem Wasser auflösen und, wenn es in überschüssiger Menge zugegeben worden ist, eine gesättigte Lösung bilden. Das überschüssige Salz verbleibt ungelöst zurück, die gesättigte Lösung befindet sich im Gleichgewicht mit der festen Kristallphase.

Schematisch ist dieser Ausgleichsvorgang in der Abbildung 2.1 dargestellt. Wenn sich die feste Phase beim Lösevorgang umwandelt, kann sich zwischenzeitlich ein Lösungszustand einstellen, der auch oberhalb der Sättigung liegen kann. Umgekehrt muss man den gleichen Zustand erreichen, wenn ausgehend von einer bei einer höheren Temperatur gesättigten Lösung dieselbe zuvor abgekühlt wird, was in der Abbildung 2.2 verdeutlicht wird.

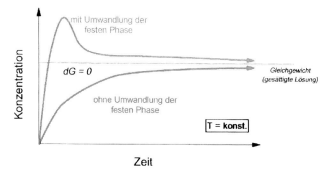

Abbildung 2.1 Erreichen der Sättigungskonzentration (Gleichgewichtszustand) durch Auflösen eines kristallwasserfreien Salzes (untere Kurve) bzw. eines Salzhydrates (obere Kurve).

2 Gleichgewichtsdiagramme für die Kristallisation aus Lösungen und Schmelzen

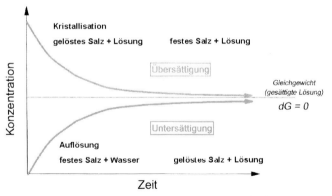

Abbildung 2.2 Erreichen der Sättigungskonzentration (Gleichgewichtszustand) durch Übersättigungsabbau (obere Kurve) bzw. durch Auflösen (untere Kurve).

Ein wichtiges Kriterium für die Kontrolle eines Gleichgewichtszustandes ist also, dass der Gleichgewichtszustand von beiden Seiten erreicht wird. Thermodynamisch befindet sich ein System im Gleichgewicht, wenn die Änderung der freien Enthalpie Null wird.

2.1.4
Der metastabile Zustand

Die Löslichkeitskurve für ein Zweistoffsystem ist die Gleichgewichtslinie für die feste Phase und die gesättigte Lösung.

Am Beispiel des Systems Citronensäure – Wasser zeigt die Abbildung 2.3 oberhalb der Gleichgewichtslinie im übersättigten Bereich eine gestrichelte Kurve, die

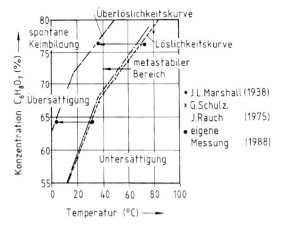

Abbildung 2.3 System Citronensäure – Wasser mit Gleichgewichtslinie, metastabilem Bereich und Überlöslichkeitskurve.

so genannte Überlöslichkeitskurve. Den Bereich zwischen diesen beiden Kurven bezeichnet man als metastabilen Bereich. Innerhalb dieses Gebietes erfolgt keine spontane Keimbildung unmittelbar aus der Lösung heraus. Die treibende Kraft für die Kristallbildung und das Wachstum ist die Übersättigung. Innerhalb der metastabilen Zone soll der Arbeitsbereich von technischen Kristallisatoren liegen. Für eine kontrollierte Kristallisation darf dieses Gebiet nicht verlassen werden.

2.1.5
Die Gibbs'sche Phasenregel

Ein heterogenes Gleichgewicht zeichnet sich durch die Anwesenheit von mindestens zwei Phasen aus, die miteinander im Gleichgewicht stehen. Im Falle der für die technische Verarbeitung von Mineralsalzen interessanten Gleichgewichte handelt es sich um Gleichgewichte des Typs ungesättigte Lösung – Dampf oder um mit einem Salz oder mehreren Salzen gesättigte Lösung – Bodenkörper (aus einem oder mehreren Salzen bzw. Salzhydraten) – Dampf. Diese Gleichgewichte sind durch ihre Empfindlichkeit gegenüber Änderungen der äußeren Bedingungen (vor allem der Temperatur und eventuell des Druckes), Unabhängigkeit der Gleichgewichtskonzentrationen von der Zeit, den Phasenmengen und der Richtung der Gleichgewichtseinstellung gekennzeichnet. Für praktische Untersuchungen ist besonders darauf zu achten, dass alle Gesetzmäßigkeiten nur für das wirkliche Gleichgewicht, nicht aber für das scheinbare Gleichgewicht gelten. Die Letzteren sind meist daran zu erkennen, dass trotz stetiger Änderung der Gleichgewichtsbedingungen diskontinuierliche Änderungen der Eigenschaften (z. B. der Konzentrationen, Dampfdrücke u. a.) solcher Systeme auftreten.

Der Gleichgewichtszustand wird durch die von Gibbs in den Jahren 1876 bis 1878 aufgestellte Phasenregel durch eine Verknüpfung der Anzahl koexistierender Phasen mit der Zahl der Komponenten und der Zahl der Freiheiten bestimmt.

Die Gibbs'sche Phasenregel besagt, dass im Gleichgewicht die Summe der Phasen (p) und der Freiheitsgrade (f) gleich ist der Anzahl der unabhängigen Bestandteile (b) vermehrt um die Zahl 2.

$$p + f = b + 2 \qquad (4)$$

Die Zahl der unabhängigen Bestandteile ist gleich der Zahl der Komponenten des Systems, wenn keine Einschränkungen beispielsweise durch die Äquivalenz bei chemischen Reaktionen existieren. Mehrstoffsysteme werden nach der Zahl ihrer unabhängigen Bestandteile (Komponenten) eingeteilt.

Die Phasenregel beruht auf der thermodynamisch *bewiesenen* Annahme (deshalb richtiger: Phasengesetz), dass ein System durch drei unabhängig veränderliche Größen charakterisiert wird, nämlich durch Temperatur, Konzentration der Komponenten und Druck. Es sind die gleichen Größen, die auch das thermodynamische Potenzial eindeutig bestimmen, dessen Wert bei heterogenen Gleichgewichten im Gleichgewichtszustand ein Minimum erreicht. Die Zahl der voneinander unabhängigen Größen wird als die Zahl der Freiheiten bezeichnet. Sie charakterisiert das

System eindeutig, lässt eine Ordnung der heterogenen Gleichgewichte zu und ist leicht aus dem Gibbs'schen Phasengesetz zu bestimmen. Die Zahl der Freiheiten ist auch für die spätere Behandlung der Systeme und die Wahl der entsprechenden grafischen Darstellungen in den folgenden Darlegungen zu Grunde gelegt worden. Andererseits gestattet das Phasengesetz, aus der Zahl der Freiheiten und der Zahl der Komponenten auf die Zahl der koexistierenden Phasen zu schließen. Damit wird eine Überprüfung von Untersuchungsergebnissen auf thermodynamische Konsistenz möglich.

Für Einstoffsysteme, die hier im Weiteren für die technische Kristallisation nicht von Interesse sind, ist dann

$$p + f = 3 \tag{5}$$

d. h., bei einer Phase lassen sich die zwei Freiheiten (Druck und Temperatur) in einer Ebene darstellen. Für die Massenkristallisation sind Einstoffsysteme ohne Bedeutung. Liegen zwei Phasen nebeneinander im Gleichgewicht vor (flüssig – fest), gibt es nur noch eine Freiheitsgröße (entweder Druck oder Temperatur, da beide jetzt voneinander abhängig sind).

Bei einem Zweistoffsystem ist die Summe

$$p + f = 4 \tag{6}$$

und die Anzahl der Freiheiten erhöht sich um eine Konzentrationsangabe, wodurch die Konzentration beider Komponenten festgelegt ist. Liegen zwei Phasen (fest + flüssig) nebeneinander vor, beträgt $f = 2$ und das System lässt sich in einer Ebene darstellen. Die maximale Zahl der existierenden Gleichgewichtsphasen beträgt damit 4. Eine vollständige Darstellung würde bereits drei Dimensionen benötigen. Da jedoch bei den zu behandelnden Flüssig-Fest-Gleichgewichten der Einfluss der Dampfphase auf das Gleichgewicht sehr gering ist, wird der Druck in der Regel fortgelassen. Ist der Unterschied der Schmelztemperaturen sehr groß, spricht man (willkürlich) von einem Lösungsgleichgewicht und betrachtet die niedriger schmelzende Komponente als Lösungsmittel. Das ist besonders dann üblich, wenn der Schmelzpunkt unterhalb der Umgebungstemperatur liegt (Beispiel Wasser). Im anderen Fall spricht man von Schmelzgleichgewichten.

Mit zunehmender Zahl der unabhängigen Bestandteile (Komponenten) eines Mehrstoffsystems erhöht sich dann auch die Zahl der Freiheiten. Schon bei einem Dreistoffsystem sind bei $p = 2$ die drei Freiheiten (beispielsweise zwei Konzentrationen und Temperatur) nicht mehr in einer Ebene darstellbar. Um dennoch eine Darstellung möglich zu machen, sind Einschränkungen erforderlich. Mit steigender Zahl der Komponenten erhöht sich zwangsläufig auch die Zahl der Darstellungskompromisse. Die maximale Anzahl der gleichzeitig miteinander im Gleichgewicht existenten Phasen ergibt sich für $f = 0$, das System ist dann invariant. Beispielsweise können in einem Dreistoffsystem dann maximal

- 3 feste Phasen,
- 1 flüssige Phase,
- 1 Dampfphase,

nebeneinander vorliegen.

2.1.6
Die Einteilung der Gleichgewichte

Für die Einteilung der Gleichgewichtssysteme gibt es zwei Möglichkeiten:

1. Einteilung nach der Zahl der das System aufbauenden Komponenten, z. B. binäre Systeme aus Wasser und einem Salz; ternäre Systeme aus Wasser und zwei Salzen mit gleichem Anion oder Kation; quaternäre Systeme aus Wasser und drei Salzen mit gleichem Anion oder Kation bzw. Wasser mit zwei Salzen mit verschiedenen Kationen und Anionen (reziproke Salzpaare) und schließlich das quinäre System aus Wasser und Salzen mit drei verschiedenen Kationen und zwei verschiedenen Anionen bzw. umgekehrt.
2. Einteilung der Systeme nach der Zahl der Freiheiten bzw. unabhängig voneinander variablen Größen (Temperatur, Konzentration und Druck) in invariante (nonvariante), monovariante (univariante), bivariante (divariante), trivariante und schließlich multivariante Systeme.

Während die Einteilung nach dem ersten Gesichtspunkt die das System bildenden Salze in den Vordergrund rückt und meist als Ordnungsprinzip für Sammelwerke über Löslichkeitsdaten dient, benutzt man die Einteilung nach dem zweiten Gesichtspunkt vor allen Dingen für die physikalisch-chemische Betrachtung von Systemen und die grafische Darstellung.

2.1.7
Die Variablen

Nach Gibbs sind die Variablen für alle Systeme Druck, Temperatur und Konzentrationen der Komponenten. Die meisten Prozesse der Kristallisation von Salzen aus Lösungen oder Schmelzen verlaufen bei atmosphärischem Druck, d. h. unter fast konstantem Druck. Deshalb erfolgten auch fast alle Löslichkeitsuntersuchungen, Bestimmungen von Umwandlungspunkten usw. bei atmosphärischem Druck. Er ist meist größer als der Dampfdruck des Systems. Die Druckabhängigkeit der Konzentrationen, der Umwandlungstemperaturen usw. ist sehr gering, sodass die Dampfphase vernachlässigt werden kann. Man spricht deshalb auch von kondensierten Systemen, da nur kondensierte Phasen (Flüssigkeiten und Festkörper) betrachtet werden. Alle weiteren Betrachtungen erfolgen daher, soweit nicht ausdrücklich vermerkt, ohne Berücksichtigung der Dampfphase und der Druckabhängigkeit. Insbesondere gilt das für Zahlenangaben über Löslichkeiten, Umwandlungspunkte usw. Im Sinne des Phasengesetzes nimmt die Zahl der Freiheiten des Systems bei Wegfall der Dampfphase um 1 zu, durch Festlegung des Drucks wird sie jedoch wieder um 1 vermindert. Die Temperaturabhängigkeit der Eigenschaften ist so beträchtlich, dass die Temperatur stets berücksichtigt werden muss. Viele Untersuchungen erfolgen bei konstanter Temperatur (unter isothermen Bedingungen). Damit wird die Zahl der Freiheiten des Systems wiederum um 1 verringert. Die Temperatur wird für praktische Bedürfnisse ausschließlich in °C angegeben.

2.1.8
Löslichkeitskurven und Umwandlungspunkte

Im rechtwinkligen polythermen Löslichkeitsdiagramm für binäre Systeme wird die Löslichkeitskurve auch als Sättigungslinie bezeichnet (Abb. 2.4).

Auf der Sättigungslinie findet man dann die Konzentrationen der gesättigten Lösungen. Ist nur ein Bodenkörper in einer Modifikation vorhanden, so ist der Verlauf der Sättigungslinie stetig. Treten in Abhängigkeit von der Temperatur mehrere Bodenkörper auf (z. B. verschiedene Hydrate eines Salzes oder enantiotrope bzw. allotrope Modifikationen), so entstehen Knickpunkte in der Kurve, so genannte Umwandlungspunkte. Da hier zwei Bodenkörper und die Lösung koexistieren, handelt es sich um einen invarianten Punkt. Ist einer der Bodenkörper Eis, so bezeichnet man den Schnittpunkt der beiden Löslichkeitskurven als kryohydratischen Punkt. Die monovariante Kurve zwischen zwei invarianten Punkten ist dann die Sättigungslinie für denjenigen Bodenkörper, der mit dieser Lösung im Gleichgewicht steht.

Gleichgewichte im Gebiet der ungesättigten Lösungen (sie müssen mindestens zwei Freiheiten besitzen) nennt man auch unvollständige Gleichgewichte. Diese Bezeichnung soll für alle Lösungen, auch höherer Systeme benutzt werden, die über mindestens zwei Freiheiten verfügen. Im Falle des binären Systems können

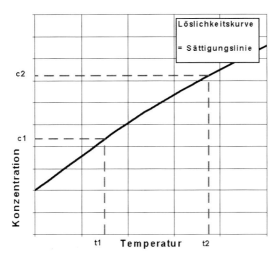

Abbildung 2.4 Rechtwinklig polythermes Löslichkeitsdiagramm; Löslichkeitskurve als Sättigungslinie bezeichnet.

sowohl Temperatur als auch Konzentration verändert werden, ohne dass sich der Charakter des Systems verändert. Lösungen mit einer Freiheit, also im binären System das Gleichgewicht Bodenkörper – Lösung, bezeichnet man dann als vollständiges Gleichgewicht. Diese Betrachtungsweise ist zulässig, da die Druckabhängigkeit der Eigenschaften so genannter kondensierter Systeme, wie sie von van't Hoff bezeichnet, sehr gering ist. Außerdem ist der ebenfalls van't Hoff eingeführte Begriff konstante Lösung gebräuchlich. Unter einer konstanten Lösung versteht man eine Lösung, deren Zusammensetzung von der Menge der anwesenden Bodenkörper unter isothermen Bedingungen unabhängig ist.

Die ungesättigten und gesättigten Lösungen werden auch als stabile Lösungen oder stabile Systeme bezeichnet, da sie dem thermodynamischen Gleichgewicht entsprechen. Für die übersättigten Lösungen ist der Begriff instabile Lösungen oder instabile Systeme gebräuchlich. Sie zerfallen nach Einstellung des thermodynamischen Gleichgewichts in Bodenkörper und gesättigte Lösung. Im instabilen Bereich unterscheidet man noch die metastabile Lösung als einen besonderen Bereich der Übersättigung. Eine metastabile Lösung ist zwar übersättigt, bildet jedoch ohne äußeren Einfluss und ohne Berührung mit der festen Phase noch keine Kristallisationskeime aus. Dieser Bereich wird von den Konzentrationen derjenigen übersättigten Lösungen getrennt, die spontan Kristallkeime ausbilden; sie werden labile Lösungen genannt. Oftmals zeichnet man daher für übersättigte Lösungen zwei weitere Kurven ein, die erste Überlöslichkeitskurve, zwischen ihr und der Sättigungslinie liegt das Gebiet der metastabilen Lösungen, und die zweite Überlöslichkeitskurve, welche die labilen Lösungen von den so genannten Komplexen trennt. Metastabile Lösungen besitzen in der Technologie große Bedeutung. So erfolgt das Kristallwachstum vorwiegend im metastabilen Bereich; arbeitet man bei Kristallisationsprozessen dagegen oberhalb der ersten Überlöslichkeitskurve im labilen Gebiet, so fällt spontan meist unerwünscht feines Kristallisat an. Man kann, wie später z. B. am quinären System behandelt, den metastabilen Bereich zur Durchführung bestimmter Prozesse ausnutzen, wenn sie genügend schnell und ohne äußere Störungen ablaufen. Instabile Lösungen und insbesondere metastabile Lösungen sind bisher nur durch Abkühlung oder Verdampfung von Wasser, nie jedoch durch Auflösung eines Salzes erhalten worden.

In Abbildung 2.5 ist die Konzentrationsänderung einer ungesättigten Magnesiumchloridlösung beispielhaft dargestellt. Man erkennt den komplizierten Verlauf der Löslichkeit des Magnesiumchlorids bei Temperaturen zwischen kryohydratischem Punkt und Hydratschmelze. Es ist erkennbar, dass der Kurvenverlauf aus mehreren Teilstücken zusammengesetzt ist und Knickpunkte im Kurvenverlauf vorliegen. Eine durch den Punkt P dargestellte Lösung ist bei der Temperatur T_0 ungesättigt. Die Sättigungskonzentration kann entweder durch Verdampfung oder Abkühlung erreicht werden.

Es sollen noch einige Begriffe erläutert werden, die für Kristallisations- und Lösevorgänge von Bedeutung sind. Diese Vorgänge werden meist durch Abkühlung oder Erwärmung, Wasserentzug (Wasserverdampfung) oder Wasserzugabe verwirklicht. Sie sind die Grundlage für die technischen Löse- und Kristallisationsprozesse. Kühlt man eine ungesättigte Lösung, die nur ein Salz gelöst enthält, so stark ab,

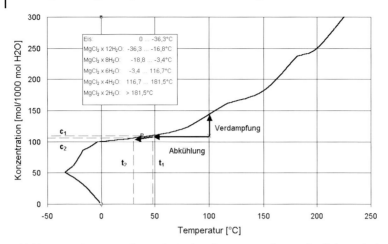

Abbildung 2.5 System $MgCl_2 - H_2O$; Knickpunkte weisen auf unterschiedliche Bodenkörper hin.

dass sich dabei ein Teil des gelösten Salzes ausscheidet, so spiegelt sich dieser Vorgang im Konzentrations-Temperatur-Diagramm auf folgende Weise wider. Zuerst wandert der darstellende Punkt P der ungesättigten Lösung in Richtung niedrigerer Temperaturen parallel zur Temperaturachse, da sich die Konzentration der Lösung nicht verändert. Bei einer bestimmten Temperatur t_1 wird die Lösung die Sättigungskonzentration c_1 und ihr darstellender Punkt damit die Sättigungslinie erreichen. Nunmehr führt weitere Abkühlung zur Kristallisation. Die Zusammensetzung der Lösung ändert sich jetzt entlang der Sättigungslinie bis zu einer Temperatur T_2, bei welcher der Vorgang abgebrochen werden soll. Dieser Temperatur entspricht eine ganz bestimmte Konzentration c_2 der Lösung. Den gesamten Weg, den der darstellende Punkt bei diesem Vorgang zurücklegt, bezeichnet man als Kristallisationsweg, der Teil, der auf der Sättigungslinie zurückgelegt wird, wird als Kristallisationsbahn bezeichnet. Verdampft man dagegen aus der gleichen ungesättigten Lösung isotherm Wasser, so steigt die Konzentration der Lösung an, bis sie die Konzentration der gesättigten Lösung erreicht. Bei dieser Konzentration beginnt die Kristallisation und die Lösung dunstet schließlich bis zur Trockne ein. Während der Kristallisation bleibt die Konzentration der Lösung konstant, nur ihre Menge nimmt ab. Der darstellende Punkt der Lösung P wird sich dabei parallel zur Konzentrationsachse bis zur Sättigungslinie bewegen und dann dort verbleiben, da sich die Zusammensetzung der Lösung nicht mehr ändert.

Anders verhält es sich mit einem System, das zwei kongruent sättigende Salze gelöst enthält. Hier wird bei einer isothermen Verdampfung von Wasser aus der ungesättigten Lösung nach Erreichen der Sättigung erst eines der beiden Salze auskristallisieren. Bei einer bestimmten Konzentration scheiden sich dann beide Salze im gleichen Verhältnis, wie sie in der Lösung vorliegen, aus. Die Lösung dunstet zur Trockne ein. Die ungesättigte Lösung wird von einem Punkt P dargestellt, der in einem bivarianten Feld liegen muss. Bei isothermen Bedingungen sind die Konzentrationen der zwei Salze frei wählbar.

In der Abbildung 2.6 ist dargestellt, welchen Konzentrationsverlauf ungesättigte Lösungen eines Stoffsystems aus zwei Salzen und einem Lösungsmittel bei Verdampfung nehmen. Da nur Wasser aus der Lösung entfernt wird, nimmt zwar die Konzentration der Lösung zu, das Verhältnis der beiden Salze zueinander jedoch bleibt konstant. Solche Lösungen werden allgemein auf der Geraden liegen, welche die darstellenden Punkte der ungesättigten Lösung und des aus der flüssigen Phase entfernten Stoffes verbindet. Im Falle der Verdampfung wird Wasser entfernt, also handelt es sich bei der Geraden um die Verlängerung der Verbindungslinie Wasserpunkt – ungesättigte Lösung. Eine solche Linie nennt man auch Konjugationslinie. Die Konjugationslinie gestattet, die Konzentrationsänderung der Lösung durch Verdampfung grafisch zu verfolgen. Die Zusammensetzung der Lösung ändert sich solange auf der Konjugationslinie, bis die Sättigungslinie erreicht wird (Punkt I). Jetzt erfolgt die Kristallisation entlang der Sättigungslinie unter Abscheidung des einen Salzes (Strecke zwischen I und II auf der Sättigungslinie), bis sich schließlich beide Salze im konstanten Verhältnis ausscheiden, ohne dass sich die Konzentration der Lösung ändert. Auch hier bezeichnet man wieder die gesamte durchlaufende Strecke (P–I–II) als den Kristallisationsweg, die Strecke vom Beginn der Kristallisation bis zur Ausscheidung des zweiten Bodenkörpers (I–II) als Kristallisationsbahn. Der Punkt, an dem die Ausscheidung beider Bodenkörper im konstanten Verhältnis bis zur Trockne erfolgt (Punkt II), wird isothermer Kristallisationsendpunkt genannt. Generell wird als isothermer Kristallisationsendpunkt eines Systems der Punkt bezeichnet, an dem aus einer Lösung alle gelösten Komponenten im gleichen Verhältnis, wie sie in der Lösung vorliegen, bis zur völligen Eintrocknung der Lösung ausgeschieden werden.

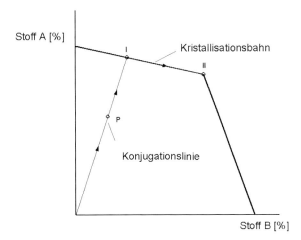

Abbildung 2.6 Konzentrationsverlauf einer ungesättigten Lösung bei Eindampfung in einem System, bestehend aus 2 Salzen und 1 Lösungsmittel.

2.2
Die Darstellung von Mehrstoffsystemen

2.2.1
Zweistoffsysteme

Systeme mit zwei Variablen lassen sich recht einfach mit rechtwinkligen Koordinaten in der Ebene darstellen. Wichtig ist die Wiedergabe der Begrenzung des Gebiets der ungesättigten Lösung eines Salzes in Wasser (bivariantes System) durch die Löslichkeitskurve (monovariantes System Lösung – Bodenkörper). Die Löslichkeitskurve stellt den Zusammenhang Temperatur – Konzentration der gesättigten Lösung über einem Bodenkörper im binären System dar. Im Unterschied zu den sonst gebräuchlichen Schmelzdiagrammen wird auf der Abszisse die Temperatur, auf der Ordinate die Konzentration aufgetragen.

Werden als Konzentrationsangabe Molenbruch oder Massenprozent gewählt, so liegt sowohl der Wert für das reine Wasser als auch der für das wasserfreie Salz auf der Ordinate im Nullpunkt bzw. in einer endlichen Entfernung vom Nullpunkt. Wird die gelöste Menge Salz auf eine konstante Menge Wasser bezogen (z. B. auf 100 g Wasser), so liegt der Wert für das wasserfreie Salz auf der Ordinate im Unendlichen.

Viele einfache anorganische Salze wie Kaliumchlorid (KCl), Kaliumsulfat (K_2SO_4), Kaliumchlorat ($KClO_3$), Kaliumnitrat (KNO_3), Ammoniumnitrat (NH_4NO_3) und Natriumchlorid (NaCl) sind im gesamten Temperaturbereich, der für technische Kristallisationsprozesse in Betracht kommt (0–100 °C) wasserlöslich und können als einfach wasserfreie Salze aus ihren gesättigten Lösungen auskristallisiert werden. Dazu muss entweder

- die Temperatur der Lösung verringert,
- Lösungsmittel durch Verdampfung entzogen oder
- gleichzeitig Lösungsmittel entzogen und die Lösung abgekühlt werden.

Welche dieser Methoden am effektvsten ist, hängt in erster Linie von der Temperatur-Löslichkeitskurve dieser Stoffe ab. Abbildung 2.7 zeigt diesen Verlauf der Löslichkeitskurven als grafische Darstellung im rechtwinkligen Koordinatensystem mit der Konzentration des jeweiligen Salzes als Ordinate und der Temperatur als Abszisse. Man erkennt beträchtliche Unterschiede dieser Kurvenverläufe. Für die Praxis technischer Kristallisationsprozesse heißt das, dass Stoffe vom Typ des Kaliumnitrates allein durch Temperaturabsenkung zur Kristallisation gebracht werden können. Ähnliches würde auch für Kaliumchlorat gelten. Für diese Salze liegt die Sättigungskonzentration einer heiß gesättigten Lösung sehr viel höher als die einer kalt gesättigten Lösung und bereits Abkühlen allein führt zur Kristallisation der weitaus größten Menge des gelösten Salzes. Stoffe vom Typ des Kaliumchlorids oder Ammoniumnitrats werden am besten dadurch zur Kristallisation gebracht, indem man sowohl die Temperatur senkt als auch Lösungsmittel entzieht. Solche durch Selbstverdampfung des Lösungsmittels im Vakuum durchgeführte adiabatische Kühlkristallisationsprozesse sind für solche Stoffe sehr effektiv. Kochsalz

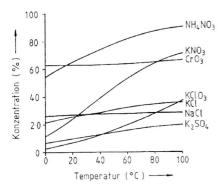

Abbildung 2.7 Beispiele für Löslichkeitskurven als grafische Darstellung im rechtwinkligen Koordinationssystem.

(NaCl) lässt sich dagegen nur durch Entzug des Lösungsmittels durch Verdampfung zur Kristallisation bringen (Ausnahmen bestätigen auch hier die Regel), da die Löslichkeit des Natriumchlorids kaum von der Temperatur abhängig ist. Das Stoffsystem NaCl – H_2O, welches später noch ausführlich behandelt wird, ist im gesamten Temperaturbereich zwischen Koexistenzpunkt mit der Eisphase (–21,1 °C) und dem Siedepunkt bei Atmosphärendruck allerdings nicht monoton, sondern durch das Auftreten eines Salzhydrates bei tiefen Temperaturen gekennzeichnet, was aus der Darstellung in Abbildung 2.7 nicht ersichtlich ist.

2.2.1.1 Beispiel Lösungsgleichgewicht KCl – H_2O

Dieses System ist eines der einfachsten binären Stoffsysteme mit technischer Bedeutung. Im gesamten Temperaturbereich zwischen kryohydratischem Punkt und Normaldruck-Siedepunkt existiert nur Kaliumchlorid als feste Phase neben gesättigter Lösung und Dampfphase. In Abbildung 2.8 ist dieses Stoffsystem dargestellt. Unterhalb der Sättigungslinie existiert nur ungesättigte Lösung, oberhalb ist festes Kaliumchlorid neben gesättigter Lösung vorhanden. Dabei beeinflusst die Menge des festen Bodenkörpers KCl allerdings nur die Lage des darstellenden Punktes des Gemisches, nicht aber die Zusammensetzung der Lösung. Diese ist stets bei Anwesenheit von Bodenkörper gesättigt und nur von der Temperatur abhängig.

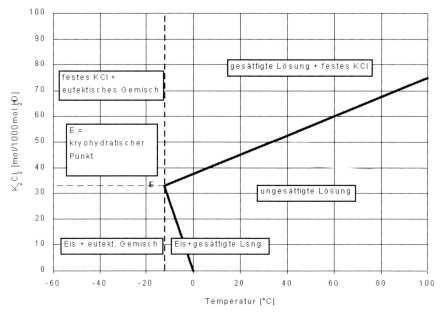

Abbildung 2.8 System KCl – H$_2$O; zwischen kryohydratischem Punkt und dem Siedepunkt bei Normaldruck existiert nur Kaliumchlorid als feste Phase neben gesättigter Lösung und Dampfphase.

2.2.1.2 Beispiel Lösungsgleichgewicht NaCl – H$_2$O

Das System NaCl – H$_2$O ist ebenfalls einfach, weil darin nur drei feste Phasen bekannt sind:

- NaCl
- NaCl · 2 H$_2$O
- H$_2$O (Eis)

Ein Ausschnitt des Systems wird in Abbildung 2.9 gezeigt. Im ungesättigten Bereich ist das System divariant, Konzentration und Temperatur können unabhängig voneinander gewählt werden (Feld I). Das Feld II ist der Koexistenzbereich von (festem) Eis mit der an NaCl ungesättigten Lösung. Im Feld III steht die gesättigte Lösung mit einer Zusammensetzung entsprechend der Gleichgewichtslinie mit festem NaCl im Gleichgewicht. Diese Linie wird auch landläufig als „Löslichkeitskurve" bezeichnet. Schließlich ist im Feld IV das Dihydrat mit der gesättigten Lösung im Gleichgewicht. Der Punkt K kennzeichnet die eutektische Mischung, bei wässrigen Lösungen wird dieser Punkt als kryohydratischer Punkt bezeichnet. An diesem Punkt koexistieren

- 2 feste Phasen (Eis + NaCl · 2 H$_2$O)
- 1 flüssige Phase (gesättigte Lösung)
- 1 Dampfphase

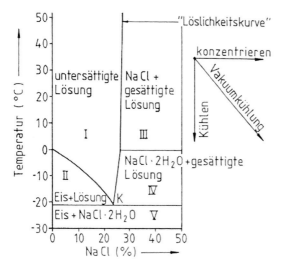

Abbildung 2.9 Ausschnitt aus dem System NaCl – H$_2$O; es treten zwei NaCl-Bodenkörper auf. Zwischen dem kryohydratischen Punkt und $T = 0{,}15\,°C$ ist es das NaCl · 2 H$_2$O, oberhalb von $T = 0{,}15\,°C$ das wasserfreie NaCl.

Das System ist an diesem Quadrupelpunkt invariant ($f = 0$; $p = 4$). Unterhalb des kryohydratischen Punktes im Feld V liegt (festes) Eis neben festem NaCl · 2 H$_2$O heterogen vor.

Aus der grafischen Darstellung des Stoffsystems lässt sich bereits eine Reihe bedeutsamer Schlüsse ziehen:

1. Fast im gesamten Temperaturbereich von etwa +0,2 °C bis zum Siedepunkt liegt Natriumchlorid als wasserfreier Bodenkörper vor. Daraus folgt, dass das Kristallisat technischer Kristallisationsprozesse ein wasserfreies Salz ist.
2. Die Löslichkeit des Natriumchlorids in Wasser ist nahezu temperaturunabhängig. Daraus folgt, dass gelöstes NaCl nur durch Lösungsmittelentzug zur Kristallisation gebracht werden kann, nicht durch Abkühlen der Lösung.
3. Zwischen +0,2 °C und dem Eispunkt existiert als Kristallisat nur das Dihydrat, dieses ist deutlich geringer löslich als das wasserfreie Salz. Daraus folgt, dass bei gewöhnlicher Temperatur an NaCl gesättigte Sole bei starker Abkühlung durchaus nennenswerte Mengen kristallisiertes Salz als NaCl · 2 H$_2$O ausscheiden kann.
4. Der Koexistenzpunkt von Eis, NaCl · 2 H$_2$O und gesättigter Lösung liegt bei –21,1 °C. Daraus folgt, dass Kochsalz und Eis sich unter Schmelzen des Eises unter Temperaturabsenkung in eine gesättigte Lösung umwandeln und dieser Prozess erst beim Koexistenzpunkt zum Abschluss kommt. Bei tieferen Temperaturen als –21 °C ist Natriumchlorid nicht mehr als Auftaumittel geeignet.

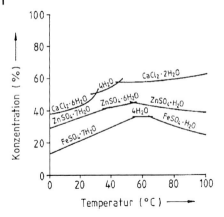

Abbildung 2.10 Knickpunkte/Koexistenzpunkte in Systemen mit hydratbildenden Bodenkörpern.

Andere, ebenfalls hydratbildende Stoffsysteme, bestehend aus einem einfachen anorganischen Salz und Wasser haben einen anderen und für jedes Salz spezifischen Verlauf der Löslichkeitskurve. Abbildung 2.10 zeigt Beispiele für die Temperaturabhängigkeit der Löslichkeit der Stoffe $CaCl_2$–H_2O, $ZnSO_4$–H_2O, $FeSO_4$–H_2O in dem für Kristallisationsprozesse interessanten Temperaturbereich von 0 bis +100 °C. Alle diese dargestellten anorganischen Verbindungen haben Knickpunkte in der Löslichkeitskurve. Zwischen den Knickpunkten liegt der Existenzbereich des jeweiligen Salzhydrates. Der Knickpunkt selbst ist der Koexistenzpunkt, bei dem beide Salzhydrate nebeneinander mit der gesättigten wässrigen Lösung koexistieren. Die Existenz verschiedener Hydrate eines zu kristallisierenden Stoffes ist bei Kristallisationsprozessen unbedingt zu beachten.

Einerseits sind handelsübliche, durch Kristallisation herzustellende Stoffe in der Regel definierte Hydrate und keine Gemische verschiedener Hydratstufen, andererseits unterscheiden sich verschiedene Hydrate zum Teil sehr extrem in ihrem Kristallisationsvermögen, ihrer Kornform, ihrer Neigung zum Einschluss von Mutterlauge, ihrem Trocknungs- und Lagerverhalten. Soll oder muss ein definiertes Hydrat hergestellt werden, so darf der technische Kristallisationsvorgang nur innerhalb der beiden Koexistenztemperaturen betrieben werden. Ist das nicht der Fall, so wandelt sich auch bereits auskristallisiertes Hydrat einer anderen Hydratstufe beim Eintritt in das stabile Existenzgebiet des anderen Hydrates in den stabilen Bodenkörper um. Vorhandene Kristalle lösen sich vollständig auf und kristallisieren in der Regel unkontrolliert als neuer Bodenkörper aus. Dass unter solchen Bedingungen von der Gewährleistung einer definierten Produktqualität keine Rede sein kann, ist selbstverständlich. Die Kenntnis der Koexistenzpunkte verschiedener Hydrate eines Stoffes ist auch für Trocknungsprozesse von großer Bedeutung. Will man Wasserabspaltung während des Trocknungsprozesses vermeiden, so muss man ebenfalls das Zustandsdiagramm des Stoffsystems kennen und die thermische Trocknung muss in dem Temperaturintervall betrieben werden, bei dem das zu trocknende Salzhydrat thermodynamisch stabil ist.

2.2.1.3 Beispiel Lösungsgleichgewicht FeCl$_3$ – H$_2$O mit kongruent schmelzender Verbindung

Obwohl das Stoffsystem FeCl$_3$ – H$_2$O ebenfalls nur aus einem Salz und Wasser besteht, so ist doch dieses System deutlich komplizierter aufgebaut als das solcher anorganischer Salze wie Alkalichloride. Das binäre System Eisen(III)-chlorid – Wasser zeichnet sich durch eine Reihe verschiedener fester Phasen aus. Nach der Phasenregel können auch hier maximal nur zwei feste Phasen im Gleichgewicht mit Lösung und Dampf nebeneinander existieren. Die Darstellung in Abbildung 2.11 lässt gleichermaßen den Begriff „Schmelze" wie auch „Lösung" zu. Es handelt sich um ein System mit Verbindungsbildung (nämlich Hydrate) und offenen Maxima: Die Schmelze des reinen Hydrates hat jeweils den höchsten Schmelzpunkt. Man bezeichnet Salze (Hydrate oder Doppelsalze) oder Verbindungen als kongruent schmelzend, wenn die Schmelze die gleiche Zusammensetzung wie die feste Phase aufweist. Dieser Fall liegt hier vor. Fasst man das einzelne Hydrat als eine reine Komponente auf, beispielsweise das FeCl$_3$ · 6 H$_2$O, so kann man das System in entsprechend viele Einzelsysteme aufspalten (Abb. 2.12).

Interessant bei diesem System ist auch die Tatsache, dass für eine Temperatur unterhalb der Schmelztemperatur des Hydrates zwei „Löslichkeiten" existieren. Beim Auflösen von wasserfreiem FeCl$_3$ oder beim Eindampfen einer verdünnten Lösung im Vakuum bei einer konstanten Temperatur, erreicht man den Punkt A_1, und es beginnt dann die Abscheidung des Hexahydrates; bei einer höheren Temperatur T_2 und nachfolgendem Kühlen wird dann der Punkt A_2 erreicht, wo sich ebenfalls bei weiterem Abkühlen das Hexahydrat abscheidet. Die Aufteilung des Gesamtsystems in Einzelsysteme, jeweils bei der Zusammensetzung der Verbindung, zeigt dann auch deutlich, dass beim Abkühlen der Schmelze des Hexahydrates unterhalb seines Schmelzpunktes diese dann sofort völlig erstarrt, ohne dass sich eine Zweiphasenmischung bestehend aus Kristall und Lösung (oder Schmelze) bildet. Will

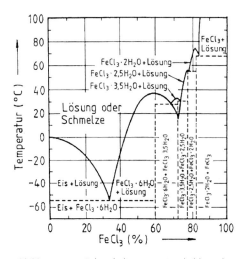

Abbildung 2.11 Schmelzdiagramm/Löslichkeitsdiagramm FeCl$_3$ – H$_2$O.

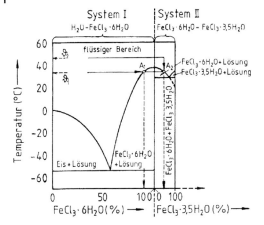

Abbildung 2.12 Ausschnitt des Systems FeCl$_3$ – H$_2$O; Vereinfachung durch Auftragung von Hydraten als reine Komponenten.

man Eisen(III)-chlorid in einer bestimmten Hydratform kristallisieren, ist die Einhaltung des zulässigen Temperaturbereiches daher zwingend notwendig.

2.2.1.4 Das System Na$_2$SO$_4$ – H$_2$O als Beispiel für ein Lösungsgleichgewicht mit inkongruent schmelzender Verbindung

Ausschnittsweise bis 100 °C ist dieses System in der Abbildung 2.13 enthalten. Die Linie BC um 90° gedreht wird üblicherweise als die Löslichkeitskurve für Glauber-

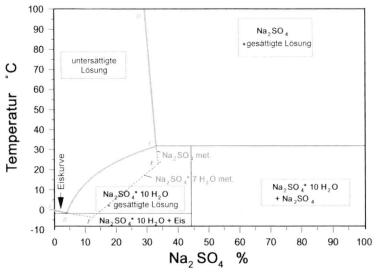

Abbildung 2.13 Ausschnitt des Systems Na$_2$SO$_4$ – H$_2$O; Beispiel für ein Lösungsgleichgewicht mit inkongruent schmelzender Verbindung.

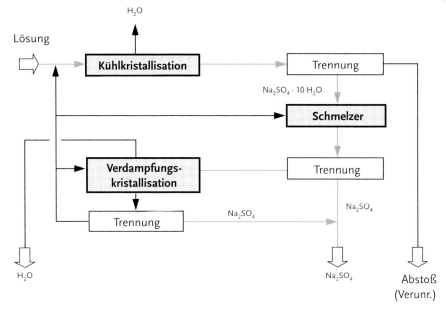

Abbildung 2.14 Blockfließbild für einen Prozess zur Rückgewinnung von Natriumsulfat aus Produktionsabwasser in hoch reiner Qualität.

salz, die Linie CD als die für Natriumsulfat bezeichnet. Für das Dekahydrat steigt die Löslichkeit mit zunehmender Temperatur, während das wasserfreie Salz eine Löslichkeitsfunktion mit negativem Temperaturkoeffizienten hat. Metastabil soll noch ein Heptahydrat existieren. Dieses steht in Punkt E metastabil mit dem Thenardit, niemals jedoch mit dem Glaubersalz im Gleichgewicht. Schmilzt man das Glaubersalz oberhalb seines Umwandlungspunktes von 32,4 °C, so erhält man ein Gemisch aus festem Natriumsulfat und gesättigter Lösung. Aus den Streckenverhältnissen oder aus den Bilanzgleichungen lassen sich die Mengen errechnen. Diese Eigenschaften nutzt man bei der Gewinnung von Natriumsulfat aus Lösungen.

Durch Kühlen erhält man ein Gemisch aus Glaubersalz und einer gering konzentrierten Lösung. Das Glaubersalz wird abgetrennt und in einem so genannten Schmelzer oberhalb seiner Umwandlungstemperatur in Na_2SO_4 und Lösung zerlegt. Durch Eindampfen wird aus der Lösung weiteres Na_2SO_4 kristallisiert. Vereinfacht ist ein solcher Prozess in der Abbildung 2.14 skizziert. Man erhält dadurch ein hoch reines Produkt, weil durch die zweimalige Trennung die Verunreinigungen weitestgehend in der Lösung verbleiben.

Dieser Prozess hat industrielle Bedeutung. Große Mengen an wasserfreiem Natriumsulfat werden durch Ausnutzung der durch das Zustandsdiagramm des Stoffsystems $Na_2SO_4 - H_2O$ festgelegten Löslichkeitsverhältnisse gewonnen und das sowohl annähernd nach dem gleichen Prinzip aus Spinnbädern der Viskoseseide- oder Zellwolleherstellung als auch aus Natursolen, Salzablagerungen von Salzseen oder früher aus Aufschlusslösungen von Kupferhütten.

2.2.1.5 Beispiel Schmelzgleichgewicht Bisphenol A – Phenol

Als Beispiel für eine so genannte Kristallisation aus einer Schmelze soll das System Phenol (P) – Bisphenol A (B) herangezogen werden, das in der Abbildung 2.15 dargestellt worden ist. Diese Darstellung wird man bei Schmelzgleichgewichten für Zweistoffsysteme häufig antreffen. Auf der Abszisse wird der Massenanteil oder Molenbruch einer Komponente aufgetragen. Es ist eine Dimension mit einer endlichen Einheit für die reine Komponente zu wählen, beispielsweise 100 %. Die Eckpunkte stellen dann die beiden reinen Komponenten dar. Diese Form der Darstellung ist sehr verbreitet für Metallschmelzen. Es handelt sich hierbei um ein System mit Verbindungsbildung; Phenol und Bisphenol A bilden eine Additionsverbindung P · B im molaren Verhältnis von 1. Das Eutektikum E hat den niedrigsten Schmelzpunkt, die Verbindung in der Regel den höchsten Schmelzpunkt, was hier aber nicht der Fall ist, und deshalb wird von einem verdecktes Maximum gesprochen. Der Punkt D ist die Zusammensetzung des Adduktes P · B. Die Punkte A und B sind die Schmelzpunkte der reinen Substanzen, der Punkt E der Schmelzpunkt des Eutektikums. Beim Abkühlen von Mischungen mit verschiedener Zusammensetzung erhält man die in Tabelle 2.2 aufgeführten Veränderungen.

Bisphenol wird hergestellt durch Kondensation von Aceton mit überschüssigem Phenol, die Schmelze enthält daher immer überschüssiges Phenol. Durch Kühlen erhält man daher zunächst die Additionsverbindung. Kühlt man die Schmelze c_2 um eine Temperaturdifferenz $\Delta\vartheta$, so entsteht eine heterogene Mischung L, welche in einen Anteil Addukt P · B und die Schmelze mit der Zusammensetzung J zerfällt. Die Mengen errechnen sich nach dem Gesetz der abgewandten Hebelarme:

$$\text{Kristallisat P} \cdot \text{B} = \frac{J\,L}{J\,K} \text{ mit Zusammensetzung D} \tag{7}$$

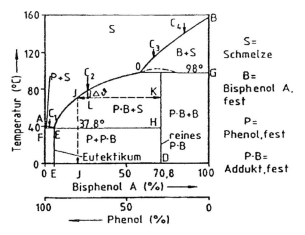

Abbildung 2.15 System Phenol – Bisphenol A in der Darstellung als Schmelzdiagramm.

$$\text{Schmelze} = \frac{LK}{JK} \text{ mit Zusammensetzung J} \tag{8}$$

Ebenso lassen sich die Mengen aus den Bilanzgleichungen errechnen:

$$m \cdot c_2 = x \cdot y \cdot c_K \quad \text{(Bisphenolbilanz)}$$
$$m = x + y \quad \text{(Gesamtbilanz)} \tag{9), (10}$$

Tabelle 2.2 Beim Abkühlen von Mischungen mit verschiedener Zusammensetzung erhält man die aufgeführten Veränderungen.

Zusammensetzung der Mischung	Veränderung durch Kühlen
c_1	Abscheidung von festem Phenol; die Schmelzzusammensetzung nähert sich E; unterhalb der Linie EF völliges Erstarren zu Phenol und Eutektikum.
c_2	Abscheidung von P · B; die Zusammensetzung der Schmelze nähert sich E; unterhalb von EH völliges Erstarren in P · B und Eutektikum.
c_3	Abscheidung von reinem Bisphenol; die Schmelze nähert sich O; unterhalb OG wandelt sich Bisphenol in das Addukt P · B um und es scheidet sich weiter P · B aus. Die Zusammensetzung der Schmelze nähert sich E; weiter dann wie bei c_2 beschrieben.
c_4	Es scheidet sich reines Bisphenol aus; die Schmelze ändert sich in Richtung C; unterhalb von CG wandelt sich das Bisphenol in P · B um und die Mischung aus P · B und reinem Bisphenol erstarrt.

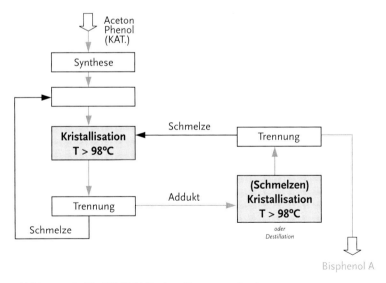

Abbildung 2.16 Blockfließbild für einen Prozess zur Gewinnung von reinem Bisphenol A über die Kristallisation des Phenoladduktes.

Durch Aufschmelzen des Adduktes P · B oberhalb der Umwandlungstemperatur kann man das reine Bisphenol erzeugen, das aus der Schmelze dann oberhalb der Umwandlungstemperatur abgetrennt werden muss. Bei der Schmelzkristallisation erfolgt eine Trennung in der Regel durch Temperaturveränderung (Abkühlen), während bei der Kristallisation aus Lösungen sowohl Kühlung als auch Verdampfung möglich ist. Ein Verfahren zur Herstellung von reinem Bisphenol A zeigt schematisch die Abbildung 2.16. Durch Vakuumdestillation kann man alternativ ebenfalls reines Bisphenol A aus der Additionsverbindung herstellen, was in diesem Fall praktisch auch erfolgt. Die Kristallisation des Adduktes als Reinigungsschritt wird jedoch immer gewählt.

2.2.1.6 Beispiel Herstellung von Bischofit aus MgCl$_2$-Hydratschmelze

Als Beispiel der Herstellung eines festen Salzhydrates aus einer Hydratschmelze wird die Herstellung von Magnesiumchlorid-Hexahydrat (Bischofit) dargestellt. Dieses Verfahren ist großtechnisch in Anwendung und geht von einer etwa 30 %igen Magnesiumchloridlösung als Rohstoff aus. Das Stoffsystem MgCl$_2$ – H$_2$O wurde bereits in Abbildung 2.5 dargestellt. Die Kristallisation von definiertem Magnesiumchlorid-Hexahydrat hat kaum technische Bedeutung (nur für Pharmaware), hingegen werden jährlich mehrere 10 000 Tonnen Magnesiumchlorid-Hexahydrat durch Verfestigung der Salzschmelze technisch hergestellt.

Die darstellenden Punkte der Startlösung und von zwei Hexahydratschmelzen sind als Punkte P_0, P_1 und P_2 im Diagramm in Abbildung 2.17 eingetragen.

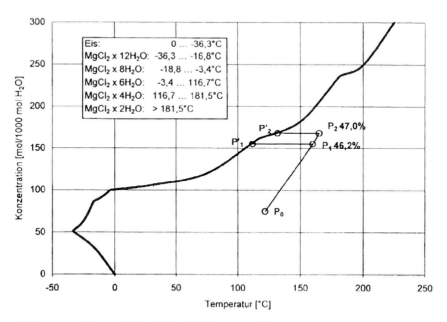

Abbildung 2.17 System MGCl$_2$ – H$_2$O mit der Eintragung der technischen Gewinnungswege für Bischofit (MgCl$_2$ · 6 H$_2$O).

P_0 = 30,0 % $MgCl_2$ (81 Mole $MgCl_2$/1000 Mole H_2O)
P_1 = 46,2 % $MgCl_2$ (162 Mole $MgCl_2$/1000 Mole H_2O)
P_2 = 47,0 % $MgCl_2$ (174 Mole $MgCl_2$/1000 Mole H_2O)

Die zugehörigen Siedetemperaturen bei atmosphärischem Druck sind aus Abbildung 2.18 zu entnehmen.

Die Konjugationslinie P_0–P_1, P_2 entspricht dem isobaren Eindampfungsprozess. Die Hydratschmelze P_1 siedet bei Normaldruck bei etwa 164 °C. Im technischen Prozess werden ca. 47,0 % $MgCl_2$ eingestellt, der Siedepunkt beträgt etwa 168 °C. Kühlt man die Schmelze P_1 von 164 °C bis auf 117 °C, so erreicht sie die Löslichkeitskurve bei Punkt P_1. Da Feststoff und Schmelze die gleiche Zusammensetzung haben, erstarrt die Schmelze, und es verbleibt theoretisch keine Mutterlauge. Technisch geschieht dieser Verfestigungsprozess kontinuierlich auf einer Kühlwalze oder einem Kühlband. Dadurch entsteht ein festes Erstarrungsprodukt, das aus schuppenförmigen Plättchen (englisch: flakes) besteht (Abb. 2.19).

Der Erstarrungsverlauf der etwas höher eingedampften Hydratschmelze P_2 ist aus Abbildung 2.17 ebenfalls ersichtlich. Die Verfestigung beginnt bereits bei etwa 138 °C und auf der Strecke P_2''–P_1'' scheidet sich das Tetrahydrat ab. Ab Erreichen des Punktes P_1', der dem Koexistenzpunkt $MgCl_2 \cdot 6 H_2O$/$MgCl_2 \cdot 4 H_2O$ entspricht, erstarrt die noch vorhandene Schmelze als Hexahydrat. Die Eindampfung auf ca. 47 % $MgCl_2$ im technischen Prozess stellt sicher, dass auch bei geringen Konzentrationsschwankungen im Eindampfungsprozess keine flüssige Phase verbleibt, was nicht der Fall wäre, wenn nur auf 46 % $MgCl_2$ eingedampft würde.

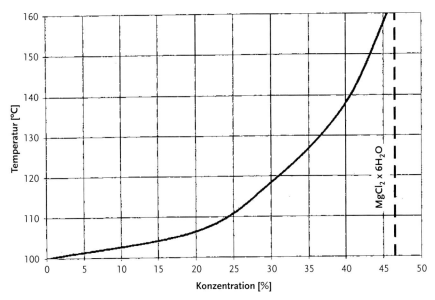

Abbildung 2.18 Siedetemperaturen bei Atmosphärendruck für das System $MgCl_2$ – H_2O.

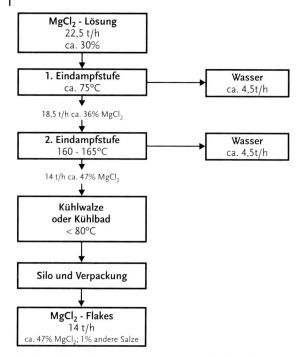

Abbildung 2.19 Prozess zur Gewinnung von Bischofit-Flakes.

2.2.2
Dreistoffsysteme

2.2.2.1 Allgemeines

Dreistoffsysteme sind trivariant, wenn der Druck unberücksichtigt bleibt:

$$p + f = 5 \tag{11}$$

Die maximale Zahl der koexistierenden Phasen kann hierbei schon 5 betragen:

- 1 Dampfphase
- 1 flüssige Phase
- 3 feste Phasen

Für die Darstellung sind damit schon drei Koordinaten notwendig. Ein Dreistoffsystem ist beispielsweise eine Lösung mit zwei gelösten Salzen, die allerdings ein gemeinsames Ion besitzen müssen, was auch sehr häufig vorkommt. Haben sie kein gemeinsames Ion, liegt schon ein quarternäres System vor. Beispiel:

- Dreistoffsystem: NaCl – KCl – H_2O
- Vierstoffsystem: NaCl – K_2SO_4 – H_2O

wegen:

2 NaCl + K$_2$SO$_4$ → Na$_2$SO$_4$ + 2 KCl   (reziprokes Salzpaar) (12)

Dreistoffsysteme sind in der Technik außerordentlich wichtig, weil oftmals durch eine der drei Hauptkomponenten die in geringer Konzentration vorkommenden weiteren Stoffe ein solches System in erster Näherung immer noch als Dreikomponentensystem aufgefasst werden kann, wobei dann einer Hauptkomponente die Nebenkomponente zugerechnet wird. Dadurch kann man sich die Eigenschaften der einfachen Darstellung für ein eigentliches Vielstoffsystem zu Nutze machen.

Anhand verschiedener Beispiele sind unterschiedliche Darstellungsformen erläutert.

Für eine wässrige Lösung zweier Salze mit gleichem Anion oder Kation im Gleichgewicht mit einem Bodenkörper gilt nach dem Phasengesetz:

$$f = b + 2 - p = 5 - 3 = 2 \quad (13)$$

Auch hier entsteht bei einer rechtwinkligen Darstellung des Zusammenhangs Temperatur – Konzentration eines Salzes eine bivariante Fläche, die durch eine Kurve monovarianten Gleichgewichts der Lösung mit zwei Bodenkörpern begrenzt wird. Ein solches Diagramm gestattet jedoch nur den Zusammenhang Temperatur – Konzentration der einen Komponente zu entnehmen. Zeichnet man jedoch ein Diagramm des ternären Systems (zwei Salze – Wasser) unter isothermen Bedingungen, so kann man bei Auftragen der Konzentration, wenn diese stets auf die gleiche Menge Wasser bezogen ist, auf der Ordinate bzw. Abszisse für jeden unter diesen Bedingungen existenten Bodenkörper eine Löslichkeitskurve erhalten. Diese Kurven stellen monovariante Gleichgewichte dar und begrenzen bivariante Felder ungesättigter Lösungen. Am Schnittpunkt zweier Löslichkeitskurven liegen invariante Gleichgewichte mit zwei Bodenkörpern vor. Diese Darstellungsweise wird sehr viel verwendet, da sie die direkte Ablesung der Konzentration beider Salze gestattet. Werden mehrere Isothermen eingezeichnet, so ist die Darstellung technischer Kreisprozesse besonders einfach möglich. Ein Beispiel für ein solches Diagramm ist in Abbildung 2.20 für das System NaCl – KCl – H$_2$O dargestellt.

Natürlich kann die angeführte Darstellungsweise auch für höhere Systeme angewendet werden, wenn man die Zahl der Freiheiten durch weitere Festlegungen auf die Zahl 2 beschränkt. So ergibt das technisch wichtige System KCl – NaCl – MgCl$_2$ – H$_2$O bei konstanter Temperatur und Sättigung an NaCl ein ähnliches Bild wie Abbildung 2.20 für das System KCl – NaCl – H$_2$O. Auch die isotherme Darstellung der Löslichkeit im gleichseitigen Dreieck gehört zur Darstellung bivarianter Systeme.

Zur uneingeschränkten Darstellung der Systeme mit drei unabhängigen Variablen ist der Raum mit seinen drei Koordinaten notwendig. Besonders wichtig ist in dieser Gruppe die Abbildung einer wässrigen Lösung zweier Salze mit gleichem Anion oder Kation mit den variablen Größen Temperatur und Konzentrationen der beiden Salze. Die Konzentration des Wassers ergibt sich, da die Summe aller Molen-

44 | *2 Gleichgewichtsdiagramme für die Kristallisation aus Lösungen und Schmelzen*

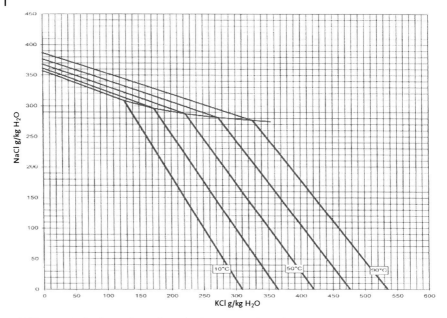

Abbildung 2.20 Isotherme Darstellung des Systems NaCl – KCl – H$_2$O im rechtwinkligen Koordinatensystem.

brüche 1 sein muss. Die ungesättigte Lösung gibt offenbar einen Raum wieder, der durch Flächen begrenzt wird, die das Gleichgewicht zwischen der Lösung und einem Bodenkörper darstellen (bivariantes System). Durch Berührung zweier Flächen entstehen Kurven, die Lösungen im Gleichgewicht mit zwei Bodenkörpern veranschaulichen (monovariante Systeme), während die Schnittpunkte dieser Kurven Lösungen im Gleichgewicht mit drei Bodenkörpern darstellen (invariantes System). Die Verwendung von Raumkoordinaten, die sich unter einem Winkel von 90° im Nullpunkt schneiden, ist nicht sehr günstig, da sowohl die Anschaulichkeit leidet als auch der Wert für die Konzentration des Wassers nicht direkt entnommen werden kann (eine Koordinate Temperaturachse, zwei Koordinaten Konzentrationsachsen).

Besser ist die Darstellung in einem Prisma, dessen Basis ein gleichseitiges Dreieck ist. Die Fläche des Dreiecks dient zur Wiedergabe der Konzentrationsverhältnisse, während die Temperatur auf den senkrechten Achsen in den Eckpunkten des Dreiecks aufgetragen wird. Die Verwendung des gleichseitigen Dreiecks zur Darstellung von Gemischen aus drei Stoffen erfolgte erstmalig durch Gibbs, der als Koordinaten die drei Höhen des Dreiecks benutzte. Heute verwendet man nach einem Vorschlag Roozebooms die Seiten als Koordinaten. Grundlage beider Darstellungsweisen ist die Tatsache, dass die Summe aller drei Koordinaten für einen beliebigen Punkt stets 100 ist, wenn man die Koordinaten (Seiten des Dreiecks) in 100 gleiche Einheiten teilt. Die Eckpunkte A, B, C entsprechen 100 Teilen der reinen Komponenten, d. h. die Seiten des Dreiecks stellen die binären Gemische jeweils zweier Komponenten dar. Jedes Gemisch kann in Prozenten (Ma-% oder Mol-%) seiner Komponenten aufgetragen werden und gibt einen Punkt auf der Dreiecksseite. Ein Gemisch aus drei Komponenten wird im Dreieck durch einen Punkt P dargestellt. Der Prozentwert für A ergibt sich aus der Entfernung der Parallelen zur Seite B, C, auf der alle Konzentrationen a an A liegen. Auf die gleiche Weise lassen sich die Konzentrationen an B und C, b und c im Punkt P ermitteln. Die Summe aller Koordinaten ergibt 100 %. Diese Art der Eintragung ist sehr einfach und ermöglicht die direkte Ablesung der Konzentration aller drei Komponenten. Das polytherme Prisma entsteht dann durch Anordnung solcher gleichseitiger Dreiecke für jede Temperatur übereinander.

2.2.2.2 Beispiel Dreistoffsystem KCl – NaCl – H_2O

Als relativ leicht überschaubares Dreistoffsystem wird das aus zwei Alkalichloriden plus Wasser bestehende Dreistoffsystem KCl – NaCl – H_2O behandelt. Das System gehört zu den einfachsten ternären Systemen, da keine Doppelsalze gebildet werden und an Salzhydraten nur das NaCl · 2 H_2O bei Temperaturen unterhalb – 2,3 °C existiert. Das System bildet die Grundlage für die technische Verarbeitung des Sylvinits. Es ist daher weit gehend untersucht und bekannt. Zur vollständigen polythermen Darstellung ist ein Prisma notwendig. In Abbildung 2.20 sind mehrere Isothermen als Projektionen auf ein rechtwinkliges Dreieck als Basis dieses Prismas eingezeichnet. Sie geben den NaCl- und KCl-Gehalt der Lösungen bei Sättigung an KCl bzw. NaCl (monovariante Gleichgewichte) und der invarianten Punkte, an denen KCl, NaCl und Lösung koexistieren, wieder. Die Sättigungskonzentration des NaCl nimmt mit steigender KCl-Konzentration fast linear ab. Für niedrigere Temperaturen ist der NaCl-Gehalt der an beiden Salzen gesättigten Lösungen höher als der KCl-Gehalt, während bei höheren Temperaturen der KCl-Gehalt dieser Lösungen überwiegt. Bei Sättigung an beiden Salzen nimmt die Löslichkeit des NaCl mit steigender Temperatur ab, erreicht bei etwa 85 °C ein Minimum, um dann wieder langsam zuzunehmen. Die Löslichkeit des KCl nimmt dagegen mit steigender Temperatur stetig zu. Es sei noch auf die Tatsache hingewiesen, dass die an NaCl und KCl gesättigten Lösungen dazu neigen, Übersättigungen an NaCl auszubilden, die nur langsam aufgehoben werden.

Dieses System hat technische Bedeutung als Grundlage der Kristallisation von Kaliumchlorid aus heiß an KCl und NaCl gesättigten Lösungen in der Kaliindustrie. Die in Abbildung 2.20 dargestellten Löslichkeitskurven sind in der Konzentrationseinheit „Gramm Salz je 1000 Gramm Wasser" dargestellt. Um das Spektrum im zweidimensionalen rechtwinkligen Koordinatensystem noch darstellen zu können, wird die Temperatur dadurch berücksichtigt, dass man auf der Abszisse das Kaliumchlorid, auf der Ordinate das Natriumchlorid und die temperaturabhängige Löslichkeit als Schar von Isothermen zur Darstellung bringt.

2.2.2.3 Das System Na$_2$SO$_4$ – (NH$_4$)$_2$SO$_4$ – H$_2$O in räumlicher Darstellung und in Dreieckkoordinaten

Die Abbildung 2.21 zeigt dieses ternäre System in räumlicher Darstellung. Die visuelle Anschaulichkeit ist sehr ausgeprägt, nur eignet sich diese Form weniger für den quantitativen Gebrauch. Die Begrenzungsflächen des Körpers sind die Gleichgewichtszustände für eine der fünf vorkommenden festen Phasen:

- Eis
- Na$_2$SO$_4$ · 10 H$_2$O
- Na$_2$SO$_4$ · (NH$_4$)$_2$SO$_4$ · 4 H$_2$O
- Na$_2$SO$_4$
- (NH$_4$)$_2$SO$_4$

An den Eckpunkten ist das System invariant, es koexistieren jeweils drei feste Phasen mit der Lösung. An den Kanten des Gebildes stehen zwei feste Phasen mit der Lösung im Gleichgewicht. Innerhalb des Körpers sind alle Zustände des Systems ohne feste Phase (ungesättigten Lösungen) umgrenzt. Sehr gut lassen sich die Existenzbereiche der verschiedenen Phasen erkennen. Man kann auch sehen, dass sich beim Abkühlen konzentrierter (NH$_4$)$_2$SO$_4$-Lösungen, abgesehen von einem ganz kleinen Gebiet im Tieftemperaturbereich, kein Glaubersalz gewinnen lässt, sondern dass stets das Doppelsalz (NH$_4$)$_2$SO$_4$ · Na$_2$SO$_4$ · 4 H$_2$O kristallisiert. In der Abbildung 2.22 sind zwei Isothermen des zuvor besprochenen Systems in Dreieckskoordinaten nach Gibbs und Roozeboom dargestellt. Jeder Eckpunkt stellt die reine Komponente dar, auf den Seiten befinden sich alle Mischungen der beiden benachbarten Komponenten und innerhalb des Dreiecks befinden sich alle Mischungen aus den drei Komponenten. Errichtet man auf dieser Dreiecksfläche eine Senkrechte mit Temperatur, ist eine räumliche Darstellung in einem Prisma

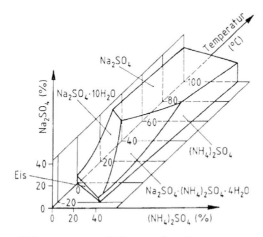

Abbildung 2.21 Räumliche Darstellung des Systems Na$_2$SO$_4$ – (NH$_4$)$_2$SO$_4$ – H$_2$O. Die visuelle Anschaulichkeit ist sehr ausgeprägt. Für die quantitative Auswertung ist die räumliche Darstellung leider wenig geeignet.

möglich. Das hier gezeigte System mit zwei Isothermen ist eine Projektion auf die gleiche Dreiecksgrundfläche. Der darstellende Punkt des Glaubersalzes ist der Punkt E auf der Seite G–J, das Doppelsalz, welches auch gleichzeitig ein Hydrat bildet, befindet sich innerhalb des Dreiecks (Punkt F). Die Linie A–B–C–D ist die Gleichgewichtslinie für die flüssigen und die festen Phasen. Die Punkte A und D stellen die gesättigten Zweistoffsysteme dar, während die Punkte B und C die invarianten Punkte für die Koexistenz zweier fester Phasen bedeuten. Hat man eine Lösung mit der Zusammensetzung P, so liegen auf der Verbindungsgeraden G–P die Mischungen, die durch Verdünnen mit Wasser entstehen. Umgekehrt liegen die Mischungen, die beim Konzentrieren (z. B. durch Eindampfen) erzielbar sind, auf der Extrapolationsgeraden G–P–P′. Bei P′ beginnt die Kristallisation des Doppelsalzes. Die Konzentration nähert sich dann immer mehr dem Zweisalzpunkt C, wo sich dann neben dem Doppelsalz auch Glaubersalz abscheidet. Würde man die Lösung P allerdings stark abkühlen, könnte Glaubersalz gewonnen werden, weil sich das Doppelsalzgebiet stark verkleinert. Durch die Ausscheidung von Glaubersalz bewegt sich dann die Lösungszusammensetzung auf der Verbindungsgeraden P–E vom darstellenden Punkt hin zu P″.

Durch Übereinanderzeichnen von zwei oder mehreren Isothermen ins Dreieck lassen sich auch polytherm verlaufende Kristallisationsprozesse grafisch und rechnerisch quantitativ verfolgen. Anschaulicher ist in jedem Falle aber die Darstellung in rechtwinkligen Koordinaten, selbst wenn man dazu Kompromisse und Einschränkungen hinnehmen muss.

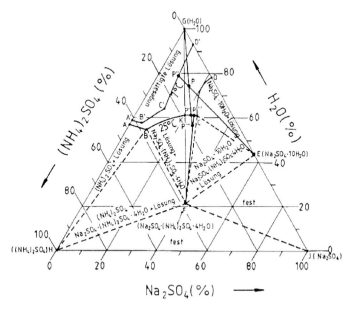

Abbildung 2.22 Zwei Isothermen (7 °C u. 25 °C) des Systems Na$_2$SO$_4$ – (NH$_4$)$_2$SO$_4$ – H$_2$O, dargestellt nach Gibbs und Roozeboom in Dreieckskoordinaten.

2.2.2.4 Das Dreistoffsystem KCl – MgCl$_2$ – H$_2$O in rechtwinkligen Koordinaten

Vergrößert man den Winkel einer Dreiecksdarstellung an dem Eckpunkt des Lösungsmittels auf 90° oder legt man einen Schnitt in der räumlichen Zeichnung parallel zu den Achsen der beiden Komponenten so erhält man ein rechtwinkliges Dreieck. Die Hypotenuse dieses Dreiecks lässt man fort und hat dann ein rechtwinkliges Koordinatensystem. Das System KCl – MgCl$_2$ – H$_2$O ist in seinem Aufbau schon komplizierter, als beispielsweise das bekannte System NaCl – KCl – H$_2$O, weil eine Reihe verschiedener Phasen existieren kann, insbesondere tritt das bekannte Doppelsalz Carnallit KCl · MgCl$_2$ · 6 H$_2$O auf. Daneben existieren Hydrate des Magnesiumchlorids und das wasserfreie Kaliumchlorid. Als Dimension in der Abbildung 2.23 wurde Mole pro 1000 Mole Wasser gewählt. Es ist üblich, dass man dabei äquivalente Einheiten wählt, also Doppelmole Kaliumchlorid oder halbe Mole Magnesiumchlorid.

Der darstellende Punkt des Wassers liegt im Koordinatenursprung, der für das Kaliumchlorid bei dieser Dimension auf der Abszisse im Unendlichen, so dass die Kristallisationslinien im KCl-Feld waagerecht parallel zur Abszisse verlaufen. Jede Isotherme hat zwei invariante Punkte:

1. B_1, B_2 ... Bischofit – Carnallit-Koexistenz
2. C_1, C_2 ... Carnallit – KCl-Koexistenz

Der Bischofit (MgCl$_2$ · 6 H$_2$O) kann damit niemals neben KCl vorliegen. Verbindet man die invarianten Punkte der einzelnen Isothermen, so erhält man die Existenzfelder für die festen Phasen. Der darstellende Punkt E für den Carnallit gibt die Zusammensetzung für dieses Doppelsalz an. Auch für diese Darstellung gilt, dass Mischungen auf Geraden liegen.

Die bei 20 °C an KCl gesättigte Lösung P_1 kann bis zum Punkt P_2 bei 100 °C eingedampft werden. Bei weiterem Eindampfen scheidet sich längs der Linie C_1–D_1 reines KCl aus, bis schließlich bei Erreichen des Punktes C_1 dann neben dem

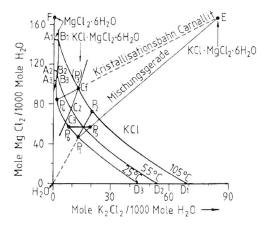

Abbildung 2.23 Das Dreistoffsystem KCl – MgCl$_2$ – H$_2$O in rechtwinkligen Koordinaten (mit schematischen Erläuterungen).

Kaliumchlorid auch noch Carnallit sich abzuscheiden beginnt. Beim Kühlen auf 20 °C würde sich die Lösungszusammensetzung von C_1 nach C_3 ändern, wenn das zuvor kristallisierte KCl nicht abgetrennt worden ist. Kühlt man allerdings die nach Abtrennung des Kaliumchlorids erhaltene klare Lösung mit der Zusammensetzung C_1 auf 20 °C ab, scheidet sich längs der Verlängerung C_1–E vom darzustellenden Punkt des Carnallits bis zum Zustand P_4 der flüssigen Phase nur Carnallit aus. Trägt man nach Abtrennung diesen Carnallit wieder in die Ausgangslösung P_1 ein, und zwar in einem solchen Mischungsverhältnis, dass der Punkt P_5 auf der Mischungsgeraden P_1–E im Zweiphasengebiet liegt, wandelt sich der Carnallit um, und es scheidet sich festes KCl ab, wenn die Temperatur auf 20 °C gehalten wird. Durch geeignete Kreislaufführung kann man dann KCl in hoher Ausbeute gewinnen und letztlich eine hoch konzentrierte Magnesiumchloridlösung herstellen, aus der bei Bedarf der Bischofit ($MgCl_2 \cdot 6\,H_2O$) in fester Form erzeugt werden kann.

Technische Bedeutung hat das Stoffsystem $KCl - NaCl - MgCl_2 - H_2O$. Man kann auch dieses Stoffsystem als „quasi-ternäres" Stoffsystem handhaben, wenn man nur die Löslichkeitsverhältnisse bei NaCl-Sättigung betrachtet. Diese Voraus-

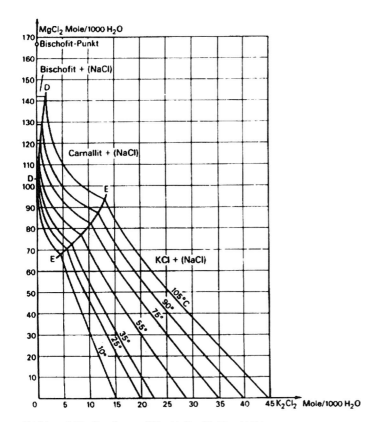

Abbildung 2.24 Das System $KCl - NaCl - MgCl_2 - H_2O$ in rechtwinkligen Koordinaten als quasiternäres Stoffsystem (Betrachtung der Löslichkeitsverhältnisse bei NaCl-Sättigung.)

setzung ist in den technischen Mineralsalzverarbeitungsprozessen der Kaliindustrie fast immer gegeben. Die Abbildung 2.24 stellt das System in der KCl–MgCl$_2$-Ebene als Isothermenschar dar. Die mit E–E bezeichnete Linie ist die monovariante Koexistenzlinie der Bodenkörper Kaliumchlorid (KCl), Natriumchlorid (NaCl) und Carnallit (KCl · MgCl$_2$ · 6 H$_2$O). Die Linie D–D charakterisiert die Koexistenzlinie der Bodenkörper Bischofit (MgCl$_2$ · 6 H$_2$O), Carnallit und NaCl. Aus dem Diagramm in Abbildung 2.24 können die NaCl-Sättigungskonzentrationen nicht entnommen werden. Dazu benötigt man ein zweites Diagramm, welches die Na$_2$Cl$_2$–MgCl$_2$-Konzentrationen darstellt (Abb. 2.25). Die Darstellung im Jänecke-Dreieck gestattet als Alternative dagegen die gesamte Systemdarstellung, allerdings unter Verzicht auf die Darstellung der Wassergehalte der Lösung und ebenfalls nur als Isotherme. Für die Berechnung von Kristallisationsprozessen ist der rechtwinkligen Darstellungsart unbedingt der Vorzug zu geben. Auch komplizierte technische Prozessverläufe mit Wasserentzug, Kristallisation von mehreren Salzen und Kristallisation bzw. Zersetzung von Doppelsalzen ist grafisch quantitativ darstellbar und bildete die Grundlage einer Anfang der 80er Jahre in Sondershausen errichteten technischen Anlage, welche bis kurz nach der Wiedervereinigung jährlich 500 000 t Magnesiumchloridsole

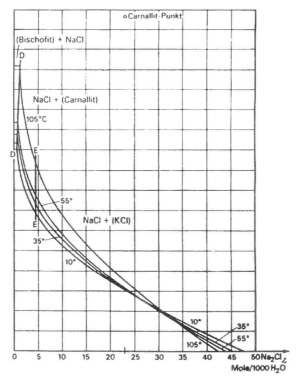

Abbildung 2.25 Darstellung der Na$_2$Cl$_2$ – MGCl$_2$ – Konzentrationen zur Entnahme der NaCl-Sättigungskonzentrationen zur Benutzung des quasi-ternären Systems in Abbildung 2.24.

herstellte. Das Fließbild der Abbildung 2.26 zeigt einen solchen Prozess. Die dort zu verarbeitende Lösung ist kein Dreistoffsystem, weil zusätzlich zu den Komponenten KCl, $MgCl_2$, H_2O auch noch die weiteren Komponenten $MgSO_4$ und NaCl neben K_2SO_4, Bromiden und Spuren anderer Stoffe anwesend sind. Hierbei handelt es sich somit mindestens um ein quinäres System. Für die Betrachtung der KCl-Gewinnung und Carnallit-Zersetzung wie auch der Eindampfung kann man das zuvor besprochene ternäre System zu Grunde legen, wenn man die Isothermen für NaCl-Sättigung korrigiert.

Die grafische und rechnerische Verfolgung von Kristallisations- und umgekehrt von Auflösungsprozessen von Bodenkörpern ist besonders einfach, wenn man die Konzentrationseinheit g Salz je 1000 g H_2O wählt, die Temperatur als Isothermenscharen berücksichtigt und nur die technisch wichtigen Löslichkeitsdaten bei gleichzeitiger Sättigung des Systems an NaCl darstellt (Abb. 2.27). Der Konzentrationsverlauf der Auflösung eines natürlichen Carnallititminerals (KCl · $MgCl_2$ · 6 H_2O + NaCl) in Wasser ist in Abbildung 2.27 für 20 °C dargestellt. Die Konzentration an KCl und $MgCl_2$ steigt im gleichen Verhältnis an, wobei die Richtung der Geraden zum darstellenden Punkt des Carnallits führt. Ist die Sättigungsisotherme von 20 °C erreicht, so verändert sich der Konzentrationsverlauf. Bei weiterer Carnallitauflösung steigt nur noch der $MgCl_2$-Gehalt an, während der KCl-Gehalt der Lösung abnimmt. Es kristallisiert festes Kaliumchlorid. Der Auflösungsprozess endet an der Koexistenzlinie E für 20 °C. Auf dieser

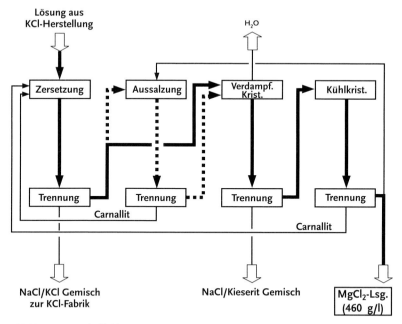

Abbildung 2.26 Fließbild eines Prozesses zur Gewinnung von hoch konzentrierter, reiner Magnesiumchloridsole bei der KCl-Gewinnung aus carnallitischem Mineral.

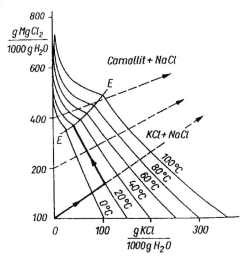

Abbildung 2.27 Darstellung des quasi-ternären Systems KCl – (NaCl) – MgCl$_2$ – H$_2$O in der Konzentrationseinheit g Salz/1000 g H$_2$O. Dargestellt ist der Konzentrationsverlauf (Pfeilweg) für die Auflösung natürlichen Carnallitmaterials (KCl · MgCl$_2$ · 6 H$_2$O + NaCl) in Wasser für 20 °C.

Grundlage lassen sich alle wesentlichen Kristallisationsvorgänge darstellen bzw. berechnen und stehen im Einklang mit dem realen Prozess.

In Dreistoffsystemen, welche aus Salzen und Wasser bestehen, wurden die Salze als Einzelkomponenten aufgefasst. Genauso kann man auch die Ionen als Komponenten auftragen, ohne dass sich die Ordnung dadurch erhöht. Sinnvoll ist diese Vorgehensweise vor allem dann, wenn diese Komponenten eine Vielzahl von Verbindungen eingehen, so dass der Bezug auf eine Verbindung mit beschränkter Existenz nicht mehr sinnvoll ist.

2.2.3
Höhere Systeme

2.2.3.1 Allgemeines

Erweitert man ein Dreistoffsystem um eine weitere Komponente, erhöht sich damit die Zahl der Freiheiten und die Schwierigkeit der Darstellung vergrößert sich ungemein:

$$p + f = 6 \tag{14}$$

Ein System mit vier voneinander unabhängigen Größen muss mindestens ein quaternäres System sein. Zur gleichzeitigen Darstellung von drei Konzentrationen und der Temperatur reicht der Raum bereits nicht mehr aus. Daher werden zur Darstellung bestimmte Festsetzungen getroffen, die entweder die Freiheiten des Systems einschränken, oder es werden bestimmte Größen in der Darstellung vernachlässigt. Für die grafische Behandlung ist es außerdem wichtig, zwischen quaternären Systemen aus drei Salzen mit gleichem Anion oder Kation und Wasser oder reziproken Salzpaaren mit Wasser zu unterscheiden. Die reziproken Salzpaare sollen deshalb im Anschluss an den erstgenannten Typ von quaternären Salzsystemen behandelt werden.

1. Die polytherme Wiedergabe solcher Systeme erfolgt meistens in der Weise, dass die Menge jedes gelösten Salzes der monovarianten Lösungen (Gleichgewicht: Lösung und drei Bodenkörper) auf die gleiche Menge Wasser bezogen in drei rechtwinkligen Diagrammen untereinander mit einer Temperaturachse gleichen Maßstabs gezeichnet wird. Zur vollständigen Konzentrationsbestimmung sind drei Ablesungen notwendig. Aus solchen Darstellungen kann man die Existenzgebiete der Salze und die Lage invarianter Umwandlungspunkte ersehen. Im Prinzip handelt es sich um eine ähnliche grafische Darstellung wie in Abbildung 2.22, die bereits bei den Systemen mit drei Variablen behandelt wurde.
2. Die isotherme Darstellung kann in einem Tetraeder erfolgen, dessen Begrenzungsflächen gleichseitige Dreiecke sind. Zur Vereinfachung wird jedoch üblicherweise die senkrechte Projektion auf eine Dreieckfläche benutzt. Für die Darstellung von Salzlösungen nimmt man die Fläche, die der Wasserecke gegenüberliegt. Eine solche Projektion macht natürlich keine Aussagen über den Wassergehalt des betreffenden Salzes bzw. der Lösungen. Er muss für jeden Punkt des Diagramms in einer zusätzlichen Tabelle angegeben werden. Eingetragen werden die Werte für die einzelnen Salze in Prozent (Ma-% oder Mol-%, jede Dreieckseite ist wieder in 100 gleiche Teile geteilt), bezogen auf die Summe aller Bestandteile (einschließlich des Wassers!). Wegen der Projektion muss dann zu jedem Wert noch 1/3 des Wassergehaltes addiert werden.

Statt der orthogonalen Projektion und der damit verbundenen Werteeintragung verwendet Jänecke die perspektivische Projektion auf ein gleichseitiges Dreieck. Die drei Ecken stellen die reinen Salze dar, auf den Seiten liegen binäre Gemische, im Dreieck ternäre Gemische. Die Summe aller drei Salzmengen ist stets 100 % (Mol-% oder Ma-%, der Wassergehalt wird nicht berücksichtigt!). Bei der Verwendung von Mol-% wird der Wassergehalt in einer zusätzlichen Tabelle für bestimmte Lösungen (invariante Punkte) angegeben. Man gibt die Anzahl der Mole Wasser an, die notwendig sind, um 100 Mole Salz (aller drei Salze) zu lösen. Damit man Zahlen etwa gleicher Größenordnung wie für die Salzkonzentration erhält, wird diese Molzahl für das Wasser durch 100 dividiert. Der Wert wird auch als Jänecke'sche Wasserzahl bezeichnet. Der besondere Wert des Jänecke'schen Dreiecks liegt darin, dass alle Gesetzmäßigkeiten für polytherme und isotherme Vorgänge und Begriffe, wie inkongruenter Punkt u. a., die im gleichseitigen Dreieck des Typs Salz I – Salz II – H_2O gelten, auch in diesem Dreieck ihre Gültigkeit behalten. Verwendet wird das Jänecke'sche Dreieck u. a. zur isothermen Darstellung quaternärer Systeme aus drei Salzen mit gleichem Anion oder Kation, aber auch zur Darstellung reziproker Salzpaare.

2.2.3.2 Reziproke Salzpaare

Kommen in einem System zwei Salze mit verschiedenen Anionen und Kationen und Wasser vor, so besteht die Möglichkeit zu chemischen Umsetzungen. Als unabhängige Bestandteile des Systems müssen drei Ionenarten und das Wasser berücksichtigt werden. Der 5. Bestandteil, die 4. Ionenart, ergibt sich für neutrale Salzlösungen aus der Elektroneutralitätsbedingung. Die Summe der Anionenäquivalente muss der Summe der Kationenäquivalente gleich sein. Wegen dieser Eigenschaft der gegenseitigen Abhängigkeit der Ionenäquivalente bezeichnet man solche Systeme auch als quasiternäre Systeme. Bei diesen Systemen handelt es sich um Systeme mit vier Variablen (drei Ionenkonzentrationen und die Temperatur). Für sie ist auch die Bezeichnung reziprokes Salzpaar gebräuchlich. Das reziproke Verhalten wird durch folgende Gleichung zum Ausdruck gebracht:

$$A^+B^- + C^+D^- \leftrightarrow A^+D^- + C^+B^- \tag{15}$$

oder abgekürzt

$$A^+B^- \leftrightarrow C^+D^- \tag{16}$$

Für die Angabe der Zusammensetzung des Systems werden hier erstmals auch negative Mengen der Komponente benutzt:

$$AB = AD + CB - CD \tag{17}$$

Zur Darstellung der monovarianten Gleichgewichte (Lösungen mit zwei Bodenkörpern) eignen sich folgende Methoden:

1. Nach Jänecke und Boeke werden reziproke elektroneutrale Salzpaare mithilfe des bereits genannten Jänecke'schen Dreiecks grafisch wiedergegeben. Die Elektroneutralität wird in der Weise ausgenutzt, dass nur drei Ionenkonzentrationen in Ma-% oder Mol-% eingetragen werden, während sich die Konzentration des 4. Ions errechnen lässt.

$$B = A + C - D \tag{18}$$

   Zusätzlich müssen die Jänecke'schen Wasserzahlen angegeben werden. Zwei benachbarte Eckpunkte des Dreiecks geben dann jeweils 100 % der beiden Kationen (oder Anionen) wieder, während die gegenüberliegende Ecke 100 % des einen Anions (oder Kations) darstellt. Die Ionen stehen damit stellvertretend für die Salze aus dem jeweiligen Kation (Anion) mit dem nicht in das Diagramm eingezeichneten Anion (Kation). Wie leicht einzusehen ist, liegen die Salze, gebildet aus diesem Kation (Anion) und dem im Diagramm eingezeichneten Anion (Kation), auf der Mitte der Dreiecksseite. Die geradlinige Verbindung zwischen diesen beiden Punkten ist dann auch wegen der Neutralitätsbedingung die Begrenzung der grafischen Darstel-

lung, da Mischungen mit einem Gehalt des Anions über 50 % in solchen Systemen nicht existent sind; d. h. ein Teil des Dreiecks nach Jänecke kann nicht für die grafische Darstellung reziproker Salzpaare genutzt werden.
2. Eine weitere Darstellungsmethode wurde von Jänecke nach einem Vorschlag Le Chateliers entwickelt. Sie beruht auf der Überlegung, dass die Darstellung reziproker Salzpaare im Jänecke'schen Dreieck letzten Endes eine Darstellung in einem Viereck ist, da ein Teil des Dreiecks aufgrund der oben angeführten Überlegungen nicht genutzt wird. Die Methode von Jänecke und Le Chatelier dient ebenfalls zur isothermen Abbildung reziproker Salzpaare bei Verzicht auf die Eintragung der Wasserkonzentration. Verwendet wird zur Darstellung ein Quadrat. Eingetragen werden meist Ionenkonzentrationen, angegeben in Mol-%.

Ein Beispiel einer Vierecksdarstellung enthält Abbildung 2.28. Das dargestellte Stoffsystem stellt die 25 °C Isotherme des reziproken Salzpaares

$$2\ KCl + Na_2SO_4 \leftrightarrow K_2SO_4 + 2\ NaCl \tag{19}$$

dar. Die Eckpunkte sind die Einzelsalze. Im Inneren sind die Existenzgebiete der Bodenkörper zu erkennen. Dabei ist ersichtlich, dass sechs Bodenkörper existent sind. Man erkennt, dass das Zielprodukt Kaliumsulfat und das Zielprodukt NaCl keine aneinander grenzenden Existenzfelder besitzen. Will man zur Erzielung der

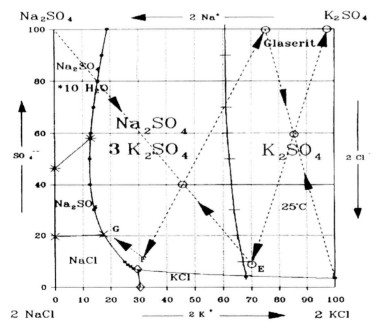

Abbildung 2.28 Vierecksdarstellung des reziproken Salzpaares
$2\ KCl + Na_2SO_4 \leftrightarrow K_2SO_4 + 2\ NaCl$ bei 25 °C.

theoretischen Maximalausbeute eine an NaCl gesättigte Umsetzungslösung erhalten, so muss man zunächst das Doppelsalz Glaserit (3 K$_2$SO$_4$ · Na$_2$SO$_4$) herstellen, dieses von der NaCl-reichen Lösung F abtrennen und anschließend mit Kaliumchlorid und Wasser zu Kaliumsulfat und zur Lösung E umsetzen. Diese Lösung E ist der Berührungspunkt der Existenzfelder von K$_2$SO$_4$–Glaserit und KCl.

Das analoge Stoffsystem

$$2\ KCl + MgSO_4 \leftrightarrow K_2SO_4 + MgCl_2 \tag{20}$$

lässt sich ebenfalls im Viereck, aber auch im Dreieck (Abb. 2.29) darstellen. In Abbildung 2.29 ist die 25 °C-Isotherme im Dreieck dargestellt. Man erkennt, dass Kaliumsulfat weder mit Bittersalz (MgSO$_4$ · 7 H$_2$O) noch mit Magnesiumchlorid-Hexahydrat (MgCl$_2$ · 6 H$_2$O) koexistent ist. Die MgCl$_2$-reichste Lösung (t oder p) ist nur erreichbar, wenn zunächst das Doppelsalz Schönit (K$_2$SO$_4$ · MgSO$_4$ · 6 H$_2$O) hergestellt, dieses von der Lösung abgetrennt und anschließend mit so viel KCl und Wasser zersetzt wird, dass festes Kaliumsulfat und die Lösung E gebildet werden. Der Prozessverlauf ist durch Pfeile dargestellt. Wesentlich einfacher ist wiederum die Systemdarstellung im rechtwinkligen Diagramm (Abb. 2.30), mit Magnesiumchlorid als Abszisse und Magnesiumsulfat als Ordinate. In dieses Diagramm lassen sich die KCl-Sättigung und die Dichte der Lösung als Höhenschichtlinien einzeichnen. Die Abbildung 2.30 zeigt die 35 °C-Isotherme in der Konzentrationseinheit Mole Salz/1000 Mole H$_2$O. Für den Praktiker ist jedoch eine Darstellung aller Lös-

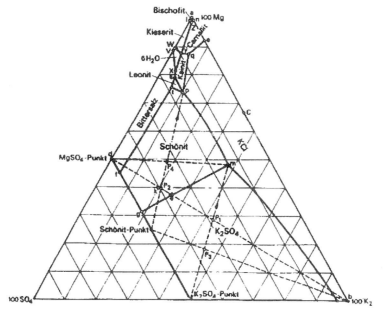

Abbildung 2.29 Dreiecksdarstellung des reziproken Salzpaares 2 KCl + MgSO$_4$ ↔ K$_2$SO$_4$ + MgCl$_2$ bei 25 °C.

lichkeitsdaten des Systems einschließlich der Löslichkeiten der metastabilen Bodenkörper in der Konzentrationseinheit „Gramm pro Liter" von Vorteil. Ein solches Löslichkeitsdiagramm, welches auch die Lösungsdichte als Höhenschichtlinie enthält, ist in Abbildung 2.31 dargestellt. Dieses Diagramm gilt für 25 °C.

Diese auf Autenrieth zurückgehende Darstellungsart zeigt, dass auch höhere Systeme unter Verzicht auf polytherme Darstellung im rechtwinkligen Koordinatensystem sehr anschaulich dargestellt werden können. Ob in der Konzentrationseinheit Mol/1000 Mole H_2O oder Gramm pro Liter oder auch Gramm/1000 Gramm H_2O gearbeitet wird, ist je nach Zweckmäßigkeit zu wählen. An der Aussage der Darstellung ändert sich dadurch nichts. Als Abszisse ist die Magnesiumchloridkonzentration dargestellt. Die Ordinate enthält die Konzentration an $MgSO_4$. Die Existenzgebiete des Kaliumsulfats und des Doppelsalzes Schönit sowie des Kainits (KCl · $MgSO_4$ · 2,75 H_2O) sind leicht erkennbar. Die KCl-Konzentration ist als eine Art Höhenschichtlinie eingezeichnet, desgleichen die Dichte der jeweiligen Lösung, aus der sich der H_2O-Gehalt jeder Lösung berechnen lässt. Zusätzlich sind noch die Sättigungslinien der Bodenkörper Leonit (K_2SO_4 · $MgSO_4$ · 4 H_2O) und Bittersalz ($MgSO_4$ · 7 H_2O) dargestellt. Diese Bodenkörper sind nicht stabil und werden auch als metastabile Bodenkörper bezeichnet. Falls diese intermediär auftreten, wandeln sie sich in stabile Bodenkörper um. Metastabile Bodenkörper besitzen nicht nur theoretisches Interesse. Oft ist ihr Auftreten Voraussetzung für die Existenz mancher technischer Kristallisationsprozesse. Andererseits kann eine spontane Umwandlung eines metastabilen Bodenkörpers in einen stabilen mit anderer Kristallform Ursache für das „Umkippen" eines Kristallisationsprozesses sein.

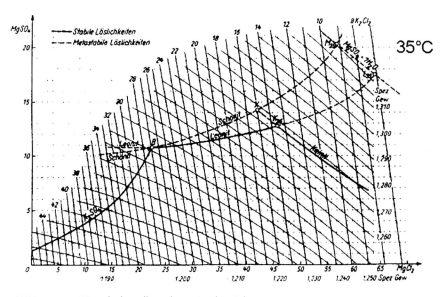

Abbildung 2.30 Vierecksdarstellung des reziproken Salzpaares 2 KCl + $MgSO_4$ ↔ K_2SO_4 + $MgCl_2$ bei 35 °C in Mole Salz/1000 Mole H_2O.

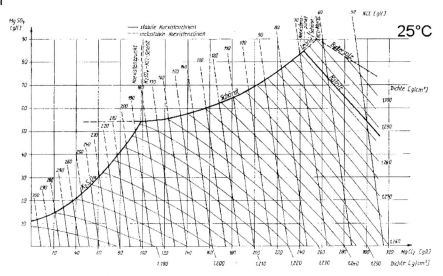

Abbildung 2.31 Viereckdarstellung des reziproken Salzpaares 2 KCl + MgSO$_4$ ↔ K$_2$SO$_4$ + MgCl$_2$ bei 25 °C in g/l mit der Lösungsdichte als Höhenschichtlinie für die leichtere Erstellung von Massenbilanzen.

Stabile Bodenkörper sind solche Salze, die in einem bestimmten Temperatur- und Konzentrationsbereich im thermodynamischen Gleichgewicht mit einer Schmelze oder Lösung existieren können. Tritt jedoch ein sonst stabiler Bodenkörper in einem Temperatur- und Konzentrationsbereich in Berührung mit einer Lösung oder Schmelze auf, in dem eigentlich ein anderer Bodenkörper stabil ist, so bezeichnet man ihn in diesem Gebiet als metastabilen Bodenkörper. Hierbei handelt es sich um verschiedene Stoffe. Bei der eingangs genannten metastabilen Löslichkeitskurve handelt es sich um eine längere Zeit haltbare höhere Löslichkeit ein und desselben Bodenkörpers oberhalb der thermodynamisch stabilen Sättigungskonzentration. Dieser Unterschied muss bei den Arbeiten mit Zustandsdiagrammen berücksichtigt werden.

2.2.3.3 Systeme mit fünf Komponenten

Bei fünf Komponenten ist gemäß der Phasenregel:

$$p + f = 7. \tag{21}$$

Die Komponentenanzahl bedingt dementsprechend große Darstellungsprobleme, die nur noch mit Kompromissen gelöst werden können. Jede Darstellungsart bedeutet letztlich einen einschränkenden Kompromiss, welcher bestimmte Vorteile für ein spezielles Problem bietet. Für eine ebene Darstellung muss neben der Beschränkung der Temperatur noch eine weitere Beschränkung, beispielsweise des absoluten Wassergehaltes einer gesättigten Lösung, akzeptiert werden. Deshalb wird man Vier- und Fünfstoffsysteme, bei welchen eine oder zwei Komponenten

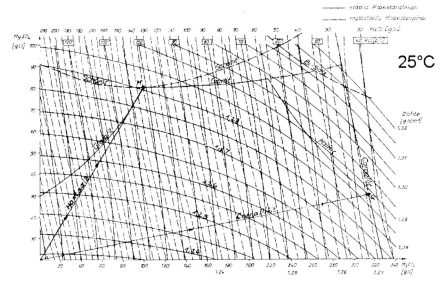

Abbildung 2.32 Darstellung im rechtwinkligen Koodinatensystem: Quinäres System der Salze KCl – NaCl – MgSO$_4$ – MgCl$_2$ – H$_2$O in g/l bei 25 °C.

immer als gesättigt angenommen werden, als Quasi-Dreistoffsysteme darstellen und in einem zweiten Diagramm die Abhängigkeit der gesättigten Komponente von einer die Löslichkeit hauptsächlich beeinflussenden Komponente entnehmen. Diese für den praktischen Gebrauch sehr häufig anzutreffenden Diagramme enthalten den Kompromiss der Sättigung dieser einen Komponente. Wenn diese eine Komponente außerdem nur gering löslich ist, wie beispielsweise Calciumsulfat, hat diese Darstellungsart dann auch ihre Berechtigung. Grundsätzlich sollte man immer die niedrigste Ordnung wählen, wenn nicht erhebliche physikalische oder chemische Aspekte das verhindern. Andererseits sind Vierstoffsysteme mit ähnlichen Konzentrationen aller Komponenten relativ selten anzutreffen, mit Ausnahme der reziproken Salzpaare.

Dass selbst quinäre Stoffsysteme noch in der gleichen Weise anschaulich darstellbar sind, wie es für das reziproke Salzpaar Kaliumchlorid + Magnesiumsulfat gezeigt wurde, sollen die folgenden Abbildungen 2.32 und 2.33 demonstrieren. Diese Diagramme zeigen das quinäre Stoffsystem der Salze KCl – NaCl – MgSO$_4$ – MgCl$_2$ – H$_2$O bei 25 °C bzw. 35 °C und zwar für die Sättigung an beiden Alkalichloriden. Durch diese Vereinfachung sowie den Verzicht auf polytherme Darstellung ist trotz der hohen Anzahl von Komponenten eine ebene Darstellungsart möglich. Man erkennt sofort den Einfluss der NaCl-Komponente im Vergleich zum NaCl-freien reziproken Salzpaar. Statt Kaliumsulfat existiert nur das Doppelsalz Glaserit als Bodenkörper. Oberhalb der Koexistenzkonzentration von etwa 100 g l^{-1} MgCl$_2$ werden das Doppelsalz Leonit bzw. das Doppelsalz Schönit metastabile Bodenkörper. In das Diagramm sind weiterhin eingezeichnet die stabilen Bodenkörper Kainit und Carnallit und deren Koexistenzpunkte sowie die metastabilen Bodenkörper Bit-

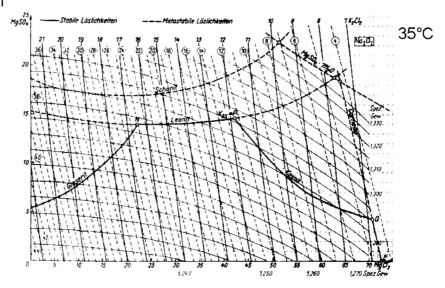

Abbildung 2.33 Darstellung im rechtwinkligen Koordinatensystem: Quinäres System der Salze KCl – NaCl – MgSO$_4$ – MgCl$_2$ – H$_2$O in g/l bei 35 °C.

tersalz und Carnallit. Die KCl- und NaCl-Konzentrationen sowie die Lösungsdichte sind aus den jeweiligen Höhenschichtlinien entnehmbar.

Dieses Beispiel zeigt, dass es auch für höhere Stoffsysteme durchaus möglich ist, alle wesentlichen Zusammenhänge eines Kristallisationsprozesses anschaulich und quantitativ darzustellen. Auch hierfür ist entweder wiederum die Darstellung Mole/1000 Mole H$_2$O, Gramm/1000 Gramm H$_2$O oder die Darstellungsart Gramm Salz/Liter Lösung zweckmäßig. Alle diese Systeme werden als Einzelisotherme in 5, 10 oder 15 K-Abstufungen von −10 °C bis +90 °C dargestellt. Bei höheren Temperaturen verschwinden die kristallwasserreichen Bodenkörper, z. B. Schönit (K$_2$SO$_4$ · MgSO$_4$ · 6 H$_2$O) und Leonit (KCl · MgSO$_4$ · 4 H$_2$O). Dafür tauchen kristallwasserarme oder kristallwasserfreie Bodenkörper wie Langbeinit (K$_2$SO$_4$ · 2 MgSO$_4$) oder Kieserit (MgSO$_4$ · H$_2$O) bzw. MgSO$_4$ · 1,25 H$_2$O auf. Durch Isothermenvergleich sind leicht die Existenzgebiete, Umwandlungspunkte und Löslichkeiten der stabilen und metastabilen Bodenkörper anschaulich erkennbar.

2.3
Abschluss und Zusammenfassung

Es sollte ansatzweise und anhand von Beispielen ohne Anspruch auf Vollständigkeit gezeigt werden, welche Aussagen in Bezug auf eine Trennaufgabe durch die Verwendung von Phasendarstellungen machbar sind. Wichtige Bereiche wie beispielsweise Mischkristallbildung und die Trennung solcher Stoffsysteme oder Aussalzvorgänge wurden ausgelassen.

Ebenfalls musste auch auf die Behandlung von Verfahren der fraktionierenden Kristallisation verzichtet werden. Wesentliche Elemente der Hydratbildung, der Phasenumwandlung oder eine eingehende Erweiterung auf Zustände mit mehreren Bodenkörpern, wurden zu Gunsten einer übersichtlichen Behandlung nur kurz dargestellt. Ziel dieses Beitrages aber sollte es sein, zu zeigen, dass durch Kristallisation bei einer gezielten Anwendung der Phasengleichgewichte nahezu jedes Trennproblem gelöst werden kann. Oftmals gibt es nicht nur eine, sondern mehrere Lösungsmöglichkeiten. Die Entscheidung hängt dann von weiteren Randbedingungen ab. Die Anwendung der Phasengleichgewichte und die Festlegung der Konzentrationen und der Massenströme sind die Grundlagen für einen Prozess. Ob man die Gleichgewichte in der Anlage und damit sein Ergebnis auch erreicht, ist eine Frage, die durch Wissen, Erfahrung und letztlich auch durch Versuche beantwortet werden muss.

Literatur

Allgemeine Literatur und Quellenangabe

W. Althammer, Die graphische und rechnerische Behandlung von Salzlösungen, Kali-Forschungs-Anstalt, Staßfurt-Leopoldshall (1924).

J. D'Ans, Die Lösungsgleichwichte der Systeme der Salze ozeanischer Salzablagerungen, Berlin (1933).

A. Findlay, Einführung in die Phasenlehre und ihre Anwendungen, Leipzig (1907).

E. Jänecke, *Z. Anorg. Chemie* **51** (1906) 132–157; **52** (1907) 358–367; **53** (1907) 319–326.

E. Jänecke, Gesättigte Salzlösungen vom Standpunkt der Phasenlehre, Knapp Verlag, Halle a.d.S. (1908).

E. Jänecke, *Z. Phys. Chemie* **82** (1913) 1–34.

R. Kremann, Anwendung physikalisch chemischer Theorien auf technische Prozesse und Fabrikationsmethoden, Knapp Verlag, Halle a.d.S. (1911).

A. Matthes, G. Wehner: Anorganisch-technische Verfahren, VEB Deutscher Verlag für Grundstoffindustrie, Leipzig (1964), 227–303.

A. Mersmann, Thermische Verfahrenstechnik, Springer, Berlin – Heidelberg – New York, (1980).

T. Messing, W. Wöhlk, *Chem. Ing. Techn.* **45**, Nr. 3 (1973) 106–109.

J. Nyvlt, Industrial Crystallisation from Solutions, Butterworths, London (1971).

J. Nyvlt, Solid-Liquid Equilibria, Academia Publishing, House of the Czechoslovak Academy of Sciences, Praha (1977).

Patent DE-OS 37 23 292.

Patent DE-PS 33 45 347.

B. Roozeboom, Die heterogenen Gleichgewichte vom Standpunkte der Phasenlehre, 3. Heft, 1. Teil, Braunschweig (1911).

V. Rothmund, Löslichkeit und Löslichkeitsbeeinflussung, Leipzig (1907).

R. Schmitz, *Fortschrittsberichte der VDI-Zeitschriften*, Reihe 3, Nr. 71 (1982) 72–82.

R. Schmitz, G. Hofmann, W. Wöhlk, *Chemie Technik* **18**, 5 (1988) 30–39.

A. Seidell, W. F. Linke, Solubilities of Inorganic and Metal-Organic Compounds, 4. Ed, Vol. 1 und 2, American Chemical Society, Washington D.C. (1958).

J. Ulrich, Y. Özoguz, M. Stepanski, *Chem. Ing. Techn.* **60**, Nr. 6 (1988) 481–483.

VDI-Richtlinie 2760 – Blatt 1 (Kristallisation – Stichworte und Definitionen, Grundbegriffe).

W. Wöhlk, R. Schmitz, *Chem. Ind.* **38**,1 (1986) 38–40.

3
Grundlagen der Kristallisation

W. Beckmann

Der Beitrag behandelt die Grundlagen der Kristallisation und die Grundzüge der Modellvorstellungen zur Kristallbildung und zum Kristallwachstum. Im Beitrag werden zunächst die Grundlagen zum Aufbau der Kristalle und die Schlüsse auf die Gleichgewichts- und Wachstumsformen skizziert.

Folgend werden die Mechanismen der Kristallkeimbildung vorgestellt und mit experimentell zugänglichen Größen verglichen. Im Anschluss werden die Vorstellungen über die Mechanismen des Kristallwachstums dargelegt. Zum Abschluss werden Fällungen diskutiert, bei der Keimbildungs- und Wachstumsphänomene in direkter Konkurrenz stehen.

3.1
Kristallgitter und -formen

Kristalle zeichnen sich im Gegensatz zu Gasen, Flüssigkeiten und amorphen Festkörpern durch eine Fernordnung der Bausteine aus. Von der freien Enthalpie her stellen sie den tiefsten Zustand dar. Für den Gitteraufbau ergibt sich daraus die Forderung nach einer optimalen Raumerfüllung, was durch den Aufbau der Kristalle in einem der 230 Raumgitter gegeben ist. Neben dem regelmäßigem Aufbau weisen Realkristalle Baufehler auf, die für eine Reihe von Eigenschaften, u.a. für das Wachstum bestimmend sind.

Die äußere Form der Kristalle wird für den Gleichgewichtszustand ebenfalls durch eine Minimierung der freien Enthalpie des Systems bestimmt.

3.1.1
Bedingungen für den Gitteraufbau – Kristallgitter

Um einen Kristall zu bilden, muss die freie Enthalpie ΔG für den Phasenübergang Mutterphase – Kristall negativ sein:

$$\Delta G = \Delta H - T\Delta S \tag{1}$$

Kristallisation in der industriellen Praxis. Herausgegeben von Günter Hofmann
Copyright © 2004 WILEY-VCH Verlag GmbH & Co. KGaA, Weinheim
ISBN: 3-527-30995-0

Der Term $-T\Delta S$ ist dabei immer positiv, da beim Kristallisationsvorgang die Entropie ΔS abnimmt, „Ordnung" geschaffen wird. Die Wechselwirkungsenergie zwischen den Bausteinen, ΔH, muss diesen Anteil kompensieren. Ein Kristall ist damit so aufzubauen, dass die Wechselwirkungen zwischen den Bausteinen maximal sind; je negativer ΔH wird, umso stabiler ist der Kristall.

Dabei ist die Wechselwirkung zwischen den Bausteinen eines Kristalls eine starke Funktion des Abstands der Bausteine. Für den Fall, dass nur van der Waalsche Wechselwirkungen zwischen den Bausteinen herrschen, hat die Wechselwirkung Φ zwischen zwei Bausteinen den in Abbildung 3.1 gezeigten Verlauf. Bei großen Entfernungen zwischen den Bausteinen herrschen nur geringe attraktive Wechselwirkungen, die mit sinkenden Abstand zunehmen. Bei sehr geringen Abständen zwischen den Bausteinen überlappen die Orbitale so weit, dass es zu repulsiven Wechselwirkungen zwischen den Bausteinen kommt. Bei r_{min} herrscht Gleichgewicht zwischen zwei isolierten Bausteinen. Auf diesen Abstand ist in Abbildung 3.1 normiert.

Damit beim Aufbau eines Gitters die Wechselwirkungsenergie maximiert wird, sind bei der Anordnung nur solche Symmetrieoperationen zugelassen, die eine möglichst vollständige Raumerfüllung zulassen. Dieses wird in Abbildung 3.2 für den Aufbau eines zweidimensionalen Gitters gezeigt. Verwendet man zum Aufbau des Gitters zwei-, vier- oder sechszählige Symmetrieoperationen, so ergibt sich eine vollständige Ausfüllung der Ebene und damit die maximal möglichen Wechselwirkungen zwischen den Bausteinen. Wird hingegen das Gitter durch fünf- oder sie-

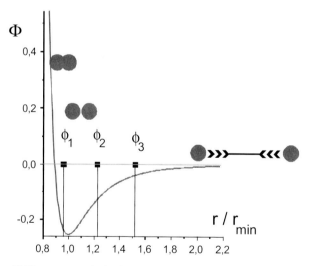

Abbildung 3.1 Wechselwirkungsenergie Φ zwischen zwei isolierten Bausteinen als Funktion des Abstandes. Dieser ist auf r_{min} normiert, den Gleichgewichtsabstand zweier isolierter Bausteine. Es ist angenommen, dass nur van der Waalsche Wechselwirkungen herrschen. Mit eingezeichnet sind für ein einfach-kubisches Gitter der Abstand zu erstnächsten, zweit- und drittnächsten Nachbarn. Man erkennt, dass der Abstand erstnächster Nachbarn geringfügig kleiner als der Gleichgewichtsabstand ist und dass die Wechselwirkung für weiter entfernte Nachbarn rasch abnimmt.

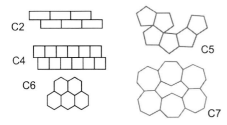

Abbildung 3.2 Aufbau eines zweidimensionalen Gitters durch die Anordnung über Symmetrieoperationen. Links sind Gitter dargestellt, die durch zwei, vier- und sechszählige Symmetrieoperationen entstehen, rechts solche, die durch fünf- bzw. siebenzählige Symmetrieoperationen entstanden sind.

benzählige Symmetrieoperationen aufgebaut, so entsteht ein ebenes Gitter mit unvollständiger Ausfüllung, womit die Wechselwirkungen zwischen den Bausteinen nicht maximiert sind.

Abbildung 3.1 zeigt, dass die Wechselwirkungsenergie zwischen Bausteinen mit der Entfernung rasch sinkt, so dass bereits eine geringfügig schlechtere Raumausfüllung, wie im Fall der siebenzähligen Symmetrieachse, einen erheblichen Verlust an Wechselwirkungsenergie darstellt.

Diese Betrachtungen lassen sich auf den Aufbau eines dreidimensionalen Gitters übertragen, auch hier sind nur bestimmte Symmetrieoperationen erlaubt. Hier soll beispielhaft die dichteste Packung von Kugeln erläutert werden. Zum Aufbau eines dreidimensionalen Gitters aus Kugeln kann entsprechend der dichtesten Packung von Billardkugeln mit einer ersten Schicht begonnen werden (Abb. 3.3). Zum Aufbau eines dreidimensionalen Gitters werden diese Schichten gestapelt. Um die Stapelung möglichst dicht zu packen, werden die Schichten jeweils „auf Lücke" gesetzt. Dabei wird nur jede zweite Lücke der untersten Schicht belegt.

Für die Positionierung der dritten Schicht ergeben sich zwei Möglichkeiten, die Schicht kann entweder wie die unterste Schicht angeordnet sein (Abb. 3.4, unten) oder aber die Lücke benutzen, die identisch ist mit der bislang freien Lücke der

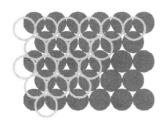

Abbildung 3.3 Aufbau eines dreidimensionalen Gitters aus Kugeln. Zunächst werden die Kugeln in der Ebene dicht gepackt, links, es entsteht ein Gebilde mit sechszähliger Symmetrie. Der Aufbau eines dreidimensionalen Gitters erfolgt durch Schichtung dieser Ebenen, wobei die Stapelung „auf Lücke" erfolgt.

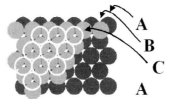
kubisch dichteste Packung

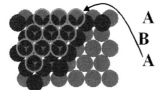
hexagonal dichteste Packung

Abbildung 3.4 Schichtung der dritten Ebene beim Aufbau eines dreidimensionalen Gitters aus Ebenen dichtgepackter Kugeln. Es sind zwei Alternativen für die Packung möglich, die dritte Schicht ist identisch mit der untersten, ersten Ebene, unten, oder erfolgt in die zwischen der ersten und zweiten Schicht gemeinsamen Lücke, oben. Es ergibt sich eine ABAB... bzw. eine ABCA...-Stapelung.

ersten Schicht (Abb. 3.4, oben). Bezeichnet man die einzelnen Ebenen mit A, B und C, so ergibt sich entweder eine ABAB...-Stapelung (Abb. 3.4, unten) oder eine ABCA...-Stapelung (Abb. 3.4, oben). Im ersten Fall kommt man zur hexagonal dichtesten Kugelpackung, im zweiten Fall zur kubisch dichtesten Kugelpackung, siehe auch weiter unten. Für die kubisch dichteste Kugelpackung zeigt Abbildung 3.5 eine Seitenansicht eines Gittermodells. Wie die gestrichelte Linie andeutet, ist erst die dritte Schicht mit der untersten identisch.

Bei den beiden dargestellten Packungen handelt es sich jeweils um die dichtest mögliche Packung von Kugeln mit einer Raumerfüllung von jeweils 74 %.

Zur Beschreibung der aufgebauten Gitter wird die Elementarzelle benutzt. Dieses ist die kleinste Einheit, in die sich ein Gitter zerlegen lässt und aus dem das Gitter durch einfache Translationen aufgebaut werden kann (Abb. 3.6).

Die Elementarzelle wird durch drei orthogonal aufeinander stehende Vektoren aufgebaut. Die Winkel zwischen den Vektoren, α, β und γ können von 90° verschieden sein, siehe auch weiter unten. In den Abständen *a*, *b* und *c*, den Gitterkonstanten, finden sich jeweils identische Bausteine an. Die Position jedes Bausteins ist

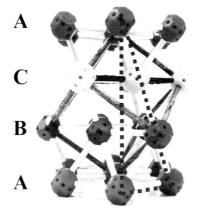

Abbildung 3.5 Seitenansicht eines Gittermodells einer kubisch dichtesten Kugelpackung. Wie die gestrichelte Linie zeigt, ist jede dritte Lage identisch.

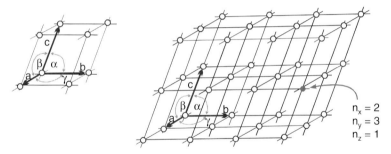

Abbildung 3.6 Elementarzelle eines Gitters, links, und Aufbau eines Gitters durch Aneinanderreihung von Elementarzellen in allen drei Raumrichtungen, rechts.

damit durch die Anzahl Translationen in den drei Raumrichtungen n_x, n_y und n_z vorgegeben.

Aus der Bedingung einer möglichst vollständigen Raumerfüllung heraus sind nur bestimmte Bedingungen für die Winkel zwischen den Vektoren zugelassen, man kommt zu den sieben Kristallsystemen (Abb. 3.7).

In Abbildung 3.7 ist das kubische Gitter mit $\alpha = \beta = \gamma$ und $a = b = c$ dargestellt, das weiter unten noch benutzt werden wird. Ferner ist das monokline Gitter eingezeichnet, das man sich aus einem kubischen Gitter durch Scherung längs der c-Achse hervorgegangen denken kann. Damit wird $\beta \neq 90°$. Die Gitterkonstanten sind jeweils unterschiedlich, $a \neq b \neq c$.

In einzelnen Kristallsystemen können in den Elementarzellen zusätzlich flächen- bzw. innenzentriert Bausteine angeordnet sein, man gelangt zu den 14 Bravais-Git-

Kubisch	$a = b = c$	$\alpha = \beta = \gamma = 90°$
Tetragonal	$a = b \neq c$	$\alpha = \beta = \gamma = 90°$
Monoklin	$a \neq b \neq c$	$\alpha = \beta = 90°, \beta \neq 90°$
Triklin	$a \neq b \neq c$	$\alpha \neq \beta \neq \gamma \neq 90°$
Rhombisch	$a \neq b \neq c$	$\alpha = \beta = \gamma = 90°$
Trigonal	$a = b = c$	$\alpha = \beta = \gamma \neq 90°$
Hexagonal	$a = b \neq c$	$\alpha = \beta = 90°, \gamma = 120°$

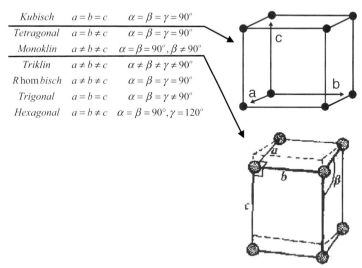

Abbildung 3.7 Bedingungen für die sieben Kristallsysteme und Darstellung einer kubischen und einer monoklinen Elementarzelle.

68 | *3 Grundlagen der Kristallisation*

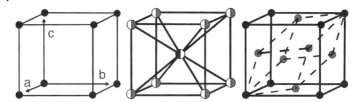

Abbildung 3.8 Darstellung der kubischen Elementarzelle, links, und der kubisch-innenzentrierten, Mitte, bzw. kubisch-flächenzentrierten Elementarzelle, rechts. Für die kubisch-innenzentrierte Elementarzelle ist angedeutet, dass die Anordnung des innenzentrierten Bausteins sowohl durch eine einfache Translation um jeweils eine halbe Gitterkonstante erfolgen kann, oder aber durch eine zusätzliche Drehung des Bausteins.

tern. Für das kubische Kristallsystem ist sowohl eine innenzentrierte wie eine flächenzentrierte Anordnung eines Bausteins möglich (Abb. 3.8). Für das kubisch-innenzentrierte Gitter ist die Anordnung des innenzentrierten Bausteins durch eine Translation um jeweils eine halbe Gitterkonstante gegeben, zusätzlich kann bei Bausteinen, die nicht rotationssymmetrisch sind, eine Drehung z. B. um 180° erfolgen (Abb. 3.8).

Für die kubisch dichteste Kugelpackung findet man durch Drehung des Gittermodells aus Abbildung 3.5, dass es sich bei dieser Packung um ein kubisch-flächenzentriertes Kristallsystem handelt (Abb. 3.9). Die Achsen des Gitters sind hervorgehoben.

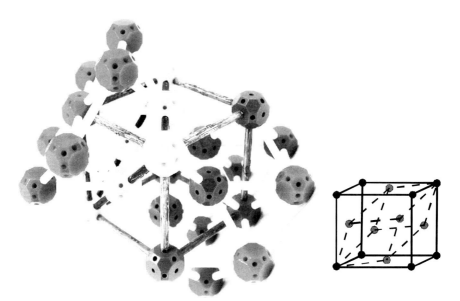

Abbildung 3.9 Vergleich der Anordnung des Gittermodells einer kubisch dichtesten Kugelpackung aus Abbildung 3.5 mit einem kubisch-flächenzentrierten Gitter aus Abbildung 3.8. Die Gittervektoren sind im Modell hervorgehoben.

3.1.2
Indizierung von Flächen – Miller'sche Indices

Ein Kristall weist wohldefinierte Flächen auf, die mit den Miller-Indices beschrieben werden. Diese Beschreibung muss unabhängig von der Größe des Kristalls sein. Geht man von der Elementarzelle eines Gitters aus, so sind die Raumrichtungen festgelegt. Der Schnittpunkt einer Fläche mit den drei Gittervektoren wird zur Indizierung der Flächen benutzt (Abb. 3.10). Die Miller'schen Indices **hkl** sind definiert als Reziproke der Schnittpunkte, ausgedrückt in Vielfachen der jeweiligen Längen der Gitterkonstanten:

$$h : k : l = \frac{1}{n_x} : \frac{1}{n_y} : \frac{1}{n_z} \tag{2}$$

wobei noch gefordert wird, dass **hkl** ganze Zahlen sind. Die Rechnung für die in Abbildung 3.10 dargestellten Flächen liefert in beiden Fällen den Index {421}.

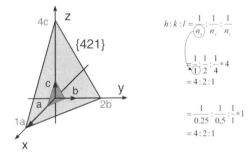

Abbildung 3.10 Indizierung von Flächen eines Kristalls mithilfe der Miller'schen Indices. Geht man von einer Elementarzelle und den durch diese festgelegten Richtungen der Gittervektoren aus, so schneidet eine Fläche diese Vektoren bei bestimmten Vielfachen der Gitterkonstanten. Dargestellt sind zwei identische Flächen, die sich nur durch eine Translation unterscheiden. Die obere Fläche schneidet bei $n_x = 1$, $n_y = 2$ und $n_z = 4$, die untere Fläche bei $n_x = 1/4$, $n_y = 1/2$ und $n_z = 1$. In beiden Fällen gelangt man zum Index {421}.

Für das kubische Kristallsystem ist die Indizierung der drei niedrigst indizierten Flächen in Abbildung 3.11 dargestellt. In diesem Kristallsystem sind alle sechs Würfelflächen identisch, so dass der Index (100) mit dem Index (001) identisch ist.

Für das kubisch innenzentrierte Gitter ist die (111)-Fläche von Bedeutung. In Abbildung 3.12 ist das Gittermodell aus Abbildung 3.5 so gedreht, dass die (111)-Fläche hervortritt. Die (111)-Fläche ist mit der dichtesten Packung von Kugeln in einer Ebene identisch.

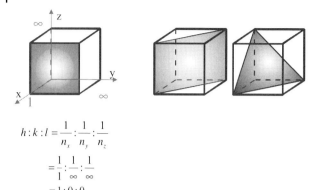

$$h:k:l = \frac{1}{n_x} : \frac{1}{n_y} : \frac{1}{n_z}$$
$$= \frac{1}{1} : \frac{1}{\infty} : \frac{1}{\infty}$$
$$= 1:0:0$$

Abbildung 3.11 Darstellung der drei niedrigst indizierten Flächen eines kubischen Kristalls. Im kubischen System sind alle Würfelflächen, (001), identisch, so dass der Index (001) identisch mit dem (100)-Index ist. Die hervorgehobene Würfelfläche schneidet bei $n_x = 1$ und bei $n_y = n_z = \infty$.

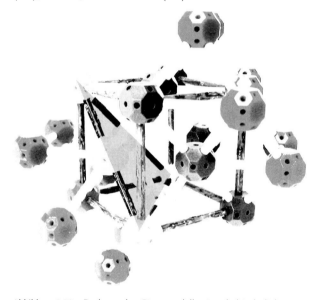

Abbildung 3.12 Drehung des Gittermodells einer kubisch dichtesten Kugelpackung, so dass die (111)-Fläche hervortritt. Diese Fläche ist mit der dichtesten Packung der Kugeln in der Ebene identisch.

3.1.3
Gitterdefekte

Der dargestellte Kristallaufbau findet sich in der Stringenz nicht bei Realkristallen. Selbst in extrem sorgfältig gezüchteten Einkristallen finden sich Fehler. Diese Fehler, Gitterdefekte, beeinflussen u. a. die mechanischen und elektrischen Eigenschaften von Kristallen und sind insbesondere für das Wachstum von Kristallen von Bedeutung, hier insbesondere die Schraubenversetzungen. Die Gitterdefekte lassen sich nach ihrer Dimensionalität ordnen (Tab. 3.1).

Die Dimensionalität eines Gitterdefekts ergibt sich aus ihrer räumlichen Ausdehnung, was für einzelne Defekte folgend durch Beispiele erläutert wird.

Tabelle 3.1 Kristallbaufehler geordnet nach ihrer Dimensionalität *D*. Für jeden Typ sind einige Vertreter aufgelistet, im Folgenden werden diese durch Beispiele erläutert.

Defekt	D	Vertreter
Punktdefekt	0	Fehlstelle
		Zwischengitteratom
Liniendefekt	1	Stufenversetzung
		Schraubenversetzung
Flächendefekt	2	Kleinwinkelkorngrenze
		Zwilling
Volumendefekt	3	Einschluss

In Abbildung 3.13 ist in einem zweidimensionalen Gitter sowohl eine Fehlstelle als auch ein Zwischengitteratom als Gitterbaufehler dargestellt. Der Defekt hat keine Ausdehnung, die Dimensionalität ist $D = 0$.

Schraubenversetzungen können durch eine Scherung des Gitters entstehen (Abb. 3.14). Der Versatz in der Anordnung der Atome setzt sich längs der eingezeichneten Linie fort, der Defekt hat damit eine Ausdehnung in einer Raumrichtung, $D = 1$.

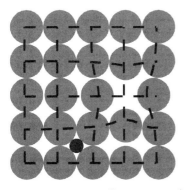

Abbildung 3.13 Darstellung von Gitterdefekten mit einer Dimensionalität von $D = 0$, unten links findet sich ein Zwischengitteratom, oben rechts eine Fehlstelle.

Zu den Flächendefekten mit $D = 2$ gehören die Zwillinge. In einem Gitter gibt es Flächen, an denen sich das Gitter gespiegelt fortsetzen kann, ohne dass die Packung und damit die Bindung des Kristalls gelockert werden muss. Solche Zwillinge können in der kubisch-dichtesten Kugelpackung durch Stapelfehler entstehen. Die ABC...-Stapelung kann an einer Zwillingsebene invertiert werden (Abb. 3.15).

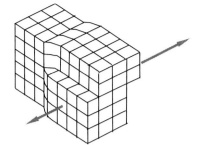

Abbildung 3.14 Bildung einer Schraubenversetzung durch Scherbeanspruchung des Gitters. Die Versetzung ist längs der dargestellten Linie ausgedehnt, so dass sich eine Dimensionalität von $D = 1$ ergibt.

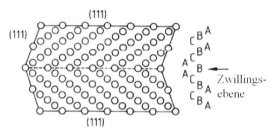

Abbildung 3.15 Bildung eines Zwillings im kubisch-innenzentrierten Gitter durch einen Stapelfehler. Die ABCAB...-Stapelfolge wird in der Zwillingsebene invertiert.

Volumendefekte, Einschlüsse in den Kristallen, haben eine Ausdehnung in allen drei Raumrichtungen, $D = 3$. Dabei können sowohl Fremdpartikel eingeschlossen wie auch Lösemitteltaschen gebildet werden.

3.1.4
Gleichgewichts- und Wachstumsformen

Kristalle werden durch glatte Flächen begrenzt, wobei zunächst eine Vielzahl von Flächen in Betracht kommt. Zur Bestimmung, welche Flächen in einem Kristall vorkommen, ist von Belang, dass in die freie Enthalpie zur Bildung eines Kristalls zusätzlich die zur Ausbildung der Grenzfläche Kristall–Mutterphase notwendige Enthalpie mit eingeht:

$$\Delta G = \Delta H - T\Delta S + \sum_i A_i \sigma_i \tag{3}$$

wobei A die Ausdehnung der einzelnen Flächen und σ die Grenzflächenspannung der Flächen angibt. Dabei können die einzelnen Flächen deutlich unterschiedliche Grenzflächenspannungen aufweisen.

Da die freie Enthalpie bei der Bildung eines Kristalls minimiert wird, wird der Kristall von jenen Flächen begrenzt, für die die Summe der Grenzflächenspannungen ein Minimum aufweist:

$$\sum_i A_i \sigma_i \bigg|_{V=const.} \stackrel{!}{=} Min \tag{4}$$

Diese Forderung führt zum Wulff'schen Satz:

$$\frac{h_i}{\sigma_i} = const. \tag{5}$$

Die Grenzflächenspannung und Zentraldistanz h einer Fläche sind proportional. Die Zentraldistanz ist dabei die Länge des Lots einer Fläche auf den Mittelpunkt des Kristalls. In Abbildung 3.16 ist die Konstruktion der Gleichgewichtsform für einen zweidimensionalen Kristall dargestellt. Von einem Ursprung wird die Zentraldistanz proportional der Grenzflächenspannung abgetragen. Senkrecht dazu wird die Lage der dazugehörigen Flächen eingezeichnet. Die Gleichgewichtsform wird durch die am nächsten zum Mittelpunkt des Kristalls liegenden Flächen bestimmt.

Die Grenzflächenspannung der einzelnen Flächen kann durch Abzählen der Bindungen bestimmt werden, die zur Bildung der Fläche gebrochen werden müssen. Für den zweidimensionalen Fall ist in Abbildung 3.17 die Bildung eines {10}- und {11}-Randes dargestellt. Für die Bildung des {10}-Randes ist eine Bindung pro Gitterlänge a zu brechen, für die Bildung des {11}-Randes sind zwei Bindungen pro $\sqrt{2}a$ Gitterlängen zu brechen. Hieraus folgt für die Randspannung $\gamma_{11} = \sqrt{2}\,\gamma_{11}$. Damit gehört entsprechend Abbildung 3.16 der {11}-Rand nicht zur Gleichgewichtsform.

Zum gleichen Resultat gelangt man durch die Konstruktion eines zweidimensionalen Kristalls, der von {10}- bzw. {11}-Rändern begrenzt wird (Abb. 3.18). Die

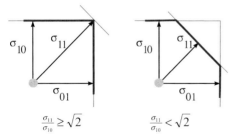

Abbildung 3.16 Konstruktion der Gleichgewichtsform von Kristallen durch Abtragen der Zentraldistanz h der einzelnen Flächen, die proportional zu deren Grenzflächenspannung σ ist. Die Gleichgewichtsform wird durch die am nächsten zum Mittelpunkt liegenden Flächen bestimmt. Links ist $\sigma_{11} = \sqrt{2}\,\sigma_{10}$, hier tangiert der {11}-Rand und ist nicht Teil der Gleichgewichtsform, rechts ist $\sigma_{11} < \sqrt{2}\,\sigma_{10}$, hier ist der {11}-Rand Teil der Gleichgewichtsform.

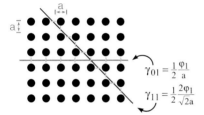

Abbildung 3.17 Bestimmung der Randspannung γ eines zweidimensionalen Kristalls durch Abzählen der für die Bildung eines Randes zu brechenden Bindungen.

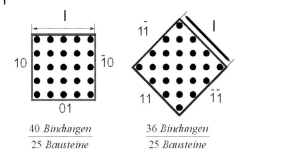

Abbildung 3.18 Bestimmung der Anzahl Bindungen zu erstnächsten Nachbarn, die die Bausteine in einem nur von {10}- bzw. von {11}-Rändern begrenzten zweidimensionalen Kristalls ausbilden. Der von {11}-Rändern begrenzte Kristall ist gegenüber dem von {10}-Rändern begrenzten benachteiligt und wird sich, wie rechts dargestellt, umlagern.

Anzahl Bindungen zu erstnächsten Nachbarn beträgt für einen von {10}-Rändern begrenzten Kristall 40 Bindungen pro 25 Bausteine, und für einen von {11}-Rändern begrenzten Kristall 36 Bindungen pro 25 Bausteine. Der letztgenannte Kristall ist damit schwächer gebunden und wird sich durch Umlagerung der nur an einen erstnächsten Nachbarn gebundenen Eckbausteine in einen von {10}-Rändern begrenzten Kristall umlagern (Abb. 3.18).

Die diskutierte Form ist die Gleichgewichtsform eines Kristalls, die Form, die ein Kristall durch Minimierung der freien Enthalpie annimmt. Die Wachstumsform hingegen wird durch kinetische Prozesse beim Wachstum bestimmt. Diese lässt sich ähnlich der Gleichgewichtsform konstruieren. Hier wird die Wachstumsgeschwindigkeit der einzelnen Flächen längs der Flächennormalen aufgetragen. Abbildung 3.19 zeigt die Konstruktion für einen zweidimensionalen Kristall, der von {11}- und {10}-Rändern begrenzt wird. Ist die Wachstumsgeschwindigkeit des

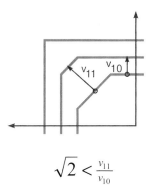
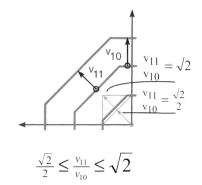

Abbildung 3.19 Konstruktion der Wachstumsform eines Kristalls durch Abtragen der Wachstumsgeschwindigkeit der einzelnen Flächen. Es wird von einem zweidimensionalen Kristall mit {11}- und {10}-Rändern ausgegangen. Je nach Verhältnis der Wachstumsgeschwindigkeiten bleibt die ursprünglich Form erhalten oder Flächen verschwinden aus der Form. Die Wachstumsform wird immer von den am langsamsten wachsenden Flächen gebildet.

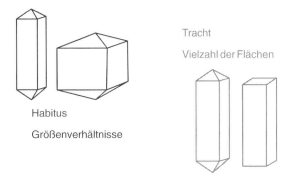

Abbildung 3.20 Kristalle mit gleichem Habitus, oben links, bei denen sich der Anteil bzw. die Größe der einzelnen Flächen unterscheidet, und mit unterschiedlicher Tracht, unten rechts, bei denen unterschiedliche Flächen auftreten.

{11}-Randes $v_{11} > \sqrt{2}\, v_{10}$, so wird nach einer Wachstumszeit der Anteil des {11}-Randes bereits deutlich geringer, nach zwei Wachstumsperioden ist dieser Rand vollständig verschwunden (Abb. 3.19, links). Ist hingegen die Wachstumsgeschwindigkeit des {11}-Randes im Bereich $\sqrt{2}/2\, v_{10} \leq v_{11} \leq \sqrt{2}\, v_{10}$, so bleiben beide Flächen in der Wachstumsform erhalten.

Die Wachstumsform wird von den am langsamsten wachsenden Flächen gebildet, schnell wachsende Flächen, wie der {11}-Rand in Abbildung 3.19, links, verschwinden aus der Form. Experimentell ist die Wachstumsform aus Wachstumsexperimenten an Kugeln zugänglich. Eine Kugel weist alle Flächen auf, beim Wachstum wird sich die Wachstumsform mit der Zeit ausprägen.

Die Wachstumsgeschwindigkeit der einzelnen Flächen kann sowohl den Habitus wie die Tracht der Kristalle bestimmen. Mit Habitus bezeichnet man Kristalle, die von gleichen Flächen ausgebildet werden, bei denen diese Flächen aber unterschiedlich stark ausgeprägt sind. Kristalle mit unterschiedlicher Tracht werden von verschiedenen Flächen begrenzt (Abb. 3.20).

3.2
Kristallkeimbildung

Um Kristalle zu erzeugen und zu ernten, müssen diese zunächst gebildet werden, es muss eine Keimbildung erfolgen. Sofern das System frei von arteigenen Kristallen ist, ist eine Spontankeimbildung erforderlich, die relativ hohe Übersättigung erfordert. Sofern bereits arteigene Kristalle vorliegen, können diese als Sekundärkeime wirken, hier läuft die Keimbildung bei wesentlich geringer Übersättigung ab.

Es sind mehrere Arten der Keimbildung zu unterscheiden (Tab. 3.2). Sind in einem System keine Partikel der zu bildenden kristallinen Phase vorhanden, müssen primäre Keime gebildet werden. Diese Primärkeimbildung läuft entweder in homogener Phase ab, d. h., (i) ohne dass artfremde Oberflächen beteiligt sind, man

Tabelle 3.2 Arten der Keimbildung, unterteilt in die spontan ablaufende Primärkeimbildung. Diese kann sowohl im Volumen wie an der Oberfläche von Fremdpartikeln ablaufen. Sofern arteigene Kristalle im System vorhanden sind, können diese als Sekundärkeime wirken.

Art der Keimbildung		Partikel im System	Erforderliche Übersättigung
Primärkeimbildung	Homogenkeimbildung	artfremde Partikel sind nicht vorhanden oder nicht wirksam	sehr hoch
	Heterogenkeimbildung	artfremde Partikel wirken als Keime	relativ hoch
Sekundärkeimbildung		Partikel des Kristallisats wirken als Keime	gering

spricht von Homogenkeimbildung, oder (ii) unter Beteiligung einer artfremden Oberfläche, die so genannte Heterogenkeimbildung; sobald Kristalle der arteigenen Phase gebildet sind, können diese als sekundäre Keime wirken, es liegt die (iii) Sekundärkeimbildung vor.

Die für die Keimbildung notwendige Übersättigung sinkt von Homogen- zur Heterogenkeimbildung und ist für die Sekundärkeimbildung nochmals drastisch verringert.

3.2.1
Primärkeimbildung

Die Vorgänge bei der Primärkeimbildung lassen sich am einfachsten an der Tröpfchenkeimbildung aus der Dampfphase diskutieren, da hier die Betrachtung der polyedrischen Form der Kristalle und der Anisotropie der Grenzflächenspannung der unterschiedlichen Flächen entfällt. Eine Übertragung der Resultate auf Kristalle ist möglich.

Zur Ableitung der Keimbildungshäufigkeit wird zunächst die zur Bildung eines Aggregats mit einem Radius r erforderliche Enthalpie bestimmt. Diese setzt sich zusammen aus der bei der Kondensation frei werdenden Enthalpie und der zur Bildung neuer Oberflächen notwendigen Grenzflächenenergie:

$$\Delta G_r = \frac{4\pi}{3} r^3 \Delta_V G - 4\pi r^2 \sigma \tag{6}$$

Die Kondensationsenthalpie $\Delta_V G$ ist bezogen auf einen Baustein und gegeben durch

$$\Delta_V G = \frac{RT}{\Omega} \ln \frac{p}{p_e} = \frac{RT}{\Omega} \ln \beta \tag{7}$$

wobei Ω das Molvolumen ist. In Abbildung 3.21 sind die beiden Terme und ihre Summe als Funktion des Radius des zu bildenden Aggregats aufgetragen.

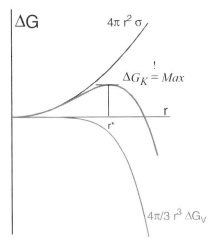

Abbildung 3.21 Darstellung der für die Bildung eines Aggregats mit dem Radius r notwendigen freien Enthalpie, aufgeteilt in die frei werdende Kondensationsenthalpie und die aufzubringende Arbeit zur Bildung neuer Oberfläche.

Die Summenkurve läuft durch ein Maximum. Für ein Aggregat links vom Maximum ist der Verlust eines Bausteins enthalpisch günstiger, während für ein Aggregat rechts vom Maximum der Einbau eines weiteren Bausteins enthalpisch günstiger ist. Als Keim wird das Aggregat am Maximum der Kurve bezeichnet. Es steht im Gleichgewicht mit der übersättigten Phase, die Wahrscheinlichkeit der Anlagerung ist gleich der Wahrscheinlichkeit für den Verlust eines Bausteins.

Sobald damit ein Aggregat mit dem Radius r^*, dem Radius am Maximum der Summenkurve vorliegt und einen weiteren Baustein eingebaut hat, ist der Verlust eines Bausteins energetisch ungünstig und damit weniger wahrscheinlich. Weitere auftreffende Bausteine erhöhen die Stabilität, so dass dieses Aggregat makroskopische Größe erlangen und als Kristall vorliegen wird.

Die Keimbildungshäufigkeit J ergibt sich damit aus der Dichte an Aggregaten mit dem Radius r^* und der Häufigkeit, mit der ein weiterer Baustein auf diese Aggregate auftrifft:

$$J = \text{Keimdichte} \times \text{Auftreffen eines Bausteins} \tag{8}$$

Zur Ableitung der Keimdichte lässt sich annehmen, dass die Konzentration von monomeren Bausteinen, n_1, wesentlich größer ist, als die Konzentration von aggregierten Bausteinen. Dann lässt sich die Konzentration der Aggregate mit der Größe i, n_i, über den Boltzmann'schen e-Satz berechnen:

$$\frac{n_i}{n_1} = \exp -\frac{\Delta G_i}{RT} \tag{9}$$

wobei ΔG_i die Enthalpie zur Bildung des Aggregats mit der Größe i ist. Für den Keim mit der Größe r^* kann $\Delta_{r^*}G$ aus der Ableitung und dem Nullsetzen der Enthalpie berechnet werden. Der Radius des Keims ist

$$r* = \frac{2\sigma}{\ln \beta} \frac{\Omega}{RT} \tag{10}$$

woraus sich für die Keimbildungsarbeit

$$\Delta_{r^*} G = \frac{16\pi}{3} \sigma^3 \frac{1}{\Delta_V G^2}$$
$$\propto \frac{1}{\ln^2 \beta} \tag{11}$$

ergibt und damit auch die Anzahldichte an Keimen:

$$n* \propto \exp -\frac{\Delta G^2}{RT} \tag{12}.$$

Da die Keimdichte exponentiell von der Übersättigung abhängt, kann die Abhängigkeit der Rate für das Auftreffen von Bausteinen von Übersättigung vernachlässigt werden. Damit wird für die Keimbildungshäufigkeit

$$J \propto \exp - \underbrace{\frac{\Delta G^2}{RT}}_{\propto \frac{1}{\ln^2 \beta}} \tag{13}$$

d. h. die Keimbildungshäufigkeit hängt exponentiell von der Übersättigung ab. Damit ergibt sich qualitativ ein wie in Abbildung 3.22 dargestellter Verlauf der Keimbildungshäufigkeit mit der Übersättigung. Bei geringen Übersättigungen ist

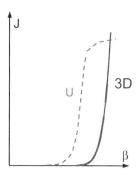

Abbildung 3.22 Qualitativer Verlauf der Keimbildungshäufigkeit als Funktion der Übersättigung bei homogener und heterogener Primärkeimbildung, 3D und U. Die Übersättigung ist als Sättigungsverhältnis angegeben. Die Keimbildungshäufigkeit ist bis zu einer bestimmten, vom jeweiligen System abhängigen Übersättigung praktisch null und steigt dann exponentiell an. Dabei setzt die Keimbildung auf Unterlagen bei geringer Übersättigung ein, erreicht aber nicht die Werte der Homogenkeimbildung bei hohen Übersättigungen, da die Anzahl an Fremdpartikel limitiert ist.

die Keimbildungshäufigkeit praktisch null, wird eine bestimmte Übersättigung überschritten, steigt die Keimbildungshäufigkeit drastisch an. Da die Übersättigung nur in bestimmten Grenzen genau kontrolliert werden kann, bedeutet dieses u. a., dass die Primärkeimbildung nicht gesteuert werden kann.

Die Homogenkeimbildung konkurriert mit der Keimbildung auf Unterlagen, auf Wandungen des Systems und insbesondere an fremden Partikeln im System. Diese Heterogenkeimbildung wird von der Wechselwirkungsenergie zwischen Unterlage und neuer Phase beeinflusst. Die Arbeit zur Bildung der neuen Phase wird herabgesetzt.

Ein Flüssigkeitströpfchen auf einer Unterlage wird entsprechend des Kontaktwinkels zwischen Unterlage und neuer Phase mehr oder weniger auf der Unterlage spreiten. Die Keimbildungsarbeit zur Bildung eines Tröpfchens auf einer Unterlage wird entsprechend des Kontaktwinkels φ zwischen der Unterlage und der neuen Phase herabgesetzt:

$$\Delta G_U^* = F_\varphi \Delta G_{3D}^* \tag{14}$$

wobei $F_\varphi < 1$ ist. Abbildung 3.23 zeigt den Verlauf von F_φ mit φ für eine ebene Unterlage. Da die Keimbildungsarbeit exponentiell in die Keimbildungshäufigkeit eingeht, bewirkt bereits eine geringfügige Erniedrigung der Keimbildungsarbeit eine drastische Erhöhung der Keimbildungshäufigkeit.

In Abbildung 3.22 ist der Verlauf der Keimbildungshäufigkeit mit der Übersättigung qualitativ dargestellt. Die Keimbildung auf Unterlagen setzt bei geringeren Übersättigungen ein, erreicht aber bei hohen Übersättigungen nicht die Werte der Homogenkeimbildung, da die Anzahl der Fremdpartikel begrenzt ist.

Im Allgemeinen werden die Fremdpartikel einen Radius haben, der wesentlich über dem Keimradius liegt, so dass die Annäherung mit einer ebenen Grenzfläche der Unterlage statthaft ist. Diese Näherung gilt gut, wenn der Radius des Fremdpartikels etwa 10- bis 20-mal größer ist als der Radius des Keims. Da die Keimradien

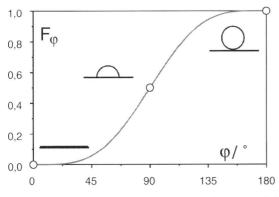

Abbildung 3.23 Verlauf des Korrekturfaktors F_φ für die Keimbildungshäufigkeit auf Unterlagen als Funktion des Kontaktwinkels φ zwischen Unterlage und neuer Phase.

deutlich geringer als 1 µm sind, wirken i. A. Fremdpartikel bis in den sub-µm Bereich als Heterogenkeime.

3.2.2
Metastabiler Bereich und Induktionszeiten für Keimbildung

Experimentell wird in technischen Prozessen die Primärkeimbildung nicht direkt beobachtet, vielmehr wird die Breite des metastabilen Bereichs bzw. die Länge der Induktionszeit bestimmt.

Die Definition des metastabilen Bereichs kann anhand der in Abbildung 3.24 dargestellten Kühlungskristallisation aus Lösungen erfolgen. Wird eine untersättigte Lösung gekühlt, so wird bei einer bestimmten Temperatur die Sättigungslinie überschritten. Hier ist die Übersättigung und Keimbildungshäufigkeit null. Beim weiteren Abkühlen steigt die Übersättigung nahezu linear an, die Keimbildungshäufigkeit hat den in Abbildung 3.22 dargestellten exponentiellen Verlauf. Übersättigung und Keimbildungshäufigkeit sind in Abbildung 3.24 mit eingezeichnet. Damit die Keimbildungshäufigkeit einen ausreichend von null unterschiedenen Wert annimmt, damit Spontankeimbildung einsetzt, ist eine kritische Übersättigung erforderlich. Der Bereich von der Sättigungslinie bis zum Einsetzen der Spontankeimbildung wird als metastabiler Bereich bezeichnet. Die Breite des metastabilen

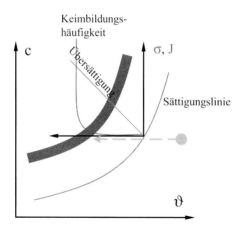

Abbildung 3.24 Schematische Darstellung der Keimbildungsvorgänge bei einer Kühlungskristallisation aus Lösungen. Wird eine untersättigte Lösung, ●, gekühlt, so wird bei einer bestimmten Temperatur die Sättigungslinie überschritten. Beim weiteren Abkühlen setzt nicht sofort Spontankeimbildung ein, sondern erst bei einer höheren Übersättigung. Mit eingezeichnet ist als separates Diagramm die Übersättigung und Keimbildungshäufigkeit. Beide sind beim Überschreiten der Sättigungslinie null. Während die Übersättigung in erster Näherung linear mit sinkender Temperatur ansteigt, zeigt die Keimbildungshäufigkeit den in Abbildung 3.22 dargestellten exponentiellen Verlauf. Beim Erreichen einer bestimmten Keimbildungshäufigkeit wird das System beobachtbare Keime bilden. Der Bereich von der Sättigungslinie bis zum Einsetzen der Spontankeimbildung wird als metastabiler Bereich bezeichnet.

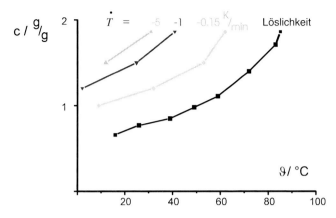

Abbildung 3.25 Breite des metastabilen Bereichs für die Kristallisation eines Zuckers aus wässriger Lösung als Funktion der Konzentration der Ausgangslösung und der Abkühlgeschwindigkeit.

Bereichs hängt vom betrachteten System und von einer Reihe experimenteller Parameter ab. Während dieser Bereich für wässrige Lösungen von Salzen bis auf Ausnahmen mit wenigen Kelvin relativ schmal ist, werden für organische Systeme typischerweise Bereiten im Bereich von 10 K gefunden. Für wässrige Lösungen von Zuckern können die metastabilen Breiten deutlich über 50 K liegen.

Die wichtigste Abhängigkeit der Breite des metastabilen Bereichs von Prozessparametern ist die von der Abkühlgeschwindigkeit. In Abbildung 3.25 ist der metastabile Bereich für die Kristallisation eines Zuckers aus wässriger Lösung dargestellt. Der metastabile Bereich ist mit 10 bis 50 K sehr breit, diese Bereite nimmt mit der Abkühlgeschwindigkeit zu. Anderseits sinkt die Zeit, die diese Zuckerlösung übersättigt ist mit zunehmender Abkühlgeschwindigkeit (Abb. 3.26). Beim langsamen Abkühlen mit 0,15 K min^{-1} ist die Lösung 3 h metastabil, während diese Zeit auf 10 min bei einer Abkühlrate von 5 K min^{-1} sinkt.

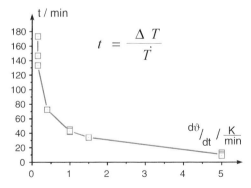

$$t = \frac{\Delta T}{\dot{T}}$$

Abbildung 3.26 Aus Abbildung 3.25 entnommene Zeiten, die die Zuckerlösung metastabil ist als Funktion der Abkühlgeschwindigkeit.

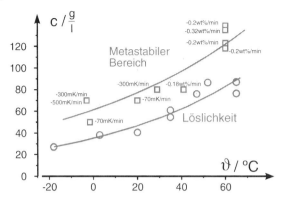

Abbildung 3.27 Metastabiler Bereich für die Kristallisation eines organischen Soluts aus einem organischen Lösungsmittel. Es werden Kühlungs- und Verdampfungskristallisationen mit unterschiedlichen Geschwindigkeiten der Einstellung der Übersättigung verglichen.

In Abbildung 3.27 sind Daten für ein organisches Solut in einem organischen Lösemittel dargestellt, wobei die Übersättigung sowohl durch Kühlung wie durch Verdampfung eingestellt wurde. Es fällt auf, dass die Breite des metastabilen Bereichs nicht signifikant von der Art der Einstellung der Übersättigung und auch nicht von der Kühlungs- bzw. Verdampfungsgeschwindigkeit abhängt. Weiterhin ist deutlich die Schwankungsbreite des metastabilen Bereichs zu erkennen. Die Breite des metastabilen Bereichs kann von der Vorgeschichte der Lösung abhängen, z. B. wie lange die Lösung untersättigt war. Experimentelle Resultate für den metastabilen Bereich sind daher mit größeren Unsicherheiten behaftet.

Abhängig vom System kann die Kristallisation beim Einsetzen der Spontankeimbildung sofort zum vollständigen Ausfallen bis zum Erreichen der Sättigungslinie oder aber sehr verzögert einsetzen.

Neben einer langsamen Einstellung der Übersättigung bis zum Eintreten der Spontankeimbildung kann die Übersättigung sehr schnell auf einen bestimmten Wert eingestellt werden. Hier reagiert das System nicht spontan mit Keimbildung. Die Zeit bis zum Einsetzen der Spontankeimbildung wird als Induktionszeit τ_{ind} bezeichnet. Diese setzt sich aus der zur Bildung der Keime notwendigen Zeit und der Zeit zum Auswachsen der Keime auf beobachtbare Größe zusammen.

Die Anzahl gebildeter Aggregate ist

$$N = J\tau_{ind} \tag{15}$$

Nimmt man an, dass die Anzahl notwendiger Aggregate beobachtbarer Größe unabhängig von den experimentellen Gegebenheiten ist, ist die Induktionszeit umgekehrt proportional zur Keimbildungshäufigkeit:

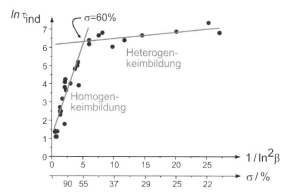

Abbildung 3.28 Induktionszeit für die Keimbildung von Abecarnil aus Isopropylacetat als Funktion der eingestellten Übersättigung. Es sind zwei Bereiche von Abhängigkeiten zu erkennen, die i. A. mit Homogen- und Heterogenkeimbildung in Verbindung gebracht werden.

$$\tau_{ind} \propto J \\ \propto \frac{1}{\ln^2 \beta} \tag{16}$$

In Abbildung 3.28 ist die Induktionszeit für die Keimbildung von Abecarnil in Isopropylacetat als Funktion der Übersättigung dargestellt. Entsprechend der obigen Gleichung ist der Logarithmus der Induktionszeit gegen $1/\ln^2\beta$ aufgetragen, wodurch die Abhängigkeiten linearisiert werden. Es können zwei Bereiche unterschieden werden, bei hohen Übersättigungen findet sich eine hohe Abhängigkeit der Induktionszeit von der Übersättigung, dieser Bereich wird i. A. der Homogenkeimbildung zugeschrieben.

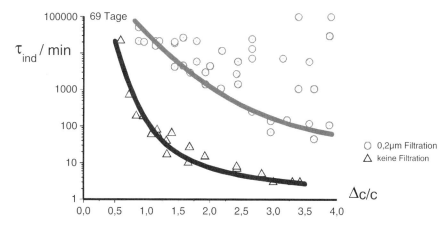

Abbildung 3.29 Vergleich der Induktionszeiten für wässrige Lösungen eines Zuckers als Funktion der Konzentration, jeweils bei 20 °C. Verglichen werden Lösungen in vollentsalztem Wasser, △, und Lösungen, die über einen 0,2 µm Filter gefahren wurden, O.

Bei geringeren Übersättigungen, hier bei σ < 60 %, ist die Abhängigkeit geringer, dieser Bereich wird der Heterogenkeimbildung zugeschrieben. Dieser Befund stimmt qualitativ mit den in Abbildung 3.22 aufgezeigten Anhängigkeiten überein.

Für die Keimbildung des in den Abbildungen 3.25 und 3.26 dargestellten Zuckers wurde ebenfalls die Induktionszeit bestimmt. Für die Lösung des Zuckers in vollentsalztem Wasser findet man Induktionszeiten, die grob mit den Werten bei der Bestimmung des metastabilen Bereichs übereinstimmen, ‚Δ' in Abbildung 3.29.

Wird die Lösung jedoch vor der Einstellung der Übersättigung über einen 0,2 μm Filter filtriert und werden für die Messungen partikelfrei gespülte Behältnisse eingesetzt, so steigen die Induktionszeiten um eine bis zwei Zehnerpotenzen an, ‚O' in Abbildung 3.29. Neben dem Anstieg in den Induktionszeiten mit der Filtration ist gleichzeitig ein Anstieg in der Dispersion der Zeiten zu erkennen. Man kann schließen, dass die Keimbildung ohne eine Filtration an Partikeln im Wasser abläuft, dass aber nach der Filtration eine Homogenkeimbildung erfolgt.

3.2.3
Sekundärkeimbildung

Unter Sekundärkeimbildung versteht man die Bildung neuer, wachstumsfähiger Aggregate aus arteigenen Kristallen. Es werden mehrere Mechanismen der Sekundärkeimbildung unterschieden, hier soll nur die Sekundärkeimbildung durch Bruch diskutiert werden.

Bei dieser Art der Sekundärkeimbildung werden durch mechanische Beanspruchung der Kristalle aus diesen kleinere, wachstumsfähige Partikel herausgebrochen (Abb. 3.30). Die herausgebrochenen Partikel sind i. A. wachstumsfähig, da sie eine vergröberte Oberfläche aufweisen, Gitterstörungen durch den Bruchprozess wirken sich i. A. nicht negativ aus. Genauso wird der ursprüngliche Kristall weiter wachsen. Damit hat sich durch diesen Prozess die Anzahl an Kristallen erhöht, was einer Keimbildung gleichkommt.

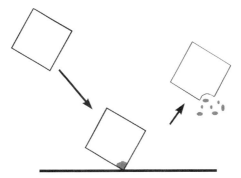

Abbildung 3.30 Mechanistische Vorstellung zur Bildung von Sekundärkeimen durch mechanische Beanspruchung von Kristallen durch Aufprall auf ein Hindernis, der Bildung von Spannungen im Kristall und der folgenden Bildung von Splittern. Diese Partikel sind wachstumsfähig, ihre Bildung ist damit einer Keimbildung gleichzusetzen.

Die Art, Anzahl und Größenverteilung der bei der mechanischen Beanspruchung gebildeten Sekundärpartikel hängt von den mechanischen Eigenschaften des betreffenden Stoffs ab und kann nur schwer vorausgesagt werden.

Weiterhin hängt die Effektivität der Bildung der Sekundärpartikel von der beim Stoß frei werdenden mechanischen Energie ab. Die mechanische Beanspruchung kann in gerührten Lösungen durch Kristall-Kristall-, Kristall-Wandung- und Kristall-Rührer-Stöße erfolgen, wobei für die Effektivität $\eta_{Kristall\text{-}Rührer} : \eta_{Kristall\text{-}Wandung} : \eta_{Kristall\text{-}Kristall} \approx$ 1000:10:1 geschrieben werden kann. Eine Beschränkung auf Kristall-Rührer-Stöße ist damit statthaft. Zur Ableitung der Effektivität ist zu beachten, dass Partikel, die sich auf Kollisionskurs mit dem Rührer befinden, von den Stromfäden der vom Rührer wegführenden Strömung je nach Masse mitgeführt werden (Abb. 3.31)

Die Kollisionswahrscheinlichkeit ist eine Funktion der Partikelgröße und des Dichteunterschieds zwischen Partikel und Mutterphase. Die Wahrscheinlichkeit steigt drastisch mit der Partikelgröße an (Abb. 3.32), hat aber erst bei Partikelgrößen von grob 100 µm merkliche Werte. Die Relativgeschwindigkeit, Parameter in Abbildung 3.32, hat ebenfalls einen Einfluss auf die Auftreffwahrscheinlichkeit, dieser ist jedoch gering.

Die Keimbildungshäufigkeit bei der Sekundärkeimbildung hängt ab von der Anzahldichte an Kristallen, die ausreichend groß sind, um einen Bruch zu erleiden. Dieser Term wird häufig mit der Suspensionsdichte m_T gleichgesetzt. Ebenfalls geht die eingetragene Rührleistung ε und die Übersättigung ein. Für die Abhängigkeit wird häufig ein Potenzansatz gemacht:

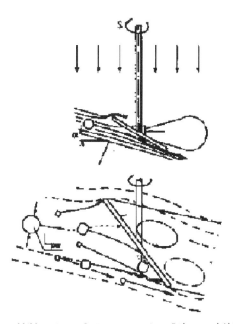

Abbildung 3.31 Strömung um einen Rührer und Ablenkung suspendierter Partikel vom Rührerblatt weg. Die Querbeschleunigung ist abhängig von der Masse der Partikel (vgl. Abb. 3.32).

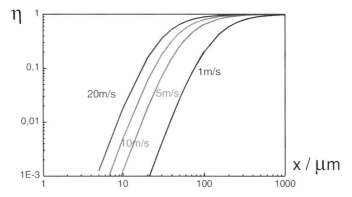

Abbildung 3.32 Auftreffwahrscheinlichkeit von Kristallen auf einen Rührer als Funktion der Partikelgröße und der Relativgeschwindigkeit von Partikel und Rührer. Für die Rechnung wurde ein Dichteunterschied zwischen Kristall und Mutterphase von 0,5 g mL^{-1} und eine Viskosität von 1 mPa s angenommen.

$$B \propto m_T^n \cdot \varepsilon^r \cdot \Delta c^l \tag{17}$$

wobei typisch $n = 1$, $r = 1/2$ und $l = 1...2$ gefunden werden.

Messungen der Häufigkeit der Sekundärkeimbildung als Funktion der Übersättigung (Abb. 3.33) zeigen eine lineare bzw. quadratische Abhängigkeit von der Übersättigung. Diese Abhängigkeiten sind damit wesentlich geringer als die für die Spontankeimbildung.

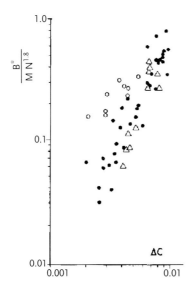

Abbildung 3.33 Häufigkeit für Sekundärkeimbildung als Funktion der Übersättigung für eine Reihe von Salzen.

Die Sekundärkeimbildung läuft damit bei wesentlich geringeren Übersättigungen ab, da keine Aktivierung durch Überwindung der Oberflächenspannung zur Bildung neuerer Aggregate notwendig ist. Voraussetzung ist die Präsenz arteigner Partikel mit ausreichender Größe und dass genügend Energie in das System eingetragen wird. Für kontinuierlich betriebene Kristallisatoren ist die Sekundärkeimbildung der entscheidende Keimbildungsprozess.

3.3
Kristallwachstum

Für das Wachstum von Kristallen sind hauptsächlich glatte, F-Flächen von Bedeutung, wobei der Einbau von Bausteinen in Halbkristalllagen, in kink-Positionen erfolgt.

Für die Ableitung der Wachstumsgeschwindigkeit von F-Flächen ist die Bildung von Stufen auf diesen Flächen von Bedeutung. Dabei werden zwei Quellen für Stufen unterschieden, 2D-Oberflächenkeime beim Wachstum von idealen Kristallen und Schraubenversetzungen beim Wachstum von Realkristallen.

Neben den Prozessen an der Grenzfläche des Kristalls kann der Antransport von Bausteinen aus dem Volumen der Mutterphase geschwindigkeitsbestimmend werden.

Während beim Kristallwachstum der Keimbildung des Kristalls eine Wachstumsphase folgt, tritt beim Übergang zu hohen Übersättigungen die Kristallkeimbildung in den Vordergrund, spricht man von Fällung.

3.3.1
Halbkristalllage – F-, S- und K-Flächen

In einem einfach-kubischen Gitter hat jeder Baustein sechs erstnächste Nachbarn über die Würfelflächen, über die Kanten zwölf zweitnächste Nachbarn, über die Ecken acht drittnächste usw. zu denen er eine Bindung ausbildet (Abb. 3.34). Die Wechselwirkungsenergie, die die Bindungen zu den einzelnen Nachbarn beitragen geht aus Abbildung 3.1 hervor. Damit kann die auf einen Baustein bezogene Bindungsenthalpie errechnet werden:

$$\varphi_{1/2} = \frac{N_1}{2} \cdot \varphi_1 + \frac{N_2}{2} \cdot \varphi_2 + \ldots \tag{18}$$

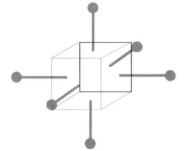

Abbildung 3.34 Abzählen der Anzahl Bindungen zu erstnächsten Nachbarn eines Bausteins im einfach kubischen Gitter.

wobei $\varphi_{1/2}$ die auf einen Baustein bezogene Enthalpie für den Kristallisationsvorgang ist, und damit $\Delta_{tr}H = N_L\varphi_{1/2}$ gilt. Der Nenner Zwei ergibt sich aus der Tatsache, dass jede Bindung von zwei Bausteinen aufgebaut wird, und damit der Wechselwirkungsenergie jedem der beiden Bausteine jeweils hälftig zugerechnet werden muss. Für einen einfach kubischen Kristall und unter alleiniger Berücksichtigung erstnächster Nachbarn ergibt sich als Näherung

$$\begin{aligned}\varphi_{1/2} &= \frac{N_1}{2} \cdot \varphi_1 + \frac{N_2}{2} \cdot \varphi_2 + \ldots \\ &\approx \frac{6}{2} \cdot \varphi_1 \\ &\approx 3\varphi_1\end{aligned} \quad (19)$$

Ein Baustein, der zu drei erstnächsten Nachbarn eine Bindung ausbildet, steht damit bei Sättigung genau im Gleichgewicht mit der Mutterphase.

Auf der Oberfläche eines einfach kubischen Kristalls lassen sich verschiedene Positionen unterscheiden, in denen die Bausteine jeweils eine unterschiedliche Anzahl Bindungen ausbilden, vier dieser Positionen sind in Abbildung 3.35 für eine (100)-Fläche dargestellt.

Durch Abzählen der Bindungen zeigt sich, dass die Bausteine A und B mit weniger als drei Bindungen gebunden sind, selbst bei Sättigung werden diese Bausteine eine Tendenz zur Desorption haben. Der Baustein D bindet mehr als drei Bindungen aus, er ist bereits bei Untersättigung stabil gebunden.

Der Baustein C ist in der so genannten Halbkristalllage mit drei Bindungen gebunden und steht damit bei Sättigung im Gleichgewicht mit der Mutterphase. Bereits bei geringen Übersättigungen stellt der Übergang eines Bausteins aus der Mutterphase in die Position C einen Enthalpiegewinn dar, der Kristall wächst. Neben dem energetischen Vorteil weist diese Halbkristalllage noch einen geometrischen Vorteil auf, bei der Integration eines Bausteins entsteht eine identische Position. Daher wird der Einbau in diese Position auch als wiederholbarer Schritt bezeichnet.

Diese Überlegungen können auf die (001)-, (011)- und (111)-Flächen eines einfach-kubischen Kristalls übertragen werden (Abb. 3.36). Die (111)-Flächen werden ausschließlich aus Halbkristalllagen aufgebaut, was bedeutet, dass diese Fläche

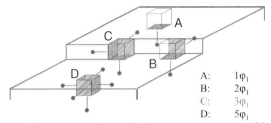

Abbildung 3.35 Bindungsverhältnisse von Bausteinen auf der (100)-Fläche eines einfach-kubischen Kristalls. Der Baustein A ist auf der Fläche, der Baustein B an einer Stufe und der Baustein C an einer Halbkristalllage adsorbiert sowie der Baustein D in einer Fläche gebunden. Angegeben ist die Anzahl Bindungen zum erstnächsten Nachbarn.

Abbildung 3.36 Darstellung der (001)-, (011)- und (111)-Flächen eines einfach-kubischen Kristalls. Man erkennt, dass die (001)-Flächen glatt, die (011)-Flächen gestuft und die (111)-Flächen von Halbkristalllagen gebildet werden. Entsprechend werden die (001)-Flächen als F – für flat ≡ glatt, die (011)-Flächen als S – für step ≡ Stufe und die (111)-Flächen als K – für kink ≡ Halbkristalllage bezeichnet.

bereits bei geringsten Übersättigungen wachsen wird. Die (011)-Fläche ist aus Stufen aufgebaut. Man kann zeigen, dass Stufen thermisch aufrauen und Halbkristalllagen ausbilden. Die Argumentation entspricht der Überlegung, dass Bausteine aus der Mutterphase an Position B in Abbildung 3.35 adsorbieren werden und damit zunächst schwächer als mit $\varphi_{1/2}$ gebunden sind. Allerdings entsteht mit der Adsorption des ersten Bausteins B an der Stufe eine Halbkristalllage, die eben bei geringsten Übersättigungen wachsen wird. Lediglich die (001)-Fläche weist keine bevorzugten Positionen auf.

Da schnell wachsende Flächen aus der Wachstumsform verschwinden, sind die (111)- und (011)-Flächen nicht an der Wachstumsform beteiligt, da diese bei geringsten Übersättigungen wachsen. Die Diskussion von Wachstumsmechanismen ist damit auf die glatten (001)-Flächen beschränkt, und für diese Flächen auf die Frage nach den Mechanismen zur Bildung von wachstumsfähigen Stufen.

3.3.2
Wachstum idealer Kristalle

Eine Quelle für Stufen auf glatten Flächen stellen zweidimensionale Oberflächenkeime dar. Da die Keimbildungsarbeit auf arteigenen Unterlagen wesentlich geringer ist als die Keimbildungsarbeit im Volumen, kommt es mit steigender Übersättigung zur Bildung von 2D-Oberflächenkeimen, bevor eine Spontankeimbildung im Volumen einsetzt. Obschon drei Modelle des Wachstums über Oberflächenkeime unterschieden werden, wird hier nur das birth-and-spread-Modell diskutiert, da es das gedanklich plausibelste ist und die Keimbildungsarbeit für diesen Prozess am niedrigsten ist.

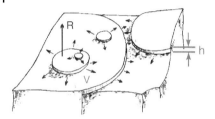

Abbildung 3.37 Modells des Wachstums über zweidimensionale Oberflächenkeime, birth-and-spread-Modell. Auf einer ebenen Kristalloberfläche bilden sich an verschiedenen Stellen 2D-Keime, die von Stufen begrenzt sind und sich damit lateral über die Fläche ausbreiten. Die Bildung von Keimen auf auswachsenden Keimen einer tiefer liegenden Schicht ist zugelassen.

Die Wachstumsgeschwindigkeit nach dem birth-and-spread-Modell ergibt sich aus der Stufenhöhe h und der Zeit zum Auswachsen einer Netzebene τ (Abb. 3.37):

$$R = \frac{h}{\tau} \tag{20}$$

Die Höhe der Keime wird konstant angesetzt, plausibel ist die Höhe eines Bausteins. Die Zeit für das Auswachsen einer Netzebene ergibt sich aus der Ausbreitungsgeschwindigkeit der Stufen und der Keimbildungshäufigkeit

$$\tau \propto v^{-2/3} J^{-1/3} \tag{21}$$

Da die Keimbildungshäufigkeit exponentiell von der Übersättigung abhängt, kann die entsprechende Abhängigkeit der Ausbreitungsgeschwindigkeit der Stufen von der Übersättigung vernachlässigt werden. Für die Wachstumsgeschwindigkeit nach dem birth-and-spread-Modell folgt:

$$R \propto \exp - \frac{\Delta G*}{3RT} \tag{22}$$

d. h. eine exponentielle Abhängigkeit von der Übersättigung.

In Abbildung 3.38 ist die Wachstumsgeschwindigkeit schematisch dargestellt. Wie bei allen Keimbildungsprozessen setzt hier das Wachstum erst bei einer bestimmten, kritischen Übersättigung ein, um dann exponentiell zu steigen. Diese

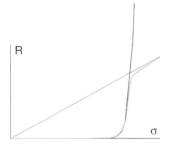

Abbildung 3.38 Wachstumsgeschwindigkeit beim birth-and-spread-Modell als Funktion der Übersättigung. Messbare Wachstumsgeschwindigkeiten erfordern eine Mindestübersättigung, bei deren Überschreiten die Geschwindigkeit exponentiell ansteigt. Dieses kann rasch in eine Begrenzung des Wachstums durch Transportprozesse im Volumen führen.

3.3 Kristallwachstum

3.3.3
Wachstum von Realkristallen

Eine permanente Quelle für Stufen stellen Schraubenversetzungen dar. Diese können z. B. durch eine Scherbeanspruchung des Gitters entstehen (Abb. 3.14). Senkrecht zur Versetzungslinie ist bereits eine Stufe zu erkennen. Diese Stufe wird wachsen, beim Wachstum entsteht auf der wachsenden Fläche ein um 90° gedreht angeordneter Rand (Abb. 3.39). Sobald dieser Rand eine kritische Länge überschritten hat, wird er als Stufe ebenfalls wachsen. Dieser Zyklus setzt sich weiter fort, so dass eine Wachstumsspirale entsteht, die die gesamte Oberfläche des Kristalls überdeckt. In Abbildung 3.39 ist rechts eine lichtmikroskopische Aufnahme einer solchen Wachstumsspirale auf der (001)-Fläche von Stearinsäure dargestellt.

Schraubenversetzungen sind damit permanente Quellen für Stufen und damit für Halbkristalllagen. Bereits eine Versetzung reicht für das Wachstum der betroffenen Fläche aus. Wachstumsspiralen finden sich auf sehr vielen Realkristallen, dabei sind die Spiralen jedoch nicht immer polygonalisiert, wie hier dargestellt, vielmehr finden sich häufig runde Spiralen.

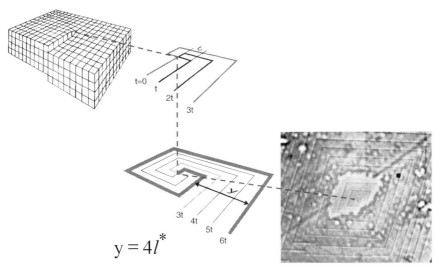

Abbildung 3.39 Bildung einer Wachstumsspirale am Durchstoßpunkt einer Schraubenversetzung, links. Die durch die Versetzung gebildete Stufe wird wachsen und dabei eine um 90° dazu gedreht liegende neue Stufe bilden, die ebenfalls wächst, Mitte. Nach vier Zeitschritten hat sich eine Wachstumsspirale gebildet, die die gesamte Kristalloberfläche bedeckt, rechtes Foto einer Wachstumsspirale eines Realkristalls. Die durchbrochene Linie verbindet jeweils die Durchstoßpunkte der Schraubenversetzung.

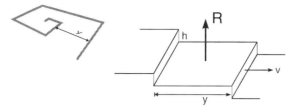

Abbildung 3.40 Durch die Bildung einer Wachstumsspirale aus einer Stufenversetzung, links, entstandener Stufenzug auf der Fläche, rechter Seitenriss. Aus der Höhe, dem Abstand und der Ausbreitungsgeschwindigkeit der Stufen ergibt sich die Wachstumsgeschwindigkeit der Fläche.

Aus der mittleren unteren Darstellung in Abbildung 3.39 geht hervor, dass sich auf der Kristalloberfläche ein Zug von Stufen ausbildet. Abbildung 3.40 zeigt schematisch einen Seitenriss. Die Wachstumsgeschwindigkeit der Fläche ist durch die Höhe, den Abstand sowie die Ausbreitungsgeschwindigkeit der Stufen gegeben:

$$R = \frac{vh}{y} \tag{23}$$

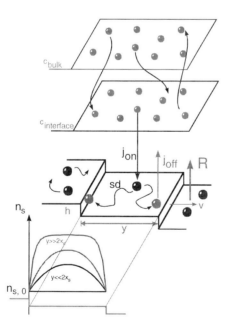

Abbildung 3.41 Schematische Darstellung der Modellvorstellung zum Wachstum an einer Schraubenversetzung. Bausteine aus dem Volumen, oben, adsorbieren auf der Oberfläche und können entweder wieder desorbieren oder einen random-walk auf der Oberfläche ausführen. Dabei können sie an eine Stufe gelangen, wo sie eingebaut werden und zum Kristallwachstum beitragen, Mitte. Da die Bausteine in der Stufe gefangen sind, ergibt sich eine wie unten dargestellte Verteilung adsorbierter Bausteine auf der Oberfläche.

Die Höhe der Stufen variiert mit den experimentellen Bedingungen, die in Abbildung 3.39, rechts, dargestellte Spirale hat Stufen mit einer Höhe wesentlich größer als eine Lage von Bausteinen. Bei anderen Systemen werden monomolekular hohe Stufen gefunden. Zur Betrachtung der Wachstumsgeschwindigkeit wird i. A. angenommen, dass die Höhe der Stufen konstant ist.

Der Abstand der Stufen ist durch die Randlänge des Keims gegeben

$$y = 4l^*$$
$$\propto \frac{1}{\sigma} \tag{24}$$

eine Größe, die umgekehrt proportional zur Übersättigung ist.

Die Ableitung der Ausbreitungsgeschwindigkeit soll in den Grundzügen skizziert werden. Man nimmt an, dass Bausteine aus der Mutterphase auf der gesamten Kristalloberfläche adsorbieren (Abb. 3.41). Von der Oberfläche können sie entweder desorbieren oder eine Oberflächendiffusion in Richtung der Stufen ausführen, wo sie in die Stufen eingebaut werden und zum Kristallwachstum beitragen. Es ergibt sich damit eine wie in Abbildung 3.41, unten, schematisch dargestellte Verteilung der Konzentration von Oberflächenbausteinen.

Aus der Konzentration von Adatomen lässt sich der Fluss von Bausteinen an die Stufe errechnen, woraus sich die Ausbreitungsgeschwindigkeit der Stufen ergibt. Eine Zusammenfassung aller Terme und Darstellung als Funktion der Übersättigung ergibt für die Wachstumsgeschwindigkeit:

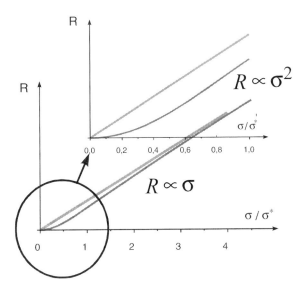

Abbildung 3.42 Wachstumsgeschwindigkeit als Funktion der Übersättigung beim Wachstum an Schraubenversetzungen. Unterschieden ist das Wachstum bei hohen Übersättigungen, bei denen die Wachstumsgeschwindigkeit linear von der Übersättigung abhängt und das Wachstum bei niedrigen Übersättigungen, bei denen eine quadratische Abhängigkeit gefunden wird, oberes Detail.

$$R \propto \sigma^2 \tanh\frac{\sigma*}{\sigma} \tag{25}$$

dabei stellt σ* eine Zusammenfassung einer Reihe von Parametern dar. Bei Übersättigungen σ < σ* ist der tanh-Term gleich eins und es ergibt sich eine quadratische Abhängigkeit der Wachstumsgeschwindigkeit von der Übersättigung (Abb. 3.42). Bei Übersättigungen σ > σ* hingegen findet man eine lineare Abhängigkeit der Wachstumsgeschwindigkeit von der Übersättigung.

Experimentell findet man häufig eine lineare oder quadratische Abhängigkeit der Wachstumsgeschwindigkeit von der Übersättigung.

3.3.4
Transportprozesse

Beim Kristallwachstum können neben den Prozessen an der Grenzfläche der Transport von Masse an die Grenzfläche und der Abtransport der Kristallisationswärme geschwindigkeitsbestimmend werden. Bei der Lösungskristallisation hat der Energietransport aufgrund der guten Wärmeleitfähigkeit der Mutterphase einen vernachlässigbaren Einfluss.

Entsprechend der Serienschaltung von elektrischen Widerständen ist der Strom von Bausteinen durch den Massetransport im Volumen und die Grenzflächenprozesse gleich. Beide Prozesse bauen einen Teil der Übersättigung ab. Die Übersättigung kann nahezu ausschließlich durch Grenzflächenprozesse limitiert sein, oberer Konzentrationsverlauf, oder nahezu ausschließlich durch Diffusion im Volumen, diagonaler Verlauf der Übersättigung Δc in Abbildung 3.43.

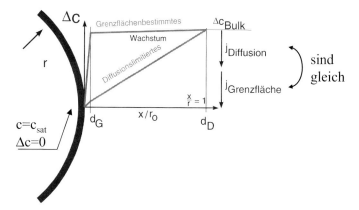

Abbildung 3.43 Schematische Darstellung der Teilschritte Diffusion im Volumen der Mutterphase und Einbau in den Kristall. Der Strom von Bausteinen muss für beide Prozesse gleich sein, der Anteil der Übersättigung, der von jedem der beiden Teilprozesse abgebaut wird, variiert. Die Übersättigung kann nahezu ausschließlich durch Grenzflächenprozesse limitiert sein, oberer Konzentrationsverlauf, oder nahezu ausschließlich durch Diffusion im Volumen, diagonaler Verlauf der Übersättigung Δc.

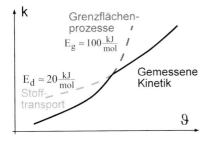

Abbildung 3.44 Temperaturabhängigkeit der kinetischen Koeffizienten des Transports im Volumen und der Grenzflächenphänomene. I. A. findet man die angedeuteten unterschiedlichen Werte für die Aktivierungsenthalpien. Damit wird mit steigender Temperatur das Wachstum durch Transportprozesse und mit sinkender Temperatur durch Grenzflächenprozesse bestimmt sein.

In Abbildung 3.43 sind die Vorgänge schematisch dargestellt, wobei der Kristall als Kugel angenähert wurde. Zur Berechnung der zur Aufrechterhaltung eines bestimmten Stoffstroms erforderlichen Übersättigung Δc ist die Annäherung des Kristalls mit einer Kugel vorteilhaft, da die Grenzschichtdicke für den Stofftransport in ruhenden Medien gleich dem Durchmesser der Kugel ist:

$$\dot{m} = -D\frac{dc}{dr}\bigg|_r = D\frac{\Delta c}{dr} \tag{26}$$

Kristallisationen werden jedoch i. A. nicht in ruhenden Medien sondern in durchmischten Systemen durchgeführt. Hierdurch verringert sich die Grenzschichtdicke, was mit der Sherwood-Zahl Sh angenähert werden kann:

$$Sh \equiv \frac{dk_d}{D} = 2 + .037 \operatorname{Re}^{2/3} Sc^{1/3} \tag{27}$$

wobei die Konstante 2 den ruhenden Teil und der Reynolds- und Schmidt-abhängige Teil die Erhöhung des Stofftransports durch Rühren darstellt.

Die Temperaturabhängigkeiten der kinetischen Koeffizienten für die Transportprozesse im Volumen liegen bei wenigen 10...20 kJ mol^{-1} und damit oft weit unter denen für die Grenzflächenprozesse mit z. T. über 100 kJ mol^{-1}. Daher wird mit steigender Temperatur der Einfluss der Grenzflächenkinetik geringer, womit bei steigender Temperatur die Gesamtkinetik von Transportprozessen bestimmt wird (Abb. 3.44).

3.3.5
Fällung

Bei der Kristallkeimbildung unter Spontankeimbildung muss zunächst eine Übersättigung aufgebaut werden, bis es zur Spontankeimbildung kommt. Durch diese Keimbildung wird die Übersättigung relativ schnell abgebaut, so dass die Keimbildung zum Erliegen kommt und durch Kristallwachstum weiter abgebaut wird. Die Anzahl bei der Keimbildung gebildeter und später wachsender Keime wird durch die Systemeigenschaften und die bei der Keimbildung herrschenden Übersättigung bestimmt.

Wird die Übersättigung bei der Keimbildung heraufgesetzt, so wird die Anzahl von Kristallkeimen drastisch gesteigert. Das für den Einzug von Bausteinen pro

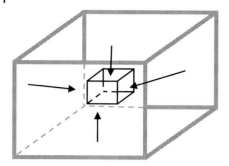

Abbildung 3.45 Schematische Darstellung des Einzugsbereichs von Bausteinen für einen Keim. Das für einen Keim zum Einzug und Einbau von Bausteinen zur Verfügung stehende Volumen ist umgekehrt proportional zur Keimdichte.

Keim zur Verfügung stehende Volumen (Abb. 3.45) ist umgekehrt proportional zur Keimdichte

$$V \propto \frac{1}{J} \tag{28}$$

Mit steigender Übersättigung nimmt damit der Einzugsbereich der Bausteine in Richtung der Diffusionslängen ab.

Mit der Anzahl wachstumsfähiger Keime sinkt die für das Wachstum verbleibende Masse bzw. Übersättigung. Zusätzlich läuft das Wachstum bei höheren Übersättigungen ab, wodurch die Baufehler in den Kristallen zunehmen.

Prozesse, bei denen die Keimbildung gegenüber dem Kristallwachstum überwiegt, werden als Fällungen bezeichnet. Die Abgrenzung von der Kristallisation kann über die Übersättigung bei der Keimbildung oder die erhaltenen Kristallitgrößen erfolgen (Abb. 3.46). Kristallisationen laufen typisch bei Übersättigungen von <100 % ab und liefern Kristallgrößen >100 µm, während Fällungen bei Übersättigungen >>100 % ablaufen und Kristallitgrößen <10 µm liefern.

Der Begriff der Fällung leitet sich von den klassischen Methoden zur Erzeugung hoher Übersättigungen ab, der Bildung von Salzen oder durch die Fällung von Basen oder Säuren durch pH-Verschiebung (Abb. 3.47). Die Übersättigungen bei diesen Prozessen erreichen leicht hohe Werte.

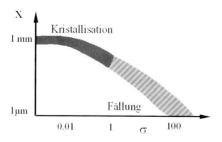

Abbildung 3.46 Abgrenzung der Kristallisation von der Fällung über die Übersättigung und die erhaltenen Kristallgrößen. Bei hohen Übersättigungen dominieren die Keimbildungsprozesse, was zu feinem Kristallisat führt, man spricht von Fällung.

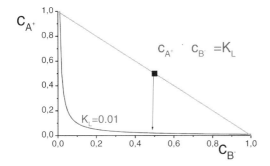

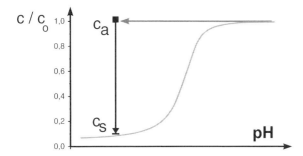

Abbildung 3.47 Schematische Darstellung des Verlaufs der Sättigungslinie bei der Fällung eines Salzes, oben, oder einer Baase durch pH-Verschiebung, unten. Bei der Salzbildung ist die aktuelle Konzentration durch die Mischungslinie gegeben, die Sättigungskonzentration durch das Ionenprodukt. Bereits bei relativ hohen Ionenprodukten ist der Abstand zwischen aktueller und Sättigungskonzentration relativ groß, die Übersättigung groß. Gleiches gilt für die Fällung durch pH-Verschiebung, wo die aktuelle Konzentration durch Verlängerung der Konzentration, z. B. der Base, gegeben ist.

Die bei der Fällung tatsächlich zu erzielenden Übersättigungen hängen vom Mischvorgang ab. Sofern erforderlich, werden hier besondere Mischtechniken eingesetzt, z. B. Y- oder T-Mischkammern. Bei der Fällung in Rührkesseln kann die Wahl der Zuführung der Reaktanden von Bedeutung sein. In Abbildung 3.48 sind verschiedene Mischanordnungen dargestellt. Alle haben das Ziel, eine möglichst gute Vermischung zu erzielen.

Mit steigender Übersättigung bei der Fällung ist nicht nur mit der Bildung eines zunehmend feineren Kristallisats zu rechnen. Vielmehr können bei einer zu schnellen Prozessführung gallertartige Massen entstehen, die i. A. amorph oder nur teilkristallin sind. Die Reifung dieser Produkte ist aufgrund der niedrigen Löslichkeit nur sehr langsam.

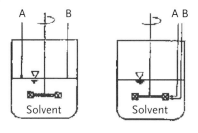

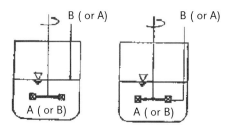

Abbildung 3.48 Techniken zur Erzielung einer möglichst guten und schnellen Vermischung von Reaktanden bei der Fällung in Rührkesseln.

3.4
Zusammenfassung

Kristalle zeichnen sich durch eine Fernordnung der Bausteine aus, die aus einer energetischen Betrachtung verstanden werden kann. Der Kristall ist so geordnet, dass die freie Enthalpie für den Phasenübergang, für die Kristallisation, maximiert wird. Aus den Betrachtungen folgt, dass insgesamt 230 Kristallgitter zugelassen sind. Aus analogen Betrachtungen lässt sich die Gleichgewichtsform der Kristalle verstehen, hier wird die Oberflächenenergie minimiert.

Bei der Keimbildung von Kristallen muss die Oberflächenspannung zur Bildung neuer Oberfläche überwunden werden, was zu relativ großen kritischen Übersättigungen führt, die für diesen Prozess notwendig sind. Diese kritischen Übersättigungen spiegeln sich in der Breite des metastabilen Bereichs bzw. in der Länge der Induktionszeit für die Keimbildung wider. In technischen Prozessen wird i. A. die Spontankeimbildung an Heterogenkeimen erfolgen, da die Mutterphasen in den seltensten Fällen ausreichend gut von Heterogenkeimen befreit sind. Sofern im System bereits arteigene Kristalle vorhanden sind, wird die Keimbildung über Sekundärkeime, über Bruch und Abrieb dieser Kristalle erfolgen. Diese Art der Keimbildung erfordert wesentlich geringere Übersättigungen als die Spontankeimbildung.

Das Wachstum von Kristallen erfolgt ausschließlich über langsam wachsende Flächen, schnell wachsende Flächen verschwinden aus der Wachstumsform. Das Wachstum erfolgt über die Einlagerung von Bausteinen in die Halbkristalllagen, die an Stufen gebildet werden. Die Diskussion der Wachstumsmechanismen besteht in der Frage nach der Quelle von Stufen, wobei die wichtigsten Mechanismen die zweidimensionale Keimbildung und insbesondere Schraubenversetzungen sind. Bei der 2D-Keimbildung sind relativ hohe Übersättigungen erforderlich, um ein messbares

Wachstum zu finden, das Wachstum an Stufenversetzungen läuft bereits bei geringen Übersättigungen ab.

Neben diesen Grenzflächenprozessen kann das Kristallwachstum durch Transportprozesse im Volumen der Mutterphase bestimmt werden, bei flüssigen Mutterphasen spielt hier praktisch nur der Stofftransport eine Rolle.

Bei der Kristallisation wird i. A. davon ausgegangen, dass nach der Kristallkeimbildung die Kristallgröße durch danach ablaufende Wachstumsvorgänge mitbestimmt wird. Von der Kristallisation abgesetzt zu betrachten sind die Fällvorgänge, bei denen die Keimbildung gegenüber dem Kristallwachstum überwiegt. Die erhaltenen Kristallgrößen und Qualitäten sind bei der Fällung i. A. geringer als beim Kristallwachstum.

Literatur

Allgemeine Literatur

Folgend sind einige weiterführende Literaturstellen aufgeführt. Auf eine Listung der Primärliteratur wurde allerdings weit gehend verzichtet.

R. Davey und J. Garside, *From Molecules to Crystalizers, An Introduction to Crystallization*, Oxford University Press (2000).

P. Hartmann, *Crystal Growth, An Introduction*, North Holland (1973).

J. P. Hirth und G. M. Pound, *Condensation and Evaporation*, Pergamon Press (1963).

W. Kleber, *Einführung in die Kristallografie*, Verlag Technik (1990).

A. Mersmann, *Crystallisation Technology Handbook*, Dekker (1994).

K. Meyer, *Physikalisch-chemische Kristallografie*, VEB Grundstoffindustrie (1968).

J. W. Mullin, *Crystallisation*, Butterworth-Heinemann (1993).

M. Ohara und R. Reid, *Modelling Crystal Growth Rates from Solution*, Prentice Hall (1973).

4
Grundlagen der Technischen Kristallisation

M. Kind

Die Auslegung von technischen Kristallisatoren ist eine vielschichtige Aufgabe. Auf der einen Seite ist die geforderte Kapazität zu erreichen. Dabei ist das Gesamtverfahren zu berücksichtigen. Durch das Gesamtverfahren werden in der Regel bestimmte Randbedingungen für den Kristallisationsprozess festgelegt. Der Kristallisator selbst muss diverse Aufgaben erfüllen:

- Wärmeübertragung, Verdampfung;
- (schonende) Suspendierung der Kristalle;
- Bereitstellung von Verweilzeit mit gewünschtem Übersättigungsprofil;
- Klassierung, Feinkornauflösung;
- Reinigungsintervalle.

Auf der anderen Seite muss das produzierte Kristallisat bestimmte Qualitätsanforderungen hinsichtlich z. B. Partikelgrößenverteilung und Reinheit erfüllen. Oft wird der Kristallisatortyp durch diese Anforderung festgelegt.

4.1
Bilanzierung von Kristallisatoren

Kristallisatoren sind immer in ein Gesamtverfahren integriert. Die Verschaltung und die apparativen Gegebenheiten des Gesamtverfahrens müssen allesamt auf die projektierte Kapazität ausgelegt sein.

Am Beispiel des Grundfließbildes (Abb. 4.1) eines Kristallisationsverfahrens zur Herstellung eines Salzes, sollen die möglichen gegenseitigen Abhängigkeiten der verschiedenen Stufen eines Kristallisationsverfahrens verdeutlicht werden.

Die in Abbildung 4.1 dargestellte Verschaltung ist dazu geeignet, um mittels eines kontinuierlichen Verfahrens eine wässrige Zulauflösung zweistufig in einer Vorverdampfungsstufe und einer Verdampfungskristallisationsstufe total einzudampfen und das in dieser Zulauflösung gelöste Salz als getrocknetes Grobprodukt zu gewinnen. Bevor das Vorkonzentrat aus dem Voreindampfer in den Kristallisator geleitet wird, durchströmt es einen Pufferbehälter, in den aus den nachfolgenden Stufen Kristallsuspension (Mutterlauge aus der Fest-Flüssig-Trennung) und trockenes Kristallisat (Staub aus der Trocknung und Feingut und Überkorn aus der

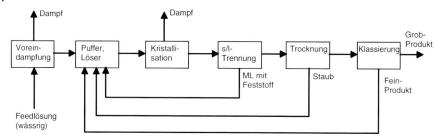

Abbildung 4.1 Kristallisation als Teil eines Gesamtprozesses.

Klassierung) eingespeist werden, um es dort aufzulösen. Die Konzentration des Vorkonzentrates muss niedrig genug sein, damit eine klare, das heißt kristallfreie Lösung in den Kristallisator eingespeist werden kann.

Der im Kreis gefahrene Mutterlaugestrom aus der Fest-Flüssig-Trennung ist in seiner Größe durch den im Kristallisator gewünschten Feststoffgehalt (oft bis zu ca. 30 Gew-% Feststoff) bestimmt. Die im Kreis gefahrenen Kristallisatströme sind wesentlich dadurch bestimmt, wie gut es gelingt, schon im Kristallisator möglichst nah an die Spezifikation des gewünschten Grobsalzes zu kommen.

In Abbildung 4.2 ist das gezeigte Verfahren detaillierter dargestellt. Man erkennt, dass ein spezieller Kristallisatortyp zum Einsatz kommt. Es handelt sich um einen Leitrohrkristallisator mit außen liegender Klassierzone. Mit dieser Klassierzone ist es möglich, gezielt kleine Kristalle, so genanntes Feinkorn, aufzulösen und damit die Kristallgröße erheblich anzuheben. Um die hydrodynamische Belastung der Zentrifuge zu verringern, also um ihre Kapazität zu erhöhen, ist ein so genannter Eindicker (Absetzgefäß) vorgesehen. Der feuchte Zentrifugenabwurf wird in einem geeigneten Trockner getrocknet. Der dabei anfallende Staub wird, ebenso wie das Über- und Unterkorn des Siebes, im (nicht dargestellten) Lösegefäß gelöst. Das grobe Produktkristallisat verlässt die Anlage in Richtung Bunker und Abfüllung.

Was fällt an diesem Verfahren (siehe Abb. 4.1) auf? Welche Probleme und Verbesserungspotenziale sind zu erkennen?

Hinsichtlich der *Kapazität* fällt auf, dass der Voreindampfer in seiner Leistung dadurch begrenzt wird, dass die in den Kristallisator einzuspeisende Lösung kristallfrei sein soll. (Ist diese Forderung berechtigt? Was geschieht, wenn der Kristallisatorzulauf Kristalle enthält?). Durch die Rückführungen kommt es zu Totzeit behafteten Rückkopplungen im System. Dadurch wird die Regelbarkeit dieses Systems beeinträchtigt. Insbesondere ist Augenmerk darauf zu legen, dass die Konzentration im Zulaufstrom in den Kristallisator geregelt wird. Stellgröße könnte beispielsweise die Konzentration im Vorverdampfer sein.

Hinsichtlich von *Verunreinigungen* im System fällt auf, dass es sich bei dem gezeigten Verfahren um eine Totalverdampfung ohne Ausschleusung handelt. Verunreinigungen können das Verfahren nur über den Brüden von Voreindampfung oder Kristallisator oder über das Kristallisat selbst verlassen. Sie werden sich also solange im System aufpegeln, bis der über diese Wege mögliche Austrag an Verunreinigungen mit der mit der Feedlösung eingetragenen Menge an Verunreinigungen übereinstimmt. Schon kleine Verunreinigungskonzentrationen können zu

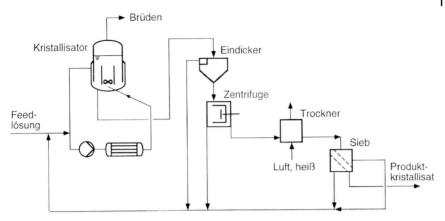

Abbildung 4.2 Kristallisationsanlage.

einer erheblichen Störung im Kristallisationsverhalten des Stoffsystems führen. Ohne Ausschleusung von Lösung kann sich die Verunreinigungskonzentration im Verfahren leicht um den Faktor 10 gegenüber der Verunreinigungskonzentration in der Feedlösung aufpegeln.

Für die Auslegung sind sämtliche Ströme hinsichtlich Menge und Zusammensetzung zu ermitteln (Abb. 4.3). Dazu sind Massen-, Stoff- und Energiebilanzen aufzustellen und zu lösen. Für manche der Prozessschritte (= Apparate) sind geeignete Annahmen zu treffen. Günstig ist es, wenn Erkenntnisse aus Probenahmen vorliegen. Eine typische nur durch abschätzende Betrachtung oder durch Probenahme zugängliche Größe ist der Gehalt an durchgeschlagenem Feststoff in der Mutterlauge aus der Zentrifuge.

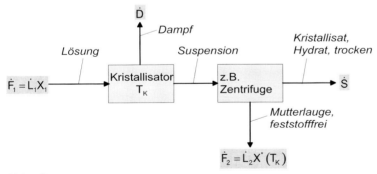

Kristallertrag:

$$\dot{S} = \frac{\dot{L}_1(X_1 - X^*(T_K)) + \dot{D}X^*(T_K)}{\mu - X^*(T_K)(1-\mu)}; \quad \mu = \frac{\tilde{M}_{Anhydrat}}{\tilde{M}_{Hydrat}}$$

Abbildung 4.3 Bilanzierung einer Kristallisationsstufe.

4.1.1
Bilanzierungsbeispiel

Stationäre Kristallisationsstufe, bei der aus einer *binären* Lösung ein *Solvat* (allg. für Hydrat) auskristallisiert und bei der die Löslichkeit $X^*(T_K)$ erreicht wird (Abb. 4.3 und 4.4).

Für die notwendigen Bilanzierungsrechnungen von komplexen Apparateverschaltungen eignen sich Tabellenkalkulationsprogramme, die einen so genannten „Solver" besitzen, wie zum Beispiel EXCEL. Mit Prozesssimulatoren, wie zum Beispiel ASPEN PLUS, sind solche Berechnungen ebenfalls möglich. Wie üblich, muss sich der Anwender über die notwendigen Stoffdaten (z. B. Löslichkeitskurve, Dampfdrücke, ...) im Klaren sein und sie sich gegebenenfalls beschaffen.

```
Bilanz reines Lösungsmittel
```
($\dot{F}$: Flüssigkeitsströme, $\dot{D}$: Dampfstrom, $\dot{S}$: Feststoffstrom, $\dot{L}$: Lösungsmittelstrom)

$$0 = \dot{L}_1 - \dot{D} - \dot{S}(1-\mu) - \dot{L}_2 \qquad (*)$$

mit $\dot{F} = \dot{L}(1+X)$ und X : Beladung

$$\dot{S}_{LM} = (1-\mu)\dot{S}, \quad \text{wobei} \quad \mu = \frac{\tilde{M}_{Ansolvat}}{\tilde{M}_{Solvat}} \left(\text{in } \dot{S} \text{ enthaltenes Solvat}\right)$$

```
Stoffbilanz für den gelösten Stoff:
```
$\left(X^*(T_K) : \text{Gleichgewichtsbeladung}, \quad T_K : \text{Kristallisatortemperatur}\right)$

$$0 = \dot{L}_1 X_1 - \dot{S}\mu - \dot{L}_2 X^* \qquad (**)$$

Kombination von (*) und (**) liefert die Bestimmungsgleichung für den Kristallertrag:

$$\dot{S} = \frac{\dot{L}_1(X_1 - X^*) + \dot{D}X^*}{\mu - X^*(1-\mu)}$$

Abbildung 4.4 Bilanzierungsbeispiel.

4.2
Kinetik und Kornzahlbilanz

Die Kristallgrößenverteilung eines Kristallisators folgt aus dem Bestreben des Systems, die durch Verdampfung oder Kühlung eingestellte Übersättigung abzubauen. Dieser Übersättigungsabbau erfolgt durch Wachstum der Kristalle. Der Zusammenhang zwischen Übersättigung und Wachstumsgeschwindigkeit ist die Wachstumskinetik. Je höher die Übersättigung ist, umso schneller wachsen die Kristalle. Die Übersättigung allerdings bewirkt auch, dass Keime gebildet oder aktiviert werden. Die Keimbildungskinetik beschreibt den Zusammenhang zwischen der Keimentstehung (primäre oder sekundäre Keimbildung) und der Übersättigung. Haben sich nun viele Keime gebildet, so „verbrauchen" sie einen größeren Anteil an abzubauender Übersättigung, als wenn sich nur wenige Keime gebildet hätten. Als Folge davon erhält man ein feines Kristallisat. Somit ist klar, dass sowohl die „Rate der Übersättigungserzeugung" (Betriebsbedingung), wie auch die Wachstums- und Keimbildungskinetiken (Stoffsystem) selbst einen großen Einfluss auf die Kristallgrößenverteilung haben. Da die für die Rate der Keimbildung aus thermodynamischer Sicht verantwortliche Übersättigung, S, als Verhältnis von aktueller Konzentration, c, zur Gleichgewichtskonzentration, c^*, bei den gegebenen Bedingungen definiert ist, $S = c/c^*$, folgt, dass schwerlösliche Stoffe zu hohen Übersättigungen führen und sich damit kleine Kristalle bilden. Gut lösliche Stoffe hingegen bilden häufig keine hohen Übersättigungen aus und können daher grob kristallisiert werden. Eine Ausnahme von dieser Regel ergibt sich dann, wenn gut lösliche Stoffe eine langsame Wachstumskinetik aufweisen. Dies kommt zum Beispiel in der Kristallisation von großen Molekülen, z. B. Wirkstoffen in der Pharmaindustrie, vor.

Die entstehende Kristallgrößenverteilung kann berechnet werden. Dies erfolgt bisher allerdings meist nur im Rahmen von wissenschaftlichen Untersuchungen. Für diese Berechnung sind die Populationsbilanz und die instationäre Stoffbilanz zu lösen (Abb. 4.5). Die Populationsbilanz beschreibt die Änderung der Anzahl von Kristallen in einer Größenklasse als Funktion der Wachstums- und Keimbildungsvorgänge. Ferner können Agglomerations- und Bruchvorgänge in die Berechnung einfließen. Damit der durch Wachstum und Keimbildung erfolgende Übersättigungsabbau berücksichtigt werden kann, muss simultan zur Lösung der Populationsbilanz die Lösung der Stoffbilanz erfolgen. Aus der Stoffbilanz erhält man die aktuelle Konzentration, bzw. Übersättigung der Lösung.

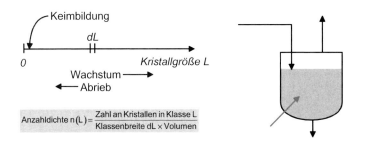

Populationsbilanz

$$\frac{\partial n}{\partial t} = -\frac{\partial (Gn)}{\partial L} - D(L) + B(L) + \sum_i n_i \frac{\dot{V}_i}{V}$$

Stoffbilanz

$$\varepsilon \frac{dc}{dt} = \frac{\dot{V}_{ein}}{V} c_{ein} - \frac{\dot{V}_{aus}}{V} c - (\rho_s - c) \frac{A_{Krist}}{V} G$$

Abbildung 4.5 Zusammenhang zwischen Populationsbilanz und Stoffbilanz.

4.3
Vereinfachung der Anzahldichtebilanz (MSMPR-Bedingungen)

Die allgemeine Anzahldichtebilanz dient zur Simulation von beliebigen, insbesondere instationären Kristallisationsbedingungen. Wird der Kristallisator aber unter den so genannten MSMPR-Bedingungen betrieben (Abb. 4.6), so kann die Partikel-

> **Mixed Suspension Mixed Product Removal ist eine reproduzierbare Labormethode.**

Mit dieser Methode können Wachstumsgeschwindigkeit und Keimbildungsrate aus der Partikelgrößenverteilung ermittelt werden.

Vorgehen: kontinuierliche Kristallisation, stationär repräsentativer Produktabzug

Nachteil: sehr aufwendig

Wie? Lösung der Populationsbilanz

$$n(L) = n_0 \exp\left(-\frac{L}{G\tau}\right)$$

Keimbildungsrate
$B_0 = n_0 G$

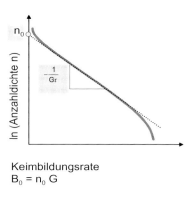

Abbildung 4.6 MSMPR-Vereinfachung.

größenverteilung durch ein einfaches Exponentialgesetz beschrieben werden. Die erhaltene Gleichung erlaubt es, bei bekannter Verweilzeit τ die Wachstumsgeschwindigkeit G bei der die Kristalle gewachsen sind, aus der gemessenen Partikelgrößenverteilung zu ermitteln. Ebenfalls lässt sich die Rate B_0 mit der neue Partikel gebildet werden aus dem Achsenabschnitt in der halb logarithmischen Darstellung der Anzahldichte als Funktion der Partikelgröße ermitteln. Verfügt man zu diesem Messpunkt auch noch über einen Messwert für die Übersättigung, so hat man also einen Wert für die Wachstums- und die Keimbildungskinetik erhalten. Somit stellt die MSMPR-Methode eine „genormte" Versuchseinstellung dar, aus der verhältnismäßig einfach kinetische Daten gewonnen werden können. Der trotz dieser Einfachheit mit der Methode verbundene hohe Aufwand ergibt sich unter anderem daraus, dass 6–10 Verweilzeiten an störungsfreiem Betrieb notwendig sind, bis sich ein stationärer Zustand der Partikelgrößenverteilung eingestellt hat.

4.4
Einfluss von Kristallisatorbauart, Betriebsweise und Stoffsystem auf die Kristallgrößenverteilung

Die folgend aufgeführten heuristischen Regeln haben sich als günstig für Auslegung und Betrieb von Kristallisatoren erwiesen:

1. Übersättigung nur in Gegenwart von Kristallen erzeugen
2. Übersättigung <30 % des metastabilen Bereichs
3. gute Durchmischung zur gleichmäßigen Ausnutzung des Volumens
4. alle Kristalle in Suspension halten
5. Batch-Kristallisatoren anfangs impfen
6. Einfluss von Rückführungen prüfen

4.4 Einfluss von Kristallisatorbauart, Betriebsweise und Stoffsystem auf die Kristallgrößenverteilung

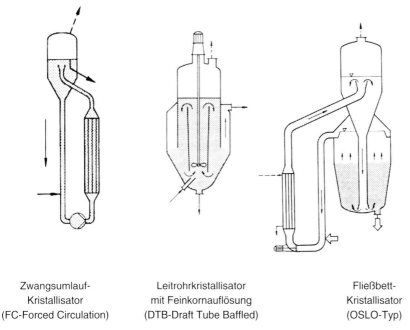

Zwangsumlauf-Kristallisator (FC-Forced Circulation)

Leitrohrkristallisator mit Feinkornauflösung (DTB-Draft Tube Baffled)

Fließbett-Kristallisator (OSLO-Typ)

Abbildung 4.7 Bauarten von Kristallisation (nach W. Wöhlk und G. Hofmann, Chem.-Ing.-Technik 57 (1985) 318–327).

In Abbildung 4.7 sind verschiedene Bauarten von Kristallisatoren dargestellt. Rührwerkskristallisatoren werden oft als Chargenkristallisatoren benutzt. Ohne zusätzliche, meist als Rohrschlangen ausgeführte innen liegende Wärmeaustauschflächen können sie in der Regel nur bis maximal 5 bis 10 m^3 Inhalt eingesetzt werden. Bei größerem Volumen wird das Verhältnis von Inhalt zu wärmeübertragender Oberfläche zu ungünstig. Deshalb kommen dann Zwangsumlauf-Kristallisatoren zum Einsatz. Der hier eingesetzte Wärmeaustauscher kann den Erfordernissen gut angepasst werden. Mit solche Kristallisatoren lassen sich je nach Stoffsystem allerdings nur mittlere Kristallgrößen bis etwa 600 μm erzielen. Wird gröberes Kristallisat gefordert, so muss je nach äußeren Randbedingungen (bauliche Gegebenheiten, verfügbare Energien) entweder ein Kristallisator mit Feinkornauflösung oder ein Fließbett-Kristallisator gewählt werden.

In Abbildung 4.8 sind beispielhaft für einen Umlaufkristallisator die wesentlichen Hauptabmessungen und die Kriterien, die bei ihrer Dimensionierung zu beachten sind, angegeben.

Besonderes Augenmerk ist natürlich auf die Pumpe zu richten. Ihre Kennlinie (Förderhöhe in Abhängigkeit von Förderstrom) und ihre Saughöhe müssen den gewünschten Betrieb sicherstellen. Bei großen Kristallisatoren kommen axial fördernde Propellerpumpen zum Einsatz. Generell sollen die verwendeten Pumpen im Punkt ihres größten Wirkungsgrades betrieben werden. Die Konstruktion der Pumpe darf keine scharfen Kanten und enge Spalten aufweisen. Langsam laufende Pumpen (große Rotoren) sind schnell laufenden Pumpen vorzuziehen.

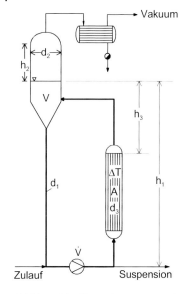

Abbildung 4.8 Hauptabmessungen eines Umlaufkristallisators und Kriterien für ihre Dimensionierung.

4.5
Produktqualität

Wesentliche Qualitätsmerkmale von Kristallisaten sind die Partikelgrößenverteilung und die Reinheit. In Abbildung 4.9 sind zwei verschiedene Kristallisate eines anorganischen Salzes dargestellt. Das feine Produkt (d_p ca. 600 μm) wird konventionell gewonnen. Das grobe Produkt (d_p ca. 2000 μm) wird in speziellen Kristallisatoren (Leitrohr-Kristallisator mit Feinkornauflösung oder Fließbett-Kristallisator) produziert.

In Abbildung 4.10 ist der Mikroschnitt eines Kristalls mit Einschlüssen dargestellt. Das Kristallisat mit Einschlüssen ist bei sehr großen Übersättigungen in einem Leitrohr-Kristallisator mit Feinkornauflösung gewachsen. In den Einschlüssen befindet sich verunreinigte Mutterlauge, die während der Trocknung nur sehr schwer aus dem Kristallisat zu entfernen ist. Nach der Trocknung bleiben die schwer flüchtigen Verunreinigungen im Kristall zurück.

In Abbildung 4.11 ist ein Leitrohrkristallisator mit Feinkornauflösung schematisch dargestellt. Mithilfe der außen liegenden Klassierzone kann dem Kristallisator ein Suspensionsstrom $\dot{M}_F$ entnommen werden und dem als Feinkornauflöser wirkenden Wärmeübertrager zugeführt werden. Durch die Geometrie der Klassierzone und die Größe des Suspensionsstroms wird sichergestellt, dass nur Feingut, welches kleiner als eine vorgegebene Trenngrenze $\dot{L}_F$ ist, aufgelöst wird. Die beiden wesentlichen Parameter, mit denen eine Feinkornauflösung bei kontinuierlicher Kristallisation charakterisiert wird, sind somit die Trennkorngrenze $\dot{L}_F$ und das Stromverhältnis R.

Abbildung 4.9 Grobes und feines Kristallisat eines anorganischen Salzes (Ammoniumsulfat). Quelle: BASF AG

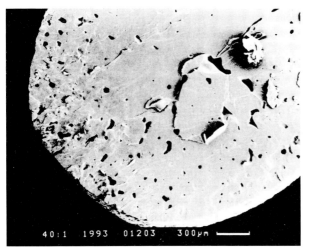

Abbildung 4.10 Mikroschnitt eines Kristalls mit Einschlüssen (Ammoniumsulfat). Quelle: BASF AG

Durch die Auflösung der kleinen Kristalle werden dem Kristallisator viele der gebildeten Keime entnommen. Die verbleibenden Kristalle wachsen bei erhöhter Übersättigung und werden schneller groß. Neben der erwünschten Kornvergröberung kann jedoch auch die in Abbildung 4.10 dargestellte Bildung von Einschlüssen die Folge sein.

Eine weitere unerwünschte Eigenschaft von Kristallisatoren mit Feinkornauflösung kann das instationäre Verhalten der Kristallgrößenverteilung sein. In Abbildung 4.12 ist erkennbar, welche dramatischen Ausmaße ein solches instationäres Verhalten annehmen kann. Wenn zu Beginn einer Beobachtungsperiode ein immer größer werdender Anteil an grobem Material gebildet wird, erhöht sich die Übersät-

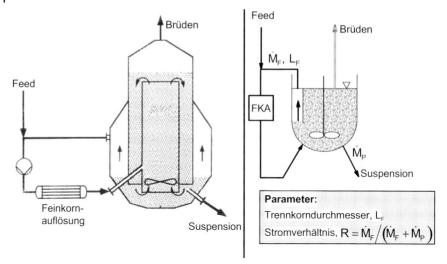

Abbildung 4.11 Schematische Darstellung eines Leitrohrkristallisators mit Feinkornauflösung. Trennkorndurchmesser und Stromverhältnis charakterisieren die Intensität der Feinkornauflösung.

tigung im Kristallisator laufend. Schließlich kommt es zu einem unerwünschten Keimbildungsschauer, der in der Folgezeit zu einer drastischen Abnahme der mittleren Kristallgröße führt. Solch ein Verhalten stellt das in Abbildung 4.1 dargestellte Gesamtsystem vor große Betriebsprobleme und muss auf jeden Fall vermieden oder beseitigt werden. Eine wirkungsvolle Methode zur Unterdrückung solcher Schwingungen kann die kontinuierliche Zufuhr von Kristallkeimen sein. Sie ist dann wirkungsvoll, wenn die Intensität der Feinkornauflösung zu hoch ist und dadurch zu viele Kristallkeime aufgelöst werden.

Neben einer Verarmung des Kristallisators an Kristallkeimen aufgrund einer zu hohen Intensität der Feinkornauflösung kann auch ein klassierender Produktabzug,

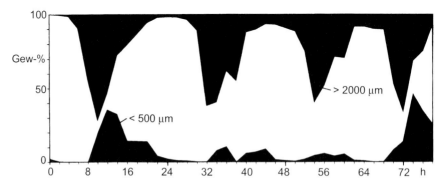

Abbildung 4.12 „Schwingende" Kristallgrößenverteilung aus einem Leitrohrkristallisator mit Feinkornauflösung.

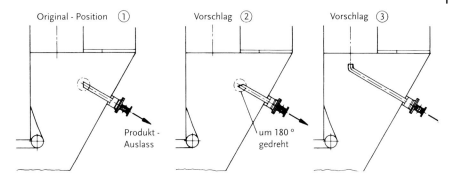

Abbildung 4.13 Original-Position eines Produkt-Auslassrohrs und zwei Möglichkeiten zu seiner Modifikation mit dem Ziel einer repräsentativen Produktentnahme.

also die bevorzugte Entnahme bestimmter Fraktionen aus dem Kristallisator, Ursache für Schwingungen sein.

In Abbildung 4.13 ist der Grund für eine ungewollte klassierende Produktentnahme in der konstruktiven Ausführung des Entnahmestutzens zu sehen. In der Original-Einbauposition können große Kristalle schwerer in den Abzugsstutzen gelangen als kleine. Es findet also eine Klassierung statt. Die Änderungsvorschläge zielen auf eine repräsentative, also nicht klassierende Produktentnahme hin.

4.6 Anfahren und Reisezeit

Das Anfahren von Kristallisatoren bestimmt unter anderem ganz wesentlich ihre Reisezeit, das heißt die Dauer der Zeitintervalle, zwischen denen gespült werden muss.

Bei kontinuierlicher Fahrweise wird, wenn überhaupt (s. o.) ein stationärer Zustand, das heißt eine gleich bleibende Kristallgrößenverteilung, erst nach 6 bis 10 Verweilzeiten erreicht. Bei Kristallisatoren mit langer Verweilzeit kann es also Tage dauern, bis der Kristallisator stationär läuft. Um diese Anfahrzeit zu reduzieren, empfiehlt es sich, den Kristallisatorinhalt vor der Abstellung in suspendiertem Zustand zu lagern und ihn als Anfahrvorlage einzusetzen. Neben einer verkürzten Anfahrperiode werden auf diese Weise auch die anfänglichen hohen Übersättigungsspitzen und Keimbildungsschauer vermieden. Diese Übersättigungsspitzen können Ursache für Verkrustungen sein, die dann aufwachsen und zu frühzeitigem erneutem Reinigen des Kristallisators zwingen. Sie können also eine Verkürzung der Reisezeit zur Folge haben.

Auch bei diskontinuierlicher Fahrweise ist darauf zu achten, dass anfängliche Übersättigungsspitzen vermieden werden. Impfen und eine geeignete Temperaturführung sind sehr probate Mittel, um gröberes Kristallisat zu erlangen. Impfkristalle können als Trockengut oder als Suspension zugegeben werden oder aber sie werden durch ein entsprechendes Temperatur-/Abdampfprogramm (Temperaturschleife) im Kristallisator selbst erzeugt.

Neben diesen, durch anfängliche Übersättigungsspitzen hervorgerufenen Verkrustungen können Verkrustungen natürlich auch an Kältebrücken, durch Sedimentation an Strömungshindernissen und Umlenkungen sowie durch Festklemmen von Kristallen in engen Spalten begründet sein. Diesen Ursachen für Verkrustungen kann nur konstruktiv begegnet werden.

In der Regel müssen Kristallisatoren an kritischen Stellen in regelmäßigen Abständen gespült werden (Spülprogramm). Spülvorgänge sollten kurz, aber mit deutlich untersättigter Lösung oder gar mit reinem Lösungsmittel durchgeführt werden. Beim Spülvorgang müssen alle Verkrustungen vollständig aufgelöst werden.

4.7
Mess- und Regeltechnik

Eine gezielte Steuerung der Korngröße wird selten vorgenommen. Dies liegt an den hohen Kosten für die entsprechende Inline-fähige Messtechnik. Soll sie dennoch durchgeführt werden, so sollte bei absatzweise betriebenen Kristallisatoren die Produktkorngrößenverteilung selbst gemessen und die Betriebsparameter danach eingerichtet werden. Bei der kontinuierlichen Kristallisation ist eine Steuerung der Keimbildung notwendig. Dazu sind Inline-Streulichtsonden (siehe Abb. 4.14) gut geeignet. Ihr Signal sagt etwas darüber aus, wie hoch die Keimkonzentration zu einem bestimmten Zeitpunkt ist. Eine solche Sonde sollte an einer Stelle im Apparat eingebaut werden, an der sich auf Grund von z. B: Sedimentation des Grobgutes nur Feingut befindet.

Abbildung 4.14 Rückstreusonde für Inline-Einsatz in Suspensionen (Quelle: BASF AG).

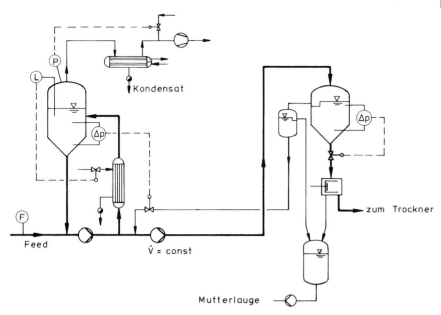

Abbildung 4.15 Regelkonzept für eine kontinuierlich betriebene Verdampfungskristallisation.

In Abbildung 4.15 ist beispielhaft das Regelkonzept einer Anlage zur kontinuierlichen Verdampfungskristallisation wiedergegeben. Auf den Feststoffgehalt wird anhand einer Druckdifferenz, d. h. anhand der Dichte der Suspension geschlossen. Als Stellgröße zur Regelung des Feststoffgehaltes dient der Mengenstrom an ausgetragenem Produkt. Dieser Mengenstrom wird im vorliegenden Fall durch Zudosierung von Rücklösung aus dem Eindicker kontrolliert. Für Betriebsanalysen ist eine gute Bilanzierung aller ein- und austretenden Ströme notwendig. In der Regel ist dazu eine elektronische Messdatenerfassung erforderlich.

5
Agglomeration bei der Kristallisation

W. Beckmann

Die Bildung von Agglomeraten wird bei einer Reihe von Prozessen der Feststoffverfahrenstechnik beobachtet, insbesondere bei der Erzeugung von Feinstpartikeln durch Fällung. Die Agglomeration kann alle wesentlichen Aspekte der Feststoffverfahrenstechnik, von der Partikelerzeugung bis zur Verarbeitung, betreffen. Hier sollen die wichtigsten Vorgänge bei der Agglomeration diskutiert werden. Dabei wird der Begriff Agglomeration sowohl für die Bildung von lose zusammenhängenden, nicht verwachsenen Partikeln als auch für die Bildung von über Feststoffbrücken verwachsenen und nur schwer zu zerstörenden Aggregaten benutzt. In beiden Fällen weisen die Partikel zueinander eine statistische Orientierung auf (Abb. 5.1).

Abbildung 5.1 Beispiel für ein Agglomerat. Die Primärpartikel haben eine Größe von ≈3 µm, das Agglomerat ist ≈20 µm groß. Die Primärpartikel weisen eine statistische Orientierung zueinander auf.

5.1
Einführung

Die Agglomeration ist ein bislang nicht vollständig durchdrungener Prozess. Die Beschreibung der Agglomeration und der beteiligten Prozesse macht Fortschritte, allerdings

Kristallisation in der industriellen Praxis. Herausgegeben von Günter Hofmann
Copyright © 2004 WILEY-VCH Verlag GmbH & Co. KGaA, Weinheim
ISBN: 3-527-30995-0

lassen sich Agglomerationsprozesse nur in den seltensten Fällen qualitativ beschreiben, Agglomerationsraten sind für viele Stoffsysteme nicht vorhersagbar. Die zur Agglomeration führenden Kräfte sind nur unzureichend bekannt und die Formalismen schwierig zu handhaben. Einer experimentellen Überprüfung der Modellvorstellungen steht häufig entgegen, dass die Prozesse der Agglomeration eng mit denen der Keimbildung und des Kristallwachstums verbunden sind (adaptiert von Mersmann et al.).

Eine Reihe von Parametern kann auf die Agglomeration verstärkend wie abschwächend wirken, wobei auch der Bereich für den Übergang vom Stoffsystem abhängt. Daher werden hier Einflussgrößen anhand von Beispielen diskutiert:

- Illustrierend wird eingeleitet mit Informationen über Haushalts- und andere Zucker,
- danach werden die Agglomeration und die Auswirkung auf einzelne Teilaspekte der Feststoffverfahrenstechnik diskutiert,
- anschließend werden einführend die Mechanismen der Agglomeration erläutert.
- Danach sollen die Einflussgrößen zusammengefasst und noch fehlende Größen anhand weiterer Beispiele dargestellt werden.
- Abschließend werden Techniken zur gezielten Agglomeration vorgestellt und
- es werden mögliche Einflüsse der Agglomeration auf die Bestimmung der Korngrößenverteilungen bei der Kristallisation vorgestellt.

5.2
Beispiel Zucker

Haushaltszucker ist als grobkörniges, gut rieselfähiges Produkt bekannt, die mittleren Korngrößen liegen bei 700 µm und man findet keine Agglomerate. Auch Puderzucker ist bei adäquater Lagerung gut rieselfähig; kann jedoch bei feuchter Lagerung verklumpen, agglomerieren. Käuflicher Puderzucker weist mittlere Korngrößen von 100 µm auf. Wird Haushaltszucker auf wesentlich geringere Korngrößen vermahlen, z. B. in Spiralstrahlmühlen auf typische 5...10 µm, so kommt es zu Verklebungen in der Mühle und speziell im Auffanggefäß.

Im Gegensatz zu Haushaltszucker, Saccharose, lassen sich andere Hexosen leicht in Strahlmühlen auf Korngrößen unter 3 µm mahlen, ohne dass es zu nennenswerten Verklebungen kommt. Es ist bemerkenswert, dass das Mahlgut dennoch sehr gut ohne Hilfsstoffe zu über 5 mm großen Kugeln agglomeriert werden kann.

Die Agglomeration ist damit sowohl stoffspezifisch wie auch von den Korngrößen abhängig.

Zur Kristallisation der eng begrenzten Kornfraktion von Haushaltszucker ist ein Saatprozess erforderlich. Zur Erzeugung der Saat kann Zucker z. B. in Isopropanol auf Korngrößen um 10 µm vermahlen und dem Sud zugesetzt werden. Wie in Abbildung 5.2 gezeigt, neigen die Partikel in dieser Slurry zur Agglomeration. Wird die Suspension mit nur geringem Energieeintrag von 10 W m^{-3} gerührt, steigt der

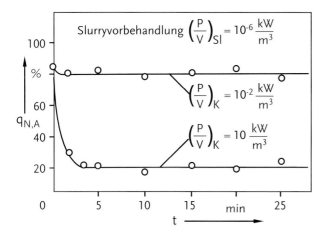

Abbildung 5.2 Änderung des Agglomerationsgrades von nass vermahlenem Zucker als Funktion der Zeit für zwei verschiedene Energieeinträge beim Suspendieren.

Grad der Agglomeration auf ≥80 %. Durch eine Erhöhung des Energieeintrags auf 10 kW m^{-3} kann der Grad der Agglomeration geringer gehalten werden, wobei ein Energieeintrag dieser Größenordnung ein erheblicher Wert ist. Die Agglomeration kann gleichfalls durch die Vermahlung in einem anderen Lösemittel wie Glyzerin unterdrückt werden.

Die Effekte zeigen, dass die Agglomeration unter anderem abhängt von Oberflächeneigenschaften, der Korngröße, der die Partikel umgebenden Mutterphase und der betrachteten chemischen Spezies.

5.3
Agglomeration bei der Feststoffverfahrenstechnik

Die Bildung von Agglomeraten kann sowohl bei der Feststoffbildung, der Kristallisation und insbesondere bei der Fällung als auch bei down-stream-Prozessen beobachtet werden bzw. einen Einfluss haben.

Die Agglomeration tritt insbesondere bei der Kristallisation auf, da hier deutliche Übersättigungen vorliegen und es zu einem Verwachsen einmal agglomerierter Partikel kommen kann. Dabei neigen kleine Partikel, wie sie bei der Fällung gebildet werden, stärker zur Agglomeration als große Partikel, wie sie bei der Kristallisation entstehen.

Die Agglomeration feiner Partikel lässt sich zur Verbesserung der Filtrierbarkeit von Fällungen ausnutzen. Die Permeabilität des Filterkuchens ist für feinste Partikel typischerweise geringer und lässt sich durch die Bildung von Agglomeraten drastisch erhöhen. Auf der anderen Seite können Agglomerate erhebliche Mengen Mutterlauge einschließen, so dass der Aufreinigungseffekt der Kristallisation verschlechtert werden kann (Abb. 5.3).

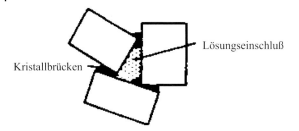

Abbildung 5.3 Bildung von Einschlüssen von Mutterlauge bei der Agglomeration. Diese Einschlüsse können einem Waschprozess nur noch unzureichend zugänglich sein und bei der Fest-Flüssig-Trennung nur unvollständig entwässern.

Bei der Trocknung kann es ebenfalls zur Agglomeration kommen, insbesondere durch die Bildung von Brücken aus trocknender Mutterlauge. Durch die erhöhte Temperatur bei der Trocknung kann sich die Löslichkeit erhöhen. Da sich mehr Material in der flüssigen Phase löst, wird die Bildung von Feststoffbrücken unterstützt.

Insbesondere nadelförmige Kristallisate neigen zudem zur Agglomeration über eine Verfilzung. In bewegten Trocknern wie Konus- oder Schaufeltrocknern kann es letztlich auch zur Agglomeration durch die Bildung von Aufrollungen kommen. Diese können bis zu mehrere Zentimeter Größe aufweisen. In Abbildung 5.4 sind SEM-Aufnahmen eines nadelförmigen Produkts dargestellt, das durch Trocknung in einem Schaufeltrockner zu Aufrollungen geführt hat.

Schließlich lässt sich die Bildung von Agglomeraten auch im Silo oder Gebinde beobachten, entweder durch den Einfluss von Restfeuchte oder durch eine mechanische Belastung durch die Schüttung.

Abbildung 5.4 SEM-Aufnahmen eines Produkts mit nadelförmigem Habitus, das in einem Schaufeltrockner getrocknet wurde. Durch die Rollierbewegung ist es zur Bildung von Aufrollungen und damit zur Agglomeration gekommen.

5.4
Kräfte bei der Agglomeration

Die Prozesse bei einer Agglomeration können heruntergebrochen werden auf Kollisionen von zwei kleineren Aggregaten und auf die Bindungsstärke innerhalb dieser Aggregate.

Zur Bildung und Stabilisierung eines Agglomerats sind zwei Prozesse erforderlich. Die beiden Partner müssen in Kontakt gebracht werden und im Anschluss dürfen diese Agglomerate nicht wieder zerfallen. In beiden Fällen spielen die Kräfte zwischen Partikeln eine entscheidende Rolle, wobei hier von gleichartigen Partikeln ausgegangen werden kann. Zwischen gleichartigen Partikeln können zwei Arten von Kräften wirken:

- die van der Waals Anziehung, die eine sehr kurze Reichweite aufweist und damit im Vergleich zur Masse der Partikel eine untergeordnete Rolle spielt.
- die Coulombschen Kräfte zwischen geladenen Partikeln, die eine größere Reichweite aufweisen. Allerdings sind diese Kräfte für gleichartige Partikel immer repulsiv (Abb. 5.5). Die Reichweite der elektrostatischen Kräfte hängt für wässrige Systeme von der Ionenstärke ab. Für Konzentrationen von 0,1 bzw. 10^{-5} mol l^{-1} liegen diese zwischen 1 und 100 nm. Durch eine Veränderung der Mutterphase, z. B. durch eine Änderung des pH-Wertes in wässrigen Systemen, lässt sich die Oberflächenladung verändern, diese ist am isoelektrischen Punkt null (Abb. 5.6).

Die beschriebenen Kräfte zwischen Partikeln sind relativ schwach und nur für Aggregate <10 µm von Bedeutung. Für Agglomerate im >100 µm Bereich müssen zwischen den Partikeln Feststoffbrücken ausgebildet werden. Abbildung 5.7 zeigt den Vorgang schematisch. Partikel werden zusammenstoßen, in den gebildeten Zwickeln kommt es bei positiven Übersättigungen zum Kristallwachstum, wodurch die Bindung der Partikel verfestigt wird. Je höher die herrschende Übersättigung ist desto effektiver ist die Bildung dieser Feststoffbrücken und damit die Festigkeit der Agglomerate.

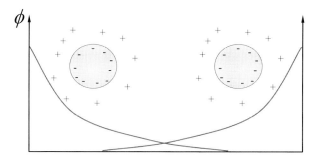

Abbildung 5.5 Repulsive Kräfte zwischen gleich geladenen Partikeln. Um die Partikel zu agglomerieren, muss die Potenzialwolke durchstoßen werden.

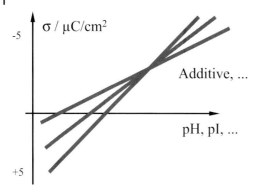

Abbildung 5.6 Abhängigkeit der Oberflächenladung von Partikeln in Abhängigkeit von pH-Wert, Ionenstärke oder der Konzentration von Additiven in der Lösung. Durch Veränderung dieser Parameter lässt sich die Oberflächenladung und damit die Neigung zur Agglomeration verändern.

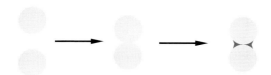

Abbildung 5.7 Bildung von Feststoffbrücken bei der Agglomeration durch Kristallisation zwischen Partikeln. Für diesen Prozess ist eine Übersättigung der Mutterphase erforderlich.

Für eine Beschreibung der Kinetik der Agglomeration wird ein quasi biomolekularer Ansatz gemacht:

$$-\dot{N} = \alpha \cdot \beta \cdot N^2 \tag{1}$$

Dabei ist N die Partikeldichte. Die Kollisionswahrscheinlichkeit und damit gleichzeitig die Rate der Agglomeration hängt vom Quadrat der Partikeldichte ab. Die Parameter bedeuten:

- α die Effektivität des biomolekularen Stoßes, die gewöhnlicherweise gleich eins gesetzt wird und
- β der so genannte Agglomerations- oder Kollisionskernel, der vom Mechanismus der Agglomeration und von der Partikelgröße abhängt; dieser Wert ändert sich mit der Agglomeration.

In Abbildung 5.8 sind Werte für den Agglomerationskernel als Funktion der Partikelgröße bei der Agglomeration von gleich großen Teilchen für verschiedene Mechanismen aufgetragen. Je nach Partikelgröße sind zwei Mechanismen geschwindigkeitsbestimmend:

5.5 Einflussgrößen bei der Agglomeration

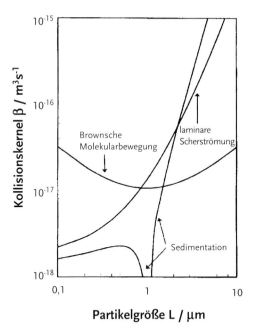

Abbildung 5.8 Werte für den Kollisionskernel β bei der Agglomeration gleich großer Partikel. Die Werte sind als Funktion der Größe der agglomerierenden Partikel aufgetragen. Es werden unterschiedliche Mechanismen der Agglomeration verglichen.

- bei $L < 1\,\mu m$ ist die Brownsche Molekularbewegung ausreichend groß, damit Partikel aufeinander stoßen können; man spricht von perikinetischer Agglomeration und
- für $L > 1\,\mu m$ ist ein Geschwindigkeitsgradient in der Suspension erforderlich, i. A. ein Rühren der Suspension; Partikel mit unterschiedlicher Geschwindigkeit werden in der Suspension aufeinander treffen, man spricht von orthokinetischer Agglomeration.

5.5
Einflussgrößen bei der Agglomeration

Im Folgenden werden einzelne Einflussgrößen auf die Agglomeration anhand von Beispielen vorgestellt.

Halbwertszeit der Agglomeration
Aus der kinetischen Gleichung kann auf die Halbwertszeit für die Agglomeration geschlossen werden:

$$\tau_{1/2} = \frac{1}{\alpha \beta N_o} \tag{2}$$

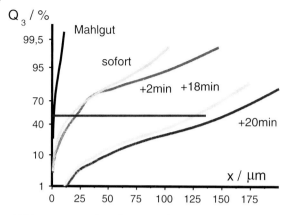

Abbildung 5.9 Zunahme der massenbezogenen Korngrößenverteilung einer Suspension von ≈5 µm großen Partikeln. Die Agglomeration ist für Zeiten bis 20 min erfasst. Für Partikel >100 µm kommt die Agglomeration praktisch zum Erliegen.

Für eine Anschlämmung von 5 µm großen Partikeln mit einer Konzentration von 50 g L^{-1} ist $N_0 \approx 10^{15}$ m^{-3}. Aus Abbildung 5.8 folgt $\beta \approx 5 \times 10^{-17}$ m^3 s^{-1}, woraus $t_{½} \approx 30$ s wird. In Abbildung 5.9 ist die Partikelgrößenverteilung einer solchen Anschlämmung als Funktion der Zeit dargestellt. Man erkennt, dass die Agglomeration bis zu Zeiten ≤120 s sehr schnell zu groben Körnern führt, dann aber zu einem relativ stabilen Wert führt; die Agglomeration von Partikeln >100 µm kommt praktisch zum Erliegen.

Partikeldichte

Der aus der kinetischen Gleichung ableitbare Einfluss der Partikeldichte auf die Agglomeration ist in Abbildung 5.10 dargestellt. Hier ist der Agglomerationsgrad

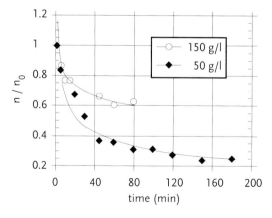

Abbildung 5.10 Abnahme der Partikeldichte durch Agglomeration als Funktion der Zeit für Zucker unterschiedlicher Suspensionsdichten.

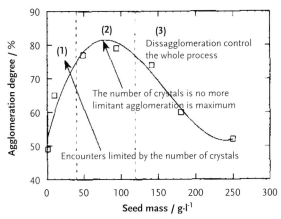

Abbildung 5.11 Einfluss der Partikeldichte auf die Konkurrenz zwischen Agglomeration und Desagglomeration. Bei einer geringen Partikeldichte überwiegt die Agglomeration, bei einer hohen Partikeldichte die Desagglomeration.

ausgedrückt als Partikeldichte bezogen auf die Ausgangskonzentration der Partikel. Die Partikeldichte nimmt ab, wobei für höher konzentrierte Lösungen die Abnahme langsamer ist.

Die Konkurrenz zwischen Agglomeration und Desagglomeration wird auch durch Abbildung 5.11 deutlich, wo der Agglomerationsgrad als Funktion der Suspensionsdichte für eine Saat für den Bayer-Prozess dargestellt ist. Nimmt zunächst der Agglomerationsgrad entsprechend der o. g. Agglomerationskinetik mit der Suspensionsdichte zu, so wird für hohe Suspensionsdichten die Desagglomeration bestimmend.

Übersättigung

Der Einfluss der Übersättigung auf die Effektivität der Agglomeration ist exemplarisch in Abbildung 5.12 gezeigt, wo der mittlere Durchmesser der Agglomerate als Funktion der Zeit für drei verschiedene Übersättigungen dargestellt ist.

Man erkennt auch hier, dass die Zunahme und damit die Agglomeration bei Partikelgrößen von ≈20 µm zum Erliegen kommt.

Rührintensität

In Abbildung 5.13 ist der Einfluss des Rührens auf den mittleren Durchmesser der Agglomerate als Funktion der Zeit und für unterschiedliche Rührintensitäten dargestellt. Der Trend zu geringeren Durchmessern nimmt zunehmender Rührintensität zu und kann auf die zunehmende Zerstörung von Agglomeraten zurückgeführt werden.

124 | 5 Agglomeration bei der Kristallisation

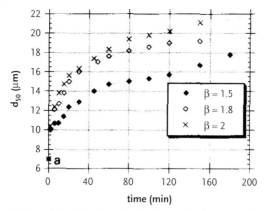

Abbildung 5.12 Zunahme der Größe von Agglomeraten als Funktion der Zeit für Übersättigungen von 50, 80 und 100 %.

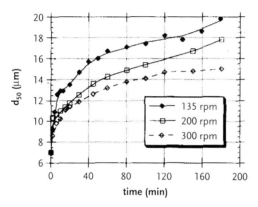

Abbildung 5.13 Mittlerer Durchmesser von Agglomeraten als Funktion der Zeit für drei verschiedene Rührintensitäten.

5.6
Sphärische Agglomeration

Die Bildung von sphärischen Agglomeraten kann anhand von Paracetamol erläutert werden. Paracetamol wird durch eine Verdrängung aus einem Primärlösungsmittel mit einem Antisolvent in der Form von feinen Partikeln erhalten. Diese Partikel lassen sich nur unzureichend verarbeiten, durch eine Agglomeration wird die Formulierbarkeit verbessert.

Für die Agglomeration wird eine „binding liquid" eingesetzt, eine Flüssigkeit, die die Kristalle gut benetzt, aber mit der Mutterphase nicht mischbar ist. Die Flüssigkeit überzieht die Primärkristalle mit einem dünnen Film, der nach einem Zusammenstoßen von Partikeln durch die Bildung einer gemeinsamen Hülle das Zerbrechen verhindert (Abb. 5.14).

Abbildung 5.14 Bildung von sphärischen Agglomeraten von Paracetamol durch eine inverse Verdrängungskristallisation. Dem Antisolvent ist eine „binding liquid" zugesetzt. Diese Flüssigkeit ist weder mit dem Primärlösemittel noch mit dem Antisolvent mischbar, benetzt aber die Kristalle. Der Agglomerationsprozess wird durch eine Umhüllung und damit Stabilisierung der Agglomerate unterstützt.

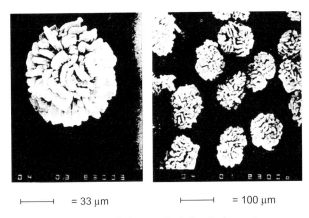

⊢⎯⎯⊣ = 33 μm   ⊢⎯⎯⊣ = 100 μm

Abbildung 5.15 SEM-Aufnahmen sphärischer Agglomerate von Paracetamol. Man beachte die relativ gleichmäßige Größe der Agglomerate.

Die Auswahl der Lösungsmittel ist komplex, im vorliegenden Beispiel wurde THF als primäres Lösungsmittel, eine Mischung von Hexan und Trichlormethan als Antisolvent und Wasser als „binding liquid" (da Wasser Paracetamol löst, muss es vorher mit Wirkstoff gesättigt werden) gewählt.

Die Bildung sphärischer Agglomerate erfolgt nur in einem eng begrenzten Mischungsverhältnis der drei Lösungsmittel THF, Hexan und Trichlormethan. In Abbildung 5.15 sind sphärische Agglomerate von Paracetamol dargestellt. Es fällt die relativ gleichmäßige Größenverteilung der Agglomerate auf.

Es sei erwähnt, dass „binding liquids" auch zur reversiblen Agglomeration eingesetzt werden, z. B. zur Erhöhung der Filtrierbarkeit von Suspension feinster Partikel, ohne die Korngrößenverteilung nachhaltig zu beeinflussen. Hier setzt man i. A. leicht verdampfbare Flüssigkeiten ein. Die Agglomerate zerfallen nach der Trocknung wieder.

5.7
Aspekte der Vermessung der Korngrößenverteilung von Agglomeraten

Die Vermessung von Korngrößenverteilungen erfolgt oft mit summarischen Methoden, z. B. Laserdiffraktometrie. Diese Methoden sind in der Lage, eine große Anzahl von Partikeln zu erfassen, womit statisch relevante Daten anfallen. Allerdings ist bei diesen Methoden die Art der Dispergierung entscheidend, insbesondere wenn Agglomerate vorliegen. So kann – z. B. bei Beugungsmethoden – die Dispergierung erfolgen:

- trocken mit unterschiedlichen Dispergierdrucken oder
- in Suspension unter Einsatz verschiedener Dispergiermittel und dem Eintrag mechanischer Energie.

In beiden Fällen wird das Ergebnis der Korngrößenverteilung vom Agglomerationsgrad, dem Zusammenhalt der Partikel und der bei der Messung eingetragenen Energie abhängen. Die vermessenen Korngrößenverteilungen sollen für das Produkt charakteristisch sein. Hier ist zu bemerken, dass bei Agglomeraten die Daten auch von der bei der Weiterverarbeitung eingetragenen Dispergierenergie abhängen.

So wurde für ein bestimmtes Produkt gefunden, dass es sich nach einiger Zeit der Lagerung bei der Vermessung durch Trockendispergierung als vergröbert erwies. REM-Aufnahmen der Kristalle zeigten keinerlei Vergröberungen, auch waren keine Agglomerate zu erkennen. Einzig die leichte Verzahnung der Kristalle hatte bei den eingestellten niedrigen Dispergierenergien zu veränderten Werten geführt.

Für ein Produkt mit nadelförmigem Habitus wurde gefunden, dass die Nadeln bei der Trocknung zur Bildung von Agglomeraten neigen (Abb. 5.4). Eine Vermessung der Korngrößenverteilung mittels Laserbeugung zeigte abhängig von der Methode der Dispergierung unterschiedliche Ergebnisse (Abb. 5.16). Bei der Trockendispergierung wurden hauptsächlich die Primärpartikel erfasst, bei der Vermessung in Suspension hingegen hauptsächlich Agglomerate.

Summarischen Methoden haftet naturgemäß der Nachteil an, keine Informationen über die Partikel selbst zu liefern, i. e., ob es sich um Primärteilchen oder

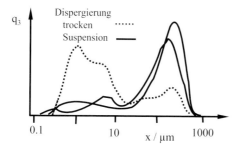

Abbildung 5.16 Vermessung der Korngrößenverteilung des in Abbildung 5.4 dargestellten Produkts mittels Laserbeugung für trocken dispergierte Proben und für Messungen in Suspension.

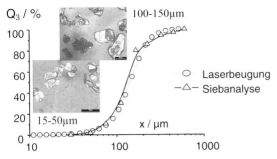

Abbildung 5.17 Vergleich der Bestimmung der Korngrößenverteilung durch Laserbeugung und Siebanalyse; die Daten stimmen gut überein. Eingeblendet sind lichtmikroskopische Aufnahmen der Fraktion 0…30 µm und 120…200 µm. Die kleinen Partikel bestehen aus Primärkorn, die größeren Partikel z. T. bereits aus Agglomeraten. Die Agglomerate sind durch den unregelmäßigen Habitus und die nicht mehr vorhandene Transparenz zu erkennen.

Agglomerate handelt. Hier sind bildgebende Verfahren zur Charakterisierung vorzuziehen oder zumindest unterstützend heranzuziehen.

Ebenso kann der Probenumfang einen entscheidenden Einfluss auf das Ergebnis haben. Für ein nur wenig zur Agglomeration neigendes Produkt stimmen die Bestimmung mittels Laserbeugung sowie die Siebanalyse einer Probe überein (Abb. 5.17). Eine lichtmikroskopische Inspektion der einzelnen Siebfraktionen zeigt, dass der Hauptanteil des Produkts bis ≈250…500 µm aus Einzelkörnern, aber die, massenmäßig geringe, Fraktion >500 µm hauptsächlich aus Agglomeraten zusammengesetzt ist (vgl. Insert in Abbildung 5.17). Eine Siebung einer größeren Charge zeigt zusätzlich weit größere Agglomerate, ein Anteil von ≈1 % liegt in bis zu 2 cm großen Agglomeraten vor.

5.8
Härte von Agglomeraten

Eine relativ einfache, aber informative Abschätzung der Härte von Agglomeraten wurde kürzlich vorgestellt. Hierbei wird Agglomerat auf einem Objektträger in Öl suspendiert und mithilfe eines Deckglases mechanisch zerrieben. Dieser Prozess wird mikroskopisch beobachtet (Abb. 5.18). Weiche Agglomerate verschmieren schnell in kleinere Agglomerate bzw. „Einzelkörner". Die Verwendung eines Deckglases begrenzt die mechanische Belastung der Agglomerate.

Mit diesen Messmethoden lässt sich die Härte der Agglomerate abschätzen. Eine quantitative Bestimmung der Härte von Agglomeraten ist durch Messung an Einzelkörnern möglich, ebenso besteht die Möglichkeit, Messungen an Schüttungen vorzunehmen.

128 | 5 Agglomeration bei der Kristallisation

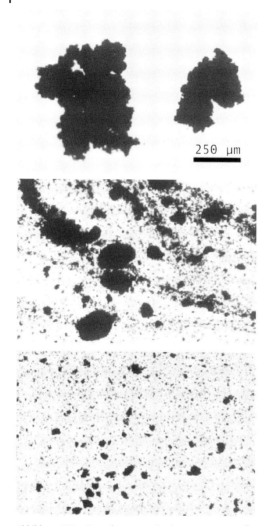

Abbildung 5.18 Zerreibung von Agglomeraten unter Öl zwischen Objektträger und Deckglas. Weiche Agglomerate lassen sich leicht zerreiben, härtere überdauern diesen Prozess. Dargestellt sind das unzerriebene Produkt und eine zunehmend intensivere Zerreibung.

5.9
Zusammenfassung

Agglomeration spielt bei allen Stufen der Feststoffverfahrenstechnik eine Rolle. Primär ist die Kristallisation, und insbesondere die Fällung von feinsten Partikeln zu nennen sowie die Trocknung. Daneben ist eine Agglomeration von Partikeln auch bei der Fest-Flüssig-Trennung und in der trockenen Schüttung zu beobachten.

Die Agglomeration – bei der Kristallisation, d. h. von gleichen Partikeln – ist ein Prozess, der stark durch die Oberflächeneigenschaften der Substanz, u. a. von Oberflächenladungen, bestimmt wird, der Partikelgröße und von Additiven, von dritten Substanzen in der Suspension. Ferner wird die Agglomeration empfindlich von der Fluiddynamik in der Suspension bestimmt; auch hier spielt die Größe der Partikel eine Rolle, aber auch die eingetragene Energie.

Als einen ersten Schritt in die Behandlung der Agglomeration und in deren Bewertung kann eine mikroskopische Abbildung des Kristallisats angesehen werden; man sollte sich ein *Bild vom Produkt* machen.

Das Auftreten von Agglomeration bei der Feststoffverfahrenstechnik kann sowohl Problem wie auch Chance sein. Die Filtrierbarkeit von Suspensionen kann drastisch durch die Bildung von Agglomeraten verbessert werden, wobei es möglich ist, die Agglomeration reversibel zu gestalten, ohne die Primärkorngröße nachhaltig zu beeinflussen. Andererseits kann es bei der Bildung von Agglomeraten zum Einschluss von verunreinigter Mutterlauge kommen, so dass der Erfolg der Aufreinigung bei der Kristallisation herabgesetzt wird.

Literatur

Allgemeine Literatur

Es sind wenige Monografien bekannt, die sich ausschließlich der Agglomeration widmen. Hier sind zu nennen:
W. Pietsch, Agglomeration, VCH (2002).
Th. F. Tadros, Solid/Liquid Dispersions, Academic Press (1987).

Teilaspekte der Agglomeration finden sich in neueren Monografien zur Kristallisation:
- A. Mersmann, Crystallisation Technology Handbook, Dekker (2000).
- N. S. Tavare, Industrial Crystallisation, Plenum (1995).

6
Fremdstoffbeeinflussung in der Kristallisation

J. Ulrich

Additive vermögen die Wachstumsgeschwindigkeit und die Form von Kristallen zu verändern. Dass dies in durchaus spürbarem Maße geschehen kann, zeigen Messungen an NaCl-Kristallen, die von verschiedenen Autoren berichtet wurden (Abb. 6.1). Wie wir heute annehmen dürfen, gehen die unterschiedlichen Messwerte wohl auf unterschiedliche Gehalte an Fremdionen in den seinerzeit verwendeten Lösewässern zurück. Für Auslegung und Betrieb von Anlagen kann eine solche unbeabsichtigte Beeinflussung wirtschaftliche Konsequenzen haben. Software und

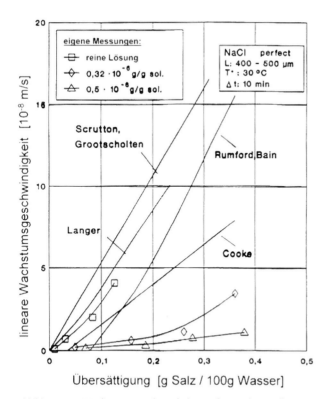

Abbildung 6.1 Wachstumsgeschwindigkeiten für NaCl-Kristalle von verschiedenen Autoren.

Kristallisation in der industriellen Praxis. Herausgegeben von Günter Hofmann
Copyright © 2004 WILEY-VCH Verlag GmbH & Co. KGaA, Weinheim
ISBN: 3-527-30995-0

6 Fremdstoffbeeinflussung in der Kristallisation

Kristallhabitus: Äussere Form des Kristalls

– kubisch
– plättchenförmig
– prismaförmig
– nadelartig
– kugelig

Einflüsse auf den Habitus:

– Zähigkeit der Lösung
– Schüttgewicht des Feststoffes
– Strömungseigenschaft des Feststoffes
– Fest-Flüssig-Trennung
– down-stream Prozess

Abbildung 6.2 Kristallformen und ihre möglichen Auswirkungen.

Simulationsprogramme gestalten die Suche nach solchen Störfaktoren bzw. – für die gezielte Beeinflussung – nach geeigneten Additiven heutzutage oft effektiver [1].

Das Ziel einer Suspensionskristallisation ist neben der Stoffreinigung auch die Formgebung des Produktes. Neben der Korngrößenverteilung eines Partikelkollektives hat auch die Form des jeweilig einzelnen Kristalls eine Bedeutung für eine Fest-Flüssig-Trennung (Abb. 6.2). Hinreichend große Kristalle mit schmaler Verteilung und möglichst kugel- oder würfelähnlicher Gestalt machen die Fest-Flüssig-Trennung optimal. Eine gute Fest-Flüssig-Trennung erhöht nicht nur die Reinheit des Produktes, sondern beeinflusst auch die „down-stream"-Prozesse und trägt damit zu einer Optimierung des Gesamtprozesses bei.

Bei den Additiven, die das Kristallwachstum beeinflussen können [2], handelt es sich um Fremdstoffe, die in so geringen Mengen zugegeben werden, dass sie das Phasendiagramm, d. h. die Löslichkeit, nicht nennenswert beeinflussen. Obwohl nicht von einer dritten Komponente gesprochen werden kann, verändern Additive nicht nur den metastabilen Bereich und die Keimbildung, sondern auch die Wachstumsgeschwindigkeit von Kristallen [3] oder der einzelnen Kristallflächen. In Bezug auf Keimbildung und Wachstum heißt beeinflussen zumeist unterdrücken. Wird nur die Wachstumsgeschwindigkeit einzelner Kristallflächen verändert, ändern sich auch die Kristallform und damit die Produkteigenschaften wie Filtrierbarkeit, Fließverhalten, Beschichtbarkeit, usw. Aber auch Probleme bei der Kristallisation durch die unerwünschte Anwesenheit von Fremdstoffen (Verunreinigungen) könnten gelöst oder vermieden werden. In der Abbildung 6.3 sind die Einflussfaktoren auf das Kristallwachstum zusammengefasst.

Nach Gibbs wird ein Kristall im Gleichgewichtszustand von den Flächen begrenzt, die einem Minimum an freier Oberflächenenergie entsprechen. In indus-

Einflüsse auf die Kristallwachstumsgeschwindigkeit

- Übersättigung
- hydrodynamische Bedingungen
- (Kristallgröße)
- Temperatur
- Kristallform
- Lebenslauf der Kristalle
- Verunreinigungen

Abbildung 6.3 Einflussparameter auf das Kristallwachstum.

triellen Kristallisatoren weicht der Habitus der Kristalle jedoch von den nach Gibbs formulierten Bedingungen erheblich ab. Man spricht dann nicht mehr von einem Gleichgewichtshabitus, sondern von einem Wachstumshabitus (Abb. 6.4). Es steht fest, dass ein Kristall immer von den am langsamsten wachsenden Flächen begrenzt wird (Abb. 6.5). Die schneller wachsenden Flächen verschwinden mit der Zeit. Die Wachstumskinetik jeder einzelnen Kristallfläche zeigt eine hohe Empfindlichkeit gegen äußere Faktoren, wie z. B. Übersättigung, Temperatur und Fremdstoffe. Das Verhältnis der einzelnen Flächenwachstumsgeschwindigkeiten zueinander kann sich verschieben, so dass die Rangfolge, d. h. die morphologische Wichtig-

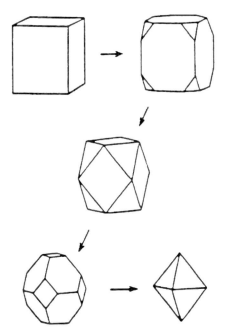

Abbildung 6.4 Fortschreitende Kristallformänderung vom Kubus zum Oktaeder durch das Blockieren bestimmter Wachstumsflächen.

**Kristallhabitus wird dominiert von
der am langsamsten wachsenden Fläche**

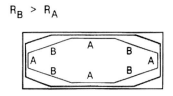

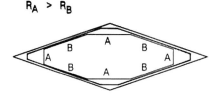

Abbildung 6.5 Beispiele der Formänderung eines identischen Körpers unter der Brücksichtigung unterschiedlicher Wachstumsgeschwindigkeiten der A- und B-Fläche.

keit, der Flächen sich ändert und damit auch der Habitus. Ausgehend von einem hexagonalen Kristall [4], bei dem die gleichen Flächen jeweils unterschiedlich stark ausgeprägt sind, könnte dann ein tafelförmiger, ein prismatischer oder ein stäbchenförmiger Kristall entstehen. Tabelle 6.1 gibt eine Übersicht über bekannte Phänomene bei der Zugabe von Additiven bei der Kristallisation von verschiedenen Substanzen.

Es existieren Theorien von Donnay-Harker [5], Hartman-Perdok [6] und Hartman-Bennema [7] zur Vorhersage des theoretischen Kristallhabitus. Das Gesetz von Donnay und Harker eignet sich sehr gut zur schnellen Abschätzung eines Kristallhabitus (Abb. 6.6). Hartman und Perdok [6] haben 1955 bei der Bestimmung des Habitus erstmals energetische Betrachtungen mit berücksichtigt. Die Hartman-Perdok oder PBC-Theorie erlaubt also eine Bestimmung des Habitus eines Kristalls über die Schichtenergien der verschiedenen F-Flächen. Hartman und Bennema [7] (ebenfalls Abb. 6.6) haben 1980 die These aufgestellt, dass die Attachment-Energie der Habitus-kontrollierende Faktor ist. Die Attachment-Energie E_{att} ist die Differenz zwischen der Kristallisationsenergie E_{cr} und der Schichtenergie E_{sl} und ist definiert als die Energie, die pro Mol frei wird, wenn eine Schicht der Dicke des Netzebenenabstandes d_{hkl} auf der Fläche (hkl) kristallisiert. Für einige Stoffe haben sie eine gute Übereinstimmung von der Modellrechnung zum experimentell beobachteten Habitus erhalten (z. B. [8, 9]).

Mit zunehmender Leistungsfähigkeit der Computer konnten auf diesen Theorien basierende Rechenprogramme entwickelt werden. Die ersten Programme dieser Generation, wie z. B. Morang [10], Shape [11] und Habit [12], wurden veröffentlicht und waren ihrerseits die Grundlage von wissenschaftlichen Arbeiten (z. B. [13, 14]).

Tabelle 6.1 Liste von Additiven, welche die Form des NaCl-Kristallisates beeinflussen.

Additive	Änderungen am Kristall
anorganisch	
Mangansulfat	oktaedrisch
Cadmiumchlorid	oktaedrisch
Zinkchlorid	oktaedrisch
Magnesiumchlorid	(110)
Wismutchlorid	pyramidal und sternenförmig
Cyanid	
organisch	
Harnstoff	oktaedrisch
Glycerin	rhombisch dodekaedrisch
Formamid	oktaedrisch
Nitriloessigsäure	oktaedrisch
Polyvinylacetat	nadelförmig
Cystein	oktaedrisch
Anilin	oktaedrisch
Papain	oktaedrisch
Mono-Natriumglutamat	oktaedrisch
Natriumhexametaphosphat	oktaedrisch
Natriumhexametaphosphat und Al-Salz	tetrakaidekaedrisch
Polyvinylalkohol	nadelförmig

Donnay-Harker

$$R_{hkl} \sim 1/d_{hkl}$$

Hartman-Bennema

"Attachment-Energie ist der den Habitus kontrollierende Faktor"

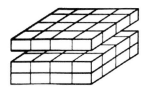

$$R_{hkl} \sim E_{att,hkl}$$

Abbildung 6.6 Attachment-Energie bestimmt den Habitus.

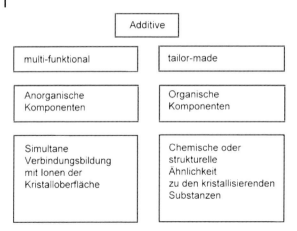

Abbildung 6.7 Einteilung von Additiven.

Inzwischen gibt es kommerzielle Softwarepakete zur molekularen Modellierung von Kristallen, die auch die gezielte Suche nach Additiven und Habitusmodifikationen unterstützen.

Die Gruppe der Additive wird in maßgeschneiderte und multifunktionelle unterteilt [15], wobei die maßgeschneiderten fast ausschließlich für organische und die multifunktionellen für anorganische Kristalle verwendet werden (Abb. 6.7).

6.1
Maßgeschneiderte Additive

Die Möglichkeiten, Additive maßzuschneidern, sind für organische Kristalle wahrscheinlicher als für anorganische, da sie eine weitaus komplexere chemische Struktur haben. Die Grundlagen zur gezielten Suche und Herstellung maßgeschneiderter Additive sind am Weizmann-Institut in Israel von Lahav und seinen Mitarbeitern [16, 17] gelegt und auf eine Reihe von Stoffsystemen angewandt worden (z. B. [18–20]). Maßgeschneiderte Additive zeichnen sich durch ihre chemisch strukturelle Ähnlichkeit zumindest an einem Ende zu den Kristallbausteinen aus (Abb. 6.8). Gleichzeitig müssen sie aber auch einen spezifischen Unterschied an einem anderen Ende ihrer Struktur aufweisen. Während des Wachstums wird das maßgeschneiderte Additiv mit dem strukturähnlichen Ende auf der Kristalloberfläche eingebaut. Der andere Teil des Additivs, der nicht mit der Struktur der Kristallbausteine übereinstimmt, ragt aus der Oberfläche heraus. Dadurch wird das regelmäßige Wachstum der Kristallschichten gestört oder eventuell ganz blockiert. Der strukturelle Unterschied der maßgeschneiderten Additive kann entweder eine andersartige Ladung sein, die einen sich anlagernden Kristallbaustein abstößt oder es kann sich um ein sterisches Hindernis handeln. Da ein Additivmolekül immer nur einen einzelnen Kristallbaustein ersetzt, sind für eine sichtbare Formänderung, d. h. Wachstumshemmung einzelner Kristallflächen nach van der Leeden et al. [15]

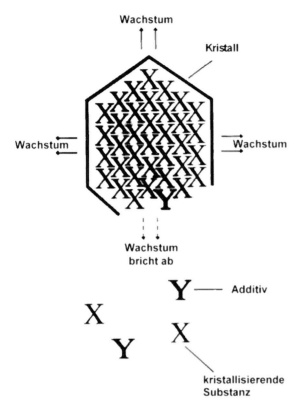

Abbildung 6.8 Modellvorstellung für das Wirken von tailor-made-Additiven.

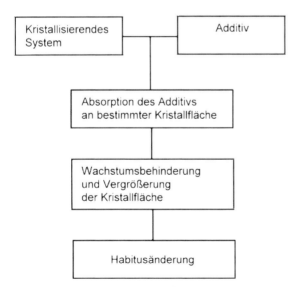

Abbildung 6.9 Ablaufschema beim Ändern der Kristallform mittels tailor-made-Additiven.

manchmal Konzentrationen bis zu 10 Ma-% notwendig. Da die Additive das Wachstum einzelner Kristallflächen mehr oder weniger unterdrücken, nimmt die Bedeutung dieser Flächen am Habitus des Kristalls zu. Die betroffenen Flächen werden im Verhältnis zu den übrigen Flächen größer und können damit die Form eines Kristalls in gewünschter Weise verändern (vgl. Abb. 6.9).

6.2 Multifunktionelle Additive

Da anorganische Kristalle über eine einfache Struktur verfügen, eignen sich multifunktionelle Additive besonders gut, ihre Gestalt zu verändern. Das Merkmal dieser Additive ist die gleichzeitige Bildung möglichst vieler Bindungen mit den Kationen oder Anionen der Kristalloberfläche. Im Gegensatz zu den maßgeschneiderten Additiven sind bei den multifunktionellen Additiven nur geringere Konzentrationen zur Wachstumshemmung einzelner Kristallflächen nötig, nach van der Leeden et. al. [15] nur 5–10 ppm, wegen der simultanen Ausbildung möglichst vieler Bindungen.

In den letzten Jahren sind einige interessante Beispiele der Beeinflussung der Kristallform vorgestellt worden [21–24]. Industrielles Interesse haben beispielsweise Davey et al. [25] und Black et al. [26] veranlasst, den Einfluss von Fremdstoffen auf die Kristallisation von Harnstoff bzw. Aminosäuren zu untersuchen.

6.3 Beispiele

6.3.1 Caprolactam

Am Beispiel des organischen Stoffes Caprolactam, dem Monomer der Nylon-6-Produktion, sind die Vorausberechnungen des theoretischen Kristallhabitus bei [23] dargestellt. Der Vergleich zu einem in reiner Schmelze gezüchteten Caprolactam-Kristall (Abb. 6.10) wird gezeigt. Eine gute Übereinstimmung zu den theoretischen

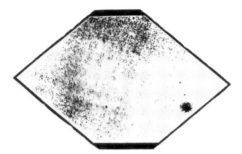

Abbildung 6.10 Ein Caprolactam-Kristall, vermessen unter dem Mikroskop.

Vorhersagen ist zu erkennen (Abb. 6.11), wobei die berechnete Form nach dem Attachment-Energie Modell von Hartman-Bennema [7] dem Experiment am nächsten kommt (Abb. 6.12). Ethanol bewirkt, dass der Caprolactam-Kristall eine quadra-

Abbildung 6.11 Donnay-Harker-Modell von einem Caprolactam-Kristall.

Abbildung 6.12 Hartman-Bennema-Modell von einem Caprolactam-Kristall.

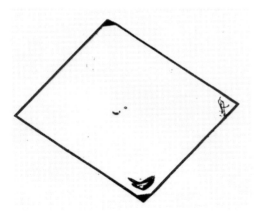

Abbildung 6.13 Ein Caprolactam-Kristall unter dem Mikroskop, vermessen nach Wachstum in einer mit Ethanol versetzten Schmelze.

Abbildung 6.14 Modell eines Caprolactam-Kristalls gewachsen unter Ethanoleinfluss.

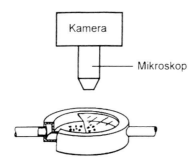

Abbildung 6.15 Mikroskopzelle für die Verifikationsexperimente.

tische Form annimmt (Abb. 6.13), was auf die Wachstumshemmungen an den zu den Spitzen laufenden Flächen {311} zurückzuführen ist [23, 27]. Die Abbildung 6.14 zeigt das Modell nach Hartman-Bennema, Abbildung 6.15 die verwendete Mikroskopzelle für die Verifikationsexperimente.

6.3.2
Gips

Ein weiteres eindrucksvolles Beispiel ist die Formänderung von Gips [15]. Reiner Gips kristallisiert in langen, dünnen Nadeln. Durch den Zusatz von 50 ppm Polymaleat entstehen kugelförmige $CaSO_4$-Kristalle (Abb. 6.16).

Gipskristalle auskristallisiert, ohne Polyacrylat

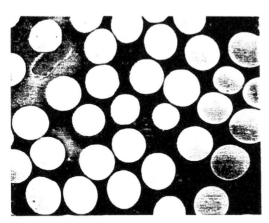

Calciumsulfat-Kugeln, kristallisiert mit 50ppm Polymaleat

Abbildung 6.16 Beispiele von Kristallformänderungen durch Additive.

6.3.3
Kaliumsulfat

Änderungen, Unterdrückungen der Auflösegeschwindigkeiten für eine Reihe von anorganischen Kristallen durch den Einsatz von Fremdstoffen finden sich z. B. bei Stepanski [3]. Cr^{3+}-Ionen als Fremdstoff hemmen das Auflösen der K_2SO_4-Kristalle in Abhängigkeit von der eingesetzten Konzentration ganz oder teilweise (Abb. 6.17).

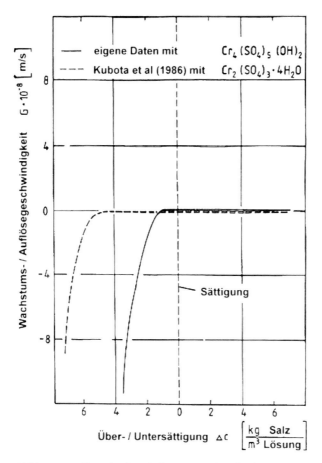

Abbildung 6.17 Unterdrücktes Auflösen von K_2SO_4 durch $Cr_4(SO_4)_5(OH)_2$ bzw. $Cr_2(SO_4)_3 \cdot 4 H_2O$.

6.3.4
NaCl

Bei den so genannten multifunktionalen Additiven lassen sich verschiedene Effekte erkennen.

1. Ein Unterdrücken der Wachstumsgeschwindigkeiten mit Zunahme der Fremdstoffkonzentration. Bei höheren Übersättigungen startet das Wachstum dann wieder, auch wenn es vorher fast ganz zum Erliegen gekommen ist, z. B. zu sehen bei NaCl unter Zugabe von $PbCl_2$ als Fremdstoff

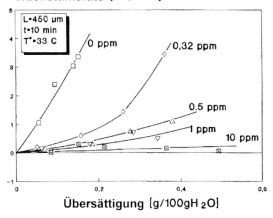

Abbildung 6.18 Unterdrücken von Wachstum von NaCl durch $PbCl_2$.

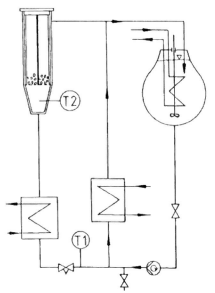

Abbildung 6.19 Fließbettanlage zum Erzeugen der Daten in den folgenden Diagrammen.

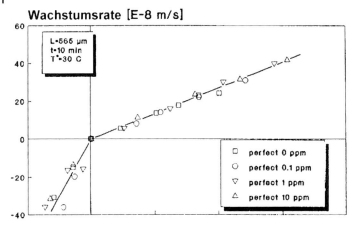

Abbildung 6.20 Unbeeinflusstes Wachstum von KAl(SO$_4$)$_2$ · 12 H$_2$O durch PbCl$_2$.

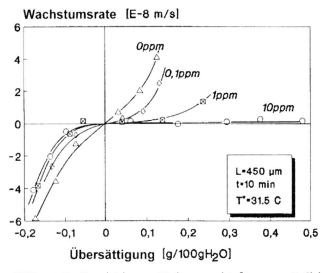

Abbildung 6.21 Unterdrücken von Wachstum und Auflösung von NaCl durch K$_3$Fe(Cn)$_6$.

(Abb. 6.18). Die Abbildung 6.19 zeigt die für diese Art von Messungen verwendete Versuchsanlage, einen labortechnischen Fließbett-Kristallisator. Hingegen bleibt das Wachstum von Kalialaun durch den Fremdstoff PbCl$_2$ unbeeinflusst (Abb. 6.20). Auch das Auflösen wird unterdrückt (Abb. 6.21), und zwar ebenso zunehmend mit zunehmender Additivkonzentration [28–30].

2. Trotz der geringen Mengen ist eine Verschiebung des Sättigungspunkts zu erkennen, was eine Erhöhung der Wachstumsgeschwindigkeit vortäuscht (Abb. 6.22).

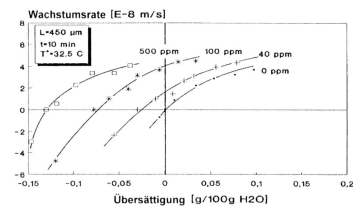

Abbildung 6.22 „Verschobenes Wachstum" von NaCl durch die Anwesenheit von Spuren von MgCl$_2 \cdot$ 6 H$_2$O.

6.3.5
KCl

Auch der pH-Wert hat eine Bedeutung für das Kristallwachstum. Es ist für den Fall von KCl deutlich zu erkennen, dass sowohl im sauren als auch im basischen Bereich die Wachstumsgeschwindigkeiten erhöht sind (Abb. 6.23). Solche Phänomene sind nicht zu erklären, wenn nur Gedanken zum Kristallwachstum (zur festen Phase) mit einbezogen werden. Die Erklärungen liegen in Strukturen in der Lösung, d. h. Komplexbildungen führen zu Strukturen in der Lösung, welche die Kristallisation durch die Neigung von Ionen zum Kristalleinbau begünstigen (Abb. 6.24) [28].

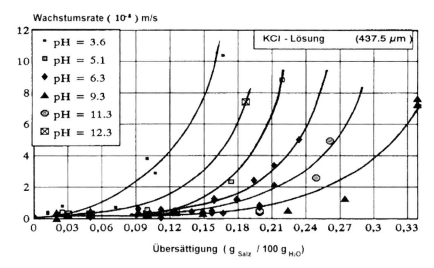

Abbildung 6.23 Wachstum von KCl bei unterschiedlichen pH-Werten.

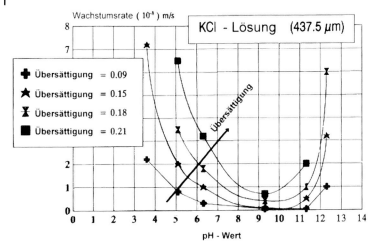

Abbildung 6.24 Wachstum von KCl bei unterschiedlichen pH-Werten mit der Übersättigung als Parameter.

6.3.6
Chlornitrobenzol

Durch den Einsatz von Additiven können auch polare Achsen in Kristallen sichtbar gemacht werden [23, 31, 32]. Als Beispiele sind ein reiner *m*-Chlornitrobenzol-Kristall (CNB) und ein nach der Zugabe von *p*-CNB veränderter Kristall bei Niehörster [23] angegeben. Aus dem Vergleich der Umrisse der Kristallwachstumsstadien kann eine richtungsabhängige Änderung des Kristallhabitus durch die Zugabe des para-Isomers erkannt werden. Mit zunehmender *p*-CNB-Konzentration werden mehr Moleküle in das Gitter eingebaut, und es kommt an einer Stelle des Kristalls zu einem Wachstumsstillstand.

**6.4
Ausblick**

Durch das Zusammenwirken der Eigenschaften moderner Rechner mit dem Konzept der tailor-made-Additive haben sich Möglichkeiten aufgetan, Kristalle in ihrer Form gezielt zu modifizieren. Auch wenn erste Erfolge vorgestellt werden konnten, besteht noch kein Anlass zur Euphorie, denn erstens sind nach wie vor experimentelle Verifikationen erforderlich und zweitens können aus allen Computersimulationen keine Angaben über die notwendigen bzw. optimalen Konzentrationen der Additive, die man für einen bestimmten Effekt benötigt, entnommen werden. Dennoch wird erwartet, dass durch das „Crystal-Modelling" Produktveränderungen, mit Reinheitssteigerungen, Energieeinsparungen und Prozessverbesserungen einhergehen werden.

Literatur

Spezielle Literatur

1. A. S. Myerson, D. A. Green, P. Meenan, Crystal Growth of Organic Materials, ACS Conference Proceedings Series, Washington D.C./USA (1995).
2. J. Ulrich, Kristallwachstumsgeschwindigkeiten bei der Kornkristallisation: Einflussgrößen und Messtechniken, Verlag Shaker, Aachen (1993).
3. M. Stepanski, Zur Wachstumskinetik in der Lösungskristallisation, Dissertation, Universität Bremen (1990).
4. J. W. Mullin, Crystallization, 3rd ed., Butterworth-Heinemann, Oxford (1993).
5. J. D. H. Donnay, D. Harker, *Am. Mineralogist* **22** (1937) 446–467.
6. P. Hartman, W. G. Perdok, *Acta Cryst.* **8** (1955) 49–52.
7. P. Hartman, P. Bennema, *J. Crystal Growth* **49** (1980) 145–156.
8. P. Hartman, P. Bennema, *J. Crystal Growth* **49** (1980) 157–165.
9. P. Hartman, P. Bennema, *J. Crystal Growth* **49** (1980) 166–170.
10. R. Docherty, K. J. Roberts, *Comput. Phys. Commun.* **51** (1988) 423–430.
11. E. Dowty, Manchester Computing Centre (1989).
12. G. Clydesdale, R. Docherty, K. J. Roberts, *Comput. Phys. Commun.* **64** (1991) 311–328.
13. R. Docherty, K. J. Roberts, *J. Crystal Growth* **88** (1988) 159–168.
14. B. D. Chen, Melt Crystallization of m-Chloronitrobenzene and (-Caprolactam: Morphology, Growth and Purification, PhD Thesis, UMIST Manchester (1992).
15. M. van der Leeden, G. van Rosmalen, K. de Vreugd, G. Witkamp, *Chem.-Ing.-Tech.* **61**,5 (1989) 385–395.
16. L. Addadi, Z. Berkovitch-Yellin, N. Domb, E. Gati, L. Leiserowitz, M. Lahav, *Nature* **296** (1982) 21–26.
17. Z. Berkovitch-Yellin, L. Addadi, M. Idelson, M. Lahav, L. Leiserowitz, *Nature* **296** (1982) 27–34.
18. L. Addadi, Z. Berkovitch-Yellin, I. Weissbuch, L. Leiserowitz, M. Lahav, *J. Am. Chem. Soc.* **104** (1982) 2075–2077.
19. Z. Berkovitch-Yellin, L. Addadi, M. Idelson, M. Lahav, L. Leiserowitz, *Angew. Chem.* (1982) 1336–1345.
20. Z. Berkovitch-Yellin, *J. Am. Chem. Soc.* **107** (1985) 8239–8253.
21. D. Chen, Morphology Control in Melt Crystallization: A Study of m-Chloronitrobenzene, in D+BIWIC; Ed. by J. Ulrich, O. S. L. Bruinsma, Mainz GmbH, Aachen (1993).
22. F. J. J. Leusen, Rationalization of Racemate Resolution: A molecular Modelling Study, Ponsen ε+ Looijen, Wageningen (1993).
23. S. Niehörster, Der Kristallhabitus unter Additiveinfluß: Eine Modellierungsmethode, Dissertation, Universität Bremen, PAPIERFLIEGER, Clausthal-Zellerfeld (1997).
24. M. Mattos, Zur Übertragung der Einbau-Annäherung auf die Kristallhabitusänderung durch Adsorption, Dissertation, Universität Bremen, Shaker Verlag GmbH, Aachen (1999).
25. R. Davey, W. Fila, J. Garside, *J. Crystal Growth* **79** (1986) 607–613.
26. S. N. Black, R. J. Davey, *J. Crystal Growth* **90** (1988) 136–144.
27. S. Niehörster, M. Mattos, J. Ulrich, A Modelling Study of Caprolactam Crystal Habit Modification, *Bull. Soc. Sea Water Sci.* **51**,1 (1997) 28–33.
28. H.-A. Mohameed, Wachstumskinetik in der Lösungskristallisation mit Fremdstoffen, Dissertation, Universität Bremen, Shaker Verlag GmbH, Aachen, (1996).
29. J. Ulrich, H. Mohameed, S.-B. Zhang, J. J. Yuan, Effect of Additives on the Crystal Growth Rates: Case Study NaCl, *Bull. Soc. Sea Water Sci. Jpn.* **51**,2 (1997) 73–77.
30. W. Omar, Zur Bestimmung von Kristallisationskinetiken auch unter der Einwirkung von Additiven mittels Ultraschallmesstechnik, Dissertation, Universität Bremen, (1999).
31. D. Chen, J. Haswell, R. J. Davey, J. Garside, D. Bergmann, S. Niehörster, J. Ulrich, *J. Material Chemistry* (1994).
32. M. Momonaga, S. Niehörster, S. Henning, J. Ulrich, Effects of Impurities on the Solubility, Growth Behavior and Shape of Sucrose Crystals: Experiments and Modelling, in: Crystal Growth of Organic Materials, American Chemical Society, Symp. Ser. (1996), Washington D.C./USA, A. S. Myerson, D. A. Green, P. Meenan (editors), 200–208.

7
Partikelgrößenverteilung und Modellierung von Kristallisatoren

S. Heffels

In diesem Beitrag wird gezeigt, wie man mithilfe einer Anzahldichtebilanz Korngrößenverteilungen in Kristallisatoren berechnet. Es hat sich gezeigt, dass dieses Modell für typische Suspensionskristallisatoren, für Batch- und kontinuierliche Kristallisatoren sehr nützlich ist. Die Schwierigkeiten bei der Messung und Interpretation von Korngrößenverteilungen werden erläutert.

Korngrößenverteilungen (KGV) haben eine große Bedeutung in der industriellen Massenkristallisation, sowohl für pharmazeutische Batch-Prozesse als auch für anorganische Massenprodukte. Die Bedeutung und auch der Nutzen für eine Optimierung treffen zwei Aspekte: Prozesskosten und Produkteigenschaften (Abb. 7.1).

Grobes, uniformes Kristallisat erleichtert die Mutterlaugenabtrennung, reduziert den anhaftenden Verunreinigungsanteil, beschleunigt die Trocknung aufgrund geringerer Oberflächenfeuchte, vermeidet Klumpenbildung, erlaubt den Einsatz einfacher betriebssicherer Filter und Trockner, staubt nicht, ist einfach zu dosieren und zu lagern.

Dennoch wird auch feines Kristallisat mit spezifischen Korngrößenverteilungen gewünscht: z. B. zur Verbesserung der Tablettiereigenschaften von pharmazeutischen Produkten, zur besseren Löslichkeit bei der Anwendung in Lebensmitteln, bei der Zugabe als Reaktionskomponenten in Reaktoren, zur schnellen und homogenen Einmischung in Waschmitteln.

Senkung Prozesskosten, Herstellkosten
- mechanische Fest-Flüssig-Trennung (Verunreinigung, Apparatekosten)
- Trocknung (Energieaufwand, Apparatekosten)
- Kompaktierverhalten (Tablettenstabilität)
- Mischverhalten

Steigerung Verkaufspreise durch bessere Produkteigenschaften
- Rieselfähigkeit (Lagerung, Dosierung)
- Schüttgewicht (Verpackungsvolumen)
- Staubverhalten
- Lösegeschwindigkeit
- Dispergiereigenschaften

Abbildung 7.1 Nutzen von optimierten Korngrößenverteilungen.

Kristallisation in der industriellen Praxis. Herausgegeben von Günter Hofmann
Copyright © 2004 WILEY-VCH Verlag GmbH & Co. KGaA, Weinheim
ISBN: 3-527-30995-0

Der vorliegende Beitrag soll dem Konstrukteur, dem Entwickler und dem Betreiber helfen, durch Wahl geeigneter Kristallisatorbauarten und Betriebsweisen, die gewünschte Korngrößenverteilung zu erzielen. Die Anzahldichtebilanz ist eine Grundlage für diese Betrachtung.

7.1
Messung von Korngrößenverteilungen

Die Korngrößenverteilung kann mit unterschiedlichen Methoden ermittelt werden (Abb. 7.2). In allen Fällen werden unterschiedliche spezifische physikalische Größen gemessen, z. B. Anzahlverteilungen auf der Basis unterschiedlicher Partikelsehnenlängen, -oberflächen oder -volumina.

Die Wahl der Messmethode hängt von verschiedenen Faktoren ab:

1. Partikelgrößenbereich, Siebe für Partikeln >50 µm, Laserlichtstreuung für Partikeln <100 µm
2. Kornformvariation, am besten mittels Bildanalyse
3. Einsatzbereich, im Labor nach Probennahme oder im Prozess, z. B. FRBM oder Ultraschallmessung
4. Aufwand für Analysen und Kosten der Einrichtung; Siebanalysen sind zeitaufwändig

Die gemessenen Massenverteilungen einer Siebanalyse lassen sich in Anzahldichten umrechnen (Abb. 7.3). Die Einteilung der Kornklassen kann auch die Genauigkeit der daraus ermittelten Korngrößenverteilung beeinflussen. Dies ist zu beachten, wenn Produkte unterschiedlicher Analysenmethode verglichen werden.

Die Geräte werden mit monodispersen kugelförmigen Latices oder Glaskugeln kalibriert. Bei sehr feinem Produkt hat sich eine Laserstreumesstechnik im Labor

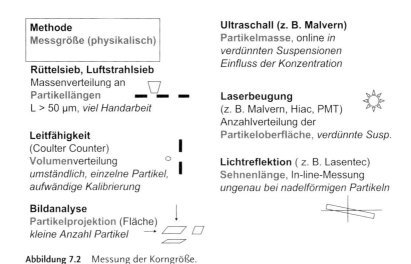

Abbildung 7.2 Messung der Korngröße.

7.1 Messung von Korngrößenverteilungen

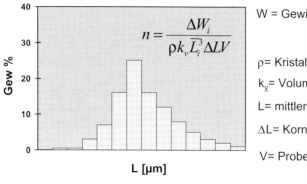

$$n = \frac{\Delta W_i}{\rho k_v \overline{L}_i^3 \Delta L V}$$

W = Gewicht der Probe

ρ = Kristalldichte

k_v = Volumenfaktor

L = mittlere Korngröße

ΔL = Kornklassenbreite

V = Probenvolumen

Abbildung 7.3   Kornklassen – Anzahldichte.

offline zur Qualitätskontrolle bewährt. Für eine Online-Kontrolle werden verschiedene Systeme eingesetzt, dabei haben sich eine FRBM-Sonde (z. B. Lasentec, o. Fa. Schwarz, siehe Darstellung in Abbildung 7.4), Ultraschallsonden und Bildanalysetechniken bewährt. Letztere sind insbesondere bei besonderen Kornformen wie Plättchen und Nadeln nützlich. Mittels Online-Partikelmessung lassen sich Prozesse optimieren. Durch die verbesserte Produktqualität sollte der Aufwand für Qualitätsanalysen reduziert werden. Ein vollständiger Ersatz ist zurzeit noch nicht denkbar, da die Qualitätsbewertung in einer mit dem Kunden abgestimmten und nachvollziehbaren Methode erfolgen soll. Aufgrund der unterschiedlichen physikali-

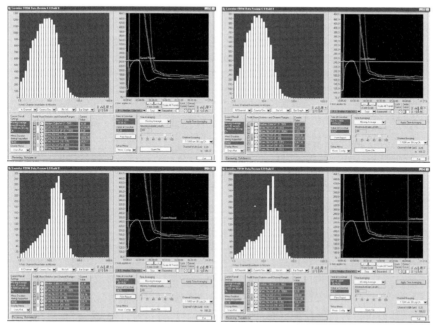

Abbildung 7.4   Momentaufnahmen Lasentec.

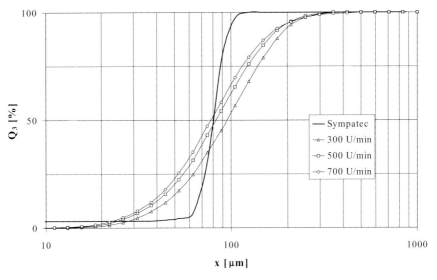

Abbildung 7.5 Vergleich der Analyse von Glaskugeln (0,05 – 0,1 mm) mit Lasentec und Sympatec-Helos.

schen Grundprinzipien empfiehlt sich also, die Anforderungen an die Korngrößenverteilung zusammen mit der Messmethode zu spezifizieren und Messgeräte auf gewünschte Messgrößen zu eichen (Abb. 7.5).

Bei der Probenahme können verschiedene Probleme auftreten, die ein Messergebnis beeinflussen (Abb. 7.6):

- Probenahme (Ort, Zeit, Mischung)
- Probenbehandlung (Verdünnung, Temperaturveränderung, Zeit)
- Probenverwertung (Abrieb, Auflösung, Kristallwachstum)

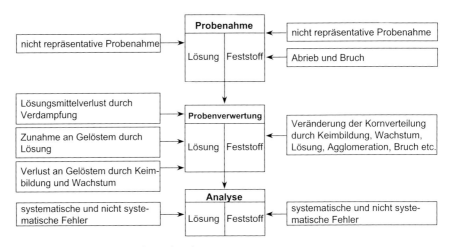

Abbildung 7.6 Probleme bei der Probenahme.

Es ist nützlich die Fehler zu quantifizieren und zu minimieren.

Die Probenahme und die Temperatur an der Probenahmestelle sollten zur Bestimmung verschiedener Größen genutzt werden:

- Korngrößenverteilung
- Konzentration
- Bestimmung der Übersättigung

7.2
Darstellungsformen für Korngrößenverteilungen

Üblicherweise wird die Anzahl der Partikel kumulativ über die Korngröße in einem Diagramm dargestellt. Um die Ablesegenauigkeit zu erhöhen, werden je nach Verteilung unterschiedliche Skalierungen genutzt, von normal bis doppelt logarithmisch, je nach Achse. Die Darstellung im RRSB-Diagramm wird bei gröberem Kristallisat bei Siebanalysen gerne genutzt, da eine Gerade eine besondere statistische Verteilung darstellt (siehe Anlagen 1–3, Abschnitt 7.7). Die Darstellung der logarithmischen Anzahldichte über die Korngröße hingegen ist bei kontinuierlichen Kristallisatoren empfehlenswert, um aus einer Geraden für einen ideal durchmischten kontinuierlich betriebenen Reaktor die Kinetik der Keimbildung und des Wachstums leicht zu ermitteln.

Die Darstellungsformen sind kritisch zu interpretieren. Nur zu leicht lassen sich Abweichungen, wie z. B. bimodale Verteilungen, durch eine geschickt gewählte kumulative Anzahl in logarithmischer Darstellung verschleiern (Abb. 7.7). Die Umrechnungsmöglichkeit und Interpretation der Linien in RRSB-Diagrammen für kontinuierliche Verteilungen sind am Ende dieses Kapitels für verschiedene Prozesse erläutert (Abb. 7.24).

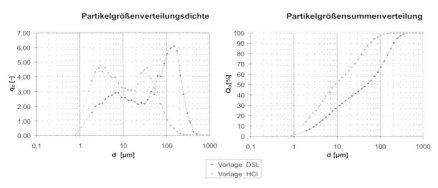

Abbildung 7.7 Bimodale Partikelgrößenverteilung.

7.3
Anzahldichtebilanz (Population Balance)

Der Nutzen der Anzahldichte liegt in der Modellierung und der Bilanzierung der Prozesse, da die Steuerung der Übersättigung mit der Massenzunahme am Kristal-

7 Partikelgrößenverteilung und Modellierung von Kristallisatoren

$$\underbrace{\frac{dn}{dt}}_{\text{change in pop. dens.}} + \underbrace{\frac{d \ln V_c}{dt}}_{\text{change in volumes}} = \underbrace{B - D}_{\text{birth and death function}} + \underbrace{\sum \frac{V_k n_k}{V}}_{\text{feed and product removal}} + \underbrace{\frac{\partial (Gn)}{\partial L}}_{\text{change due to growth}}$$

$$n = f(L, t, G_k)$$

n= population density [#/m⁴]
G= growth rate

Boundary condition $\quad n_{o,eff.} = \dfrac{B_{o,eff.}}{G_o}$

Abbildung 7.8 Population Balance.

aus den Momentengleichungen $\qquad$ **Randbedingungen**

$N = \int n\,dL \qquad \dfrac{dN}{dt} = 0 \qquad V(o) = V_o$

$L = \int n L\,dL \qquad \dfrac{dL}{dt} = NG \qquad \dot{V}(o) = -3 k_v G \rho_p (L_s^3 N)/c$

$A = k_a \int n L^2\,dL \qquad \dfrac{dA}{dt} = 2 k_a LG \qquad \ddot{V}(o) = -6 k_v G^3 \rho_p (L_s N)/c$

$M = \rho k_v \int n L^3\,dL \qquad \dfrac{dM}{dt} = \dfrac{3 k_v \rho\, tG}{k_a}$

Massenbilanz: $\quad c\dfrac{dV}{dt} + \dfrac{dM}{dt} = 0 \quad$ bzw. $\quad V\dfrac{dc}{dt} - \dfrac{dM}{dt} = 0 \quad$ (Kühlungskrist.)

Abbildung 7.9 Momentengleichungen und Randbedingungen.

lisat verbunden wird. Diese ist z. B. proportional der Kristalloberfläche und der Wachstumsgeschwindigkeit und somit abhängig von der Kristallgrößenverteilung.

Die Anzahldichte berechnet sich [1–4, 6] nach der bekannten Gleichung, siehe Abbildung 7.8.

Beschreibt man über die verschiedenen Momente die Summe der Kristalllänge, Oberfläche und Kristallmasse sowie die Massenbilanz und die Randbedingungen, ergibt sich ein Gleichungssystem (Abb. 7.9). Für verschiedene Anwendungsfälle können die Gleichungen vereinfacht und gelöst werden.

Diese Gleichungen werden in verschiedenen Beispielen gelöst.

7.3.1
Beispiel: Batch-Verdampfungskristallisation

Unter der Annahme

- keine Keimbildung,
- nur die zugegebenen monodispersen Impfkristalle wachsen – siehe auch Abschnitt 7.3 korngrößenunabhängiges Wachstum – und
- ideale Durchmischung

$$\frac{dV}{dt} = \frac{3\,G\,M_s}{c\,L_s}\left[\left(\frac{G}{L_s}\right)^2 t^2 + 2\left(\frac{G}{L_s}\right)t + 1\right]$$

$$M_s = M_p\left(\frac{L_s}{L_p}\right)^3$$

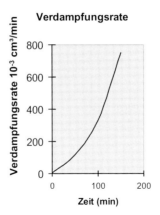

Abbildung 7.10 Beispiel: Batch-Verdampfungskristallisation.

ergibt sich eine einfache, wichtige Gleichung für die Verdampfungsleistung während der Kristallisation [1, 7] (Abb. 7.10). Diese ist einzuhalten, um bei gleich bleibender Übersättigung zu kristallisieren. Zu Beginn der Kristallisation nach der Impfung sind wenige kleine Kristalle in Lösung. Sie bauen die Übersättigung nur langsam ab. Je größer die Kristalle und deren Gesamtoberfläche werden, um so mehr wird das Gelöste kristallisiert. Entsprechend ist die Verdampfungsleistung zu steigern, um die Übersättigung aufrecht zu erhalten.

7.3.2
Beispiel: Batch-Kühlungskristallisation

Analog der Verdampfung lässt sich bei einer temperaturabhängigen Löslichkeitskurve die Übersättigung durch eine Abkühlung einstellen. Ziel ist es, die Abkühlungsrate so einzustellen, dass die Übersättigung während der Kristallisation konstant bleibt.

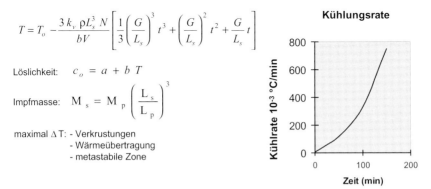

$$T = T_o - \frac{3\,k_v\,\rho L_s^3\,N}{bV}\left[\frac{1}{3}\left(\frac{G}{L_s}\right)^3 t^3 + \left(\frac{G}{L_s}\right)^2 t^2 + \frac{G}{L_s}t\right]$$

Löslichkeit: $c_o = a + b\,T$

Impfmasse: $M_s = M_p\left(\frac{L_s}{L_p}\right)^3$

maximal ΔT: - Verkrustungen
 - Wärmeübertragung
 - metastabile Zone

Abbildung 7.11 Batch-Kühlungskristallisation.

Die Abkühlungsrate berücksichtigt die Temperaturabhängigkeit der Löslichkeit und ebenso die Impfkristallmenge und mittlere Saatgutkorngröße. Grobes Kristallisat wird erzeugt, wenn Keimbildung vermieden wird und innerhalb des metastabilen Bereiches kristallisiert wird. Die größte Kapazität und gute Qualität wird erhalten, wenn bei einer konstanten hohen Übersättigung kristallisiert wird. Das bedeutet bei Lösung der Gleichungen eine langsame Kühlung zu Beginn nach Impfgutzugabe und anschließend zunehmende Kühlungsraten [2, 4], entsprechend der Gleichung in Abbildung 7.11.

7.3.3
Beispiel: MSMPR – Mixed Suspension Mixed Product Removal Kristallisator

Im Falle eines kontinuierlichen ideal durchmischten Rührkessels vereinfacht sich die Anzahldichtebilanz zu einer einfachen Exponentialfunktion. Die Darstellung im halb logarithmischen Diagramm ergibt eine Gerade. Aus der Steigerung lässt sich die Wachstumsgeschwindigkeit und aus der Extrapolation zur Anzahl bei Korngröße $L = 0$ die Keimbildungsrate ableiten (Abb. 7.12).

Die Keimbildungsrate B_0 und Wachstumsrate G hängen von der Übersättigung Δc ab.

Die Keimbildungsrate wird aus diesem Grund als Potenzfunktion der Wachstumsrate, der spezifischen Kristallmasse M_{sl}, des Energieeinsatzes ε korreliert. Die Exponenten lassen sich über die Steigung der Geraden in einem doppelt logarithmischen Diagramm B_0/M_{sl} über G bestimmen (Abb. 7.13).

Für diese Bestimmung sind verschiedene Betriebspunkte aufzutragen. Für ein neues Stoffsystem in der Entwicklung ist dies recht aufwändig. In einem solchen Fall können allgemeine Erfahrungswerte aus der Literatur eingesetzt werden [2].

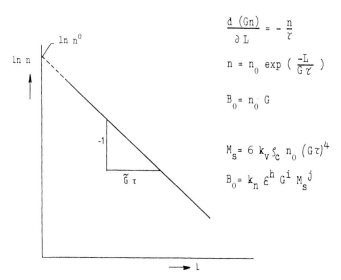

Abbildung 7.12 Batch-MSMPR-Kühlkristallisation.

7.3 Anzahldichtebilanz (Population Balance)

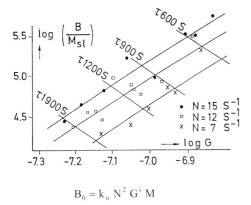

$$B_0 = k_n \, N^2 \, G^i \, M$$

Abbildung 7.13 Kinetik: Potenzansätze für Keimbildungs- und Kristallwachstumsrate.

Einbaureaktion - Diffusion   **Einfluss der Diffusion beim Kristallwachstum**

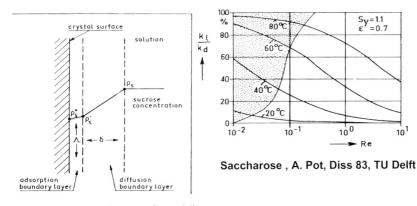

Saccharose, A. Pot, Diss 83, TU Delft

Abbildung 7.14 Kinetik: Zweistufenmodell.

Für die Beschreibung des Kristallwachstums wird häufig ein 2-Stufenmodell verwendet. Es besteht aus einer Diffusion des gelösten Stoffes zur Kristalloberfläche und einer Einbaureaktion.

Der geschwindigkeitsbestimmende Schritt wird durch die Temperatur und das Schergefälle zwischen Kristall und Lösung (Sh, Re-Zahl) beeinflusst. Der Anteil des Diffusionsschrittes am Wachstum von Saccharose ist in Abbildung 7.14 dargestellt. Bei hohen Re-Zahlen (z. B. hohen Drehzahlen eines Rührwerks) steigt k_d und das Wachstum ist einbaulimitiert. Analog nimmt mit steigender Temperatur der Einbaureaktionskoeffizient überproportional zu, so dass das Wachstum nur bei geringen relativen Geschwindigkeiten diffusionslimitiert wird.

Übersättigungskriterium

Die einzustellende Kapazität, Verdampfungsleistung oder Kühlleistung soll innerhalb einer kritischen Übersättigung des metastabilen Bereiches liegen. Da man

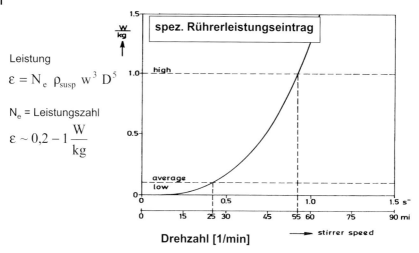

Abbildung 7.15 Suspension und Rührerleistung.

diese auch in der Größe einer kritischen Wachstumsgeschwindigkeit beschreiben kann, entspricht diese auch einer bestimmten Verweilzeit:

$$\tau > \tau_{min} = \frac{L_D}{3\,G} \quad (1)$$

Aus dieser Verweilzeit errechnet sich bei gegebener Kapazität das erforderliche Kristallisatorvolumen:

$$V = \dot{V}\tau \quad (2)$$

Die Rührerdrehzahl muss ausreichend groß genug gewählt werden, um eine gute Suspendierung sicherzustellen. Hoher Energieeintrag verbessert die Durchmischung, homogenisiert Konzentrationsunterschiede im Kristallisator und verbessert die Wärmeübertragung. Andererseits führt ein hoher Energieeintrag zu erhöhter Keimbildung, kleinerer Korngröße, erhöhtem Partikelabrieb und -bruch. Aus diesem Grund wählt man eine Rührerdrehzahl, die eine Suspendierung gerade sicherstellt. Es hat sich gezeigt, dass PTFE-beschichtete oder -gummierte Rührerblätter sekundäre Keimbildung reduzieren. Der übliche Energieeintrag liegt zwischen 0,2–1 kW m^{-3} [4]. Abbildung 7.15 zeigt die starke Abhängigkeit des Energieeintrags von der Drehzahl.

7.3.4
Beispiel: Draft-Tube-Baffle-Kristaller (DTB) mit Feinkornauflösung

Die KGV eines Rührkesselkristallisators kann erhöht werden, wenn kleine Kristalle aufgelöst werden. Dies wird erreicht, in dem man eine Beruhigungszone, z. B. in einem Außenbereich vorsieht und den Überstand abzieht. Die größeren Partikel sedimentieren in dieser Zone. Nur kleine Kristalle mit Sinkgeschwindigkeiten klei-

7.3 Anzahldichtebilanz (Population Balance)

$$\int_0^0 nL^2 dt = \int_0^{L_c} nL^2 dt + \int_{L_o}^{L_p} nL^2 dL$$

$$n = n^\circ \exp\left(-\frac{L_c}{G\tau_F}\right) \exp\left(\frac{L - L_c}{G\tau_p}\right)$$

$$n = n^\circ \exp\left(-\frac{L_c}{G\tau_F}\right) \exp\left(\frac{L}{G\tau_p}\right)$$

$$\tau_p = \frac{V}{V_p}, \quad \tau_F = \frac{V}{V_p + V_F}$$

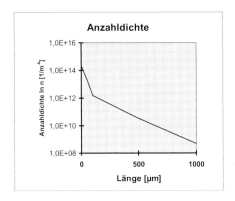

Abbildung 7.16 Beispiel: Draft-Tube-Baffled-Kristallisator (DTB) mit Feinkristallauflösung und klassierendem Austrag.

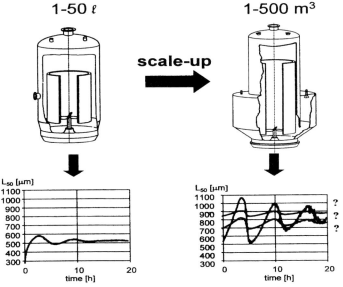

Abbildung 7.17 Beispiel: Dynamisches Verhalten von DTB-Kristallisatoren.

ner als die mittlere aufströmende Geschwindigkeit werden ausgetragen. Die ausgetragenen Partikel werden durch Erwärmung der Suspension aufgelöst. Bei einer Partikelgröße kleiner als 10 µm ist die sich lösende Kristallmasse in der Massenbilanz vernachlässigbar. Die Lösung der Populationsbilanz ergibt zwei Gleichungen für die Partikelverteilung und zwar für den Teil kleiner und den Teil größer der Trennkorngröße. Die sich ergebende Verteilung ist in Abbildung 7.16 dargestellt. Die mittlere Korngröße nimmt zu. Durch die geringere Zahl überlebender Kristalle wird die Neigung der Verteilung flacher und breiter.

Feinkornauflösung kann zu stärkeren Instabilitäten und Schwankungen in der Korngröße führen (Abb. 7.17). Dagegen hilft eine gesteuerte Keimbildung oder kontrollierte Impfgutzugabe.

7.3.5
Beispiel: DTB mit klassierendem Austrag

Die KGV lässt sich einengen, in dem ein klassifizierender Austrag für große Kristalle vorgesehen wird. Praktisch wird dies durch eine Beruhigungszone am Boden des Kristallisators erzielt, indem durch eine leicht aufwärts gerichtete Strömung die feinen Kristalle in den Kristallisator zurückgeführt werden. Analog ergibt sich ein Knick in der Anzahldichteverteilung. Die mittlere Korngröße wird durch den bevorzugten Austrag der großen Kristalle gesenkt (Abb. 7.18).

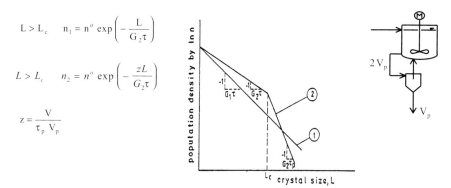

$$L > L_c \quad n_1 = n^o \exp\left(-\frac{L}{G_2 \tau}\right)$$

$$L > L_c \quad n_2 = n^o \exp\left(-\frac{zL}{G_2 \tau}\right)$$

$$z = \frac{V}{\tau_p V_p}$$

Abbildung 7.18 DTB-Kristallisator mit klassierendem Austrag.

7.3.6
DTB mit Feinkornauflösung und klassierendem Austrag

Für die Kombination der beiden kontinuierlichen Rührkesselvarianten ergibt sich eine Verteilung mit zwei Knickpunkten entsprechend Abbildung 7.19.

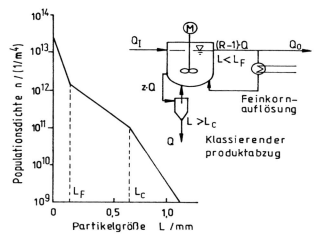

Abbildung 7.19 DTB-Kristallisator mit Feinkristallanteil und klassierendem Austrag.

7.3.7
Forced-Circulation-Kristallisator (FC)

Ein FC-Kristallisator entspricht einem Verdampfungskristallisator ohne Rührwerk mit Zwangsumwälzung über einen externen Wärmeaustauscher. Eine realistische Korngrößenverteilung zeigt Abbildung 7.20 [5]. Man erkennt die Abweichung von der Geraden eines ideal durchmischten Rührkessels. Diese Abweichung erklärt sich durch die Inhomogenitäten im System. Die Partikel verweilen in unterschiedlichen Zonen: Verdampfungszone, turbulent durchströmte Rohrleitung, das Umwälzorgan, Wärmeaustauscher, in denen unterschiedliche Scherkräfte, Verweilzeitverteilungen, Keimbildung und Auflösung die Partikelverteilung beeinflussen. Eine Modellierung erfordert eine numerische Auflösung der Gleichungen und Berücksichtigung unterschiedlicher Zonen.

Häufig ergibt sich eine aufwärts gerichtete Kurve im ln n über L-Diagramm, analog Abbildung 7.16.

Dafür gibt es verschiedene mögliche Ursachen:

- korngrößenabhängige Wachstumsgeschwindigkeit. Kleine Kristalle und Keime wachsen gar nicht oder langsamer als große.
- Wachstumsdispersion. Gleich große Kristalle wachsen mit unterschiedlichen Wachstumsgeschwindigkeiten. Groß werden überwiegend schnell wachsende Kristalle.
- Klassifizierung am Kristallisatoraustrag.

Die Zugabe von Additiven kann die Keimbildung unterdrücken und eine größere mittlere Kristallgröße bewirken. Die Auswahl ist allerdings schwierig und eine Zugabe häufig nicht erwünscht.

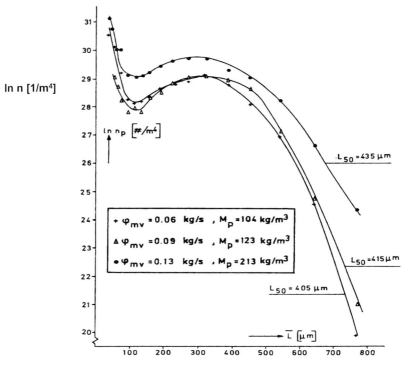

Abbildung 7.20   Beispiel: Forced Circulation Kristallisator (FC).

7.4
Impftechnologie

Damit der Beginn der Batch-Kristallisation auch reproduzierbar geschieht, empfiehlt sich eine gleich bleibende Impfung des Kristallisators. Die Impfung bedeutet in der Regel die Zugabe einer Menge von Kristallen, die im Anschluss zu der gewünschten Korngrößenverteilung auswachsen.

Es gibt eine Vielzahl von Einflussgrößen bei der Impfung [2, 8] (Abb. 7.21). Häufig werden einige unterschätzt. Dazu gehören zunächst die, die Kristalle beeinflussenden Größen:

⇒ **Korngrößenverteilung der Impfkristalle (KGV)**
⇒ **Impfkristallmasse**
⇒ **Wachstumsgeschwindigkeit der Impfkristalle**
⇒ **Morphologie der Impfkristalle**
⇒ **Herkunft, Reinheit**

⇒ **Behandlung und Lagerung der Impfkristalle (Lösung anhaftender Keime, gesättigte Lösung, Alkohol, Slurry, Impfkristallherstellung)**
⇒ **Temperatur der Impfkristalle**
⇒ **Zustand des Kristallisationsprozesses bei der Impfung**
⇒ **Ort der Impfgutzugabe**

Abbildung 7.21   Einflussgrößen bei der Impfung.

In Abbildung 7.23 sind die Kurven der Anzahldichteverteilung im RRSB dargestellt. Sie soll die Interpretation von RRSB-Diagrammen erleichtern. Eine Umrechnung ist über die Gleichungen der Abbildung 7.24 gegeben. Abbildung 7.26 zeigt beide Darstellungsformen für das in Tab. 7.1 gerechnete Beispiel.

7.6 Zusammenfassung

Die bisherige Grundlage einer Modellierung ist aus verschiedenen Gründen nützlich:

- zur Interpretation von Korngrößenanalysen,
- zur Auswahl von Kristallisatorbauarten und Betriebsweisen für die gewünschte KGV,
- zur Abschätzung von Einflussgrößen bei der Maßstabsvergrößerung,
- zur Regelung von Kristallisatoren.

Es wurden Gleichungen als Grundlage für die modellbasierte Regelung von Batch-Kristallisatoren hergeleitet.

Die Anzahldichtebilanz zeigt ferner die Auswirkung von Klassifizierung und Keimauflösung auf die Korngrößenverteilung. Auf die Schwierigkeiten zur Online-Bestimmung von Korngrößenverteilungen wurde hingewiesen.

Die Einflussgrößen auf eine KGV lassen sich in verschiedene Aspekte kategorisieren [3]. Die Zusammenhänge der direkten und indirekten Einflussgrößen sind in Abbildung 7.25 vereinfacht dargestellt.

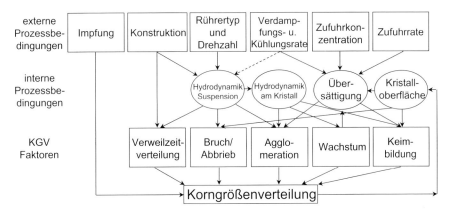

Abbildung 7.25   Einflussgrößen auf die Korngrößenverteilung.

7 Partikelgrößenverteilung und Modellierung von Kristallisatoren

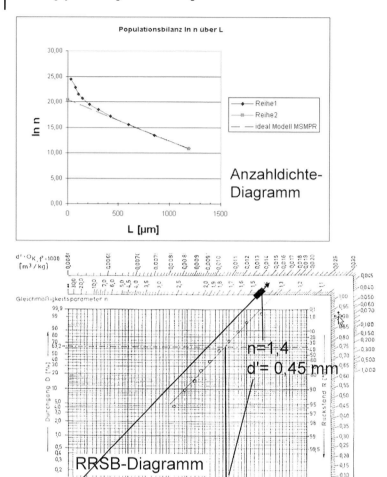

Abbildung 7.26 Darstellungsformen/Diagramm der Korngrößenverteilung

7.7
Anlagen

7.7.1
Anlage 1: Berechnung der Kinetik aus einer Siebanalyse durch Anwendung der Populationsbilanz

Aus einem stationär betriebenen MSMPR-Verdampfungskristallisator wurde eine Probe abgezogen, zentrifugiert und im Trockenschrank getrocknet. Anschließend wurde die Probe mit elf Veco-Präzisionssieben mit elektroformierten, quadratischen

7.7 Anlagen

Löchern mit einem Rüttelsieb gesiebt. Die Gewichtsverteilung der Siebanalyse ist in Tabelle 7.1 aufgeführt.

1. Berechnen Sie die relative kumulative Massenverteilung und zeichnen Sie diese in ein Diagramm.
2. Bestimmen Sie die mittlere Korngröße (d_{50} und MA) sowie den Verteilungskoeffizienten (n und CV)

Tabelle 7.1 Berechnung der Kinetik aus einer Siebanalyse durch Anwendung der Populationsbilanz.

Siebanalyse
Prüfmethode: Retsch-Vibrationssieb

Produkt: S	Auftraggeber:	für Populationsbilanz
Versuch:	Bearbeiter: Saubermann	Kornformfaktor 0,63
Versuch:		Probentrockenmasse 1395 kg/m³ 0,072
Datum: 20.09.03		Probenvolumen 1 l
Lfd. Nr.:	Einwaage (g): 100,000	Suspensionsdichte 1395 kg/m³
Datei:	Siebzeit: 5 min	Kristalldichte 1580 kg/m³
	Amplitude: 1,8 mm	Literaturwert kg/m³

Eingabe Messung: 4,4666

Diagramm kummulative Massenverteilung

Siebklasse i	Maschenweite x_i [µm]	Δm_i [g]	L_i [µm]	ΔL_i [µm]	$\Delta m_i/m_{ges}$ [1/µm]	q_{3i} [1/µm]	L_i [µm]	Q_{3i}	L [µm]	Q [%]
					0,004			1,000		100,00
11	1378	0,391	1189,5	377	0,022	0,000	0,049	0,996	1378	99,58
10	1001	2,0666	853	296	0,075	0,000	0,116	0,974	1001	97,36
9	705	7,065	599,5	211	0,157	0,001	0,168	0,899	705	89,87
8	494	14,751	423,5	141	0,180	0,001	0,179	0,742	494	74,17
7	353	16,909	303	100	0,179	0,002	0,161	0,562	353	56,18
6	253	16,813	212,5	81	0,143	0,002	0,117	0,383	253	38,26
5	172	13,409	147	50	0,091	0,002	0,072	0,240	172	24,02
4	122	8,544	104,5	35	0,053	0,002	0,053	0,149	122	14,92
3	87	5,016	74	26	0,053	0,002	0,048	0,096	87	9,59
2	61	4,995	30,5	61	0,043	0,001	0,021	0,043	61	4,27
1	0	4,014	0	0	0,000		0,000	0,000	0	0,00
	m_{ges}	93,97								

Diagramm Populationsbilanz

dl [µm]	n [#/m⁴]	L [µm]	ln n	Modell
377	56848,801	1189,50	10,95	10,8
296	671270,44	853,00	13,42	
211	5663395,7	599,50	15,55	
141	27557394	423,50	17,13	
100	105488225	303,00	18,47	
81	301104986	212,50	19,52	
50	938898120	147,00	20,66	
35	2,192E+09	104,50	21,51	
26	8,274E+09	74,00	22,84	
61	4,048E+10	30,50	24,42	
0		0,00		20,4

Siebanalyse

Siebklasse i	Maschenweite x_i [µm]	Δx_i [µm]	Δm_i [g]	x_i [µm]	$\Delta m_i/m_{ges}$	q_{3i} [1/µm]		Q_{3i}
0	0							0,000
		63	0,10	31,5	0,001	0,000		
1	63							0,001
		37	0,30	81,5	0,003	0,000		
2	100							0,004
		50	0,60	125	0,006	0,000		
3	150							0,011
		60	1,10	180	0,012	0,000		
4	210							0,022
		50	1,50	235	0,016	0,000		
5	260							0,038
		50	2,50	285	0,027	0,001		
6	310							0,065
		90	2,00	355	0,021	0,000		
7	400							0,086
		100	0,90	450	0,010	0,000		
8	500							0,096
		$\Delta x?$	0,20	$\Delta x?$	0,002	?		
9	$x_{max}?$							0,098
	m_{ges}		9,20					

3. Berechnen Sie die Anzahldichte n und zeichnen Sie eine halb logarithmische Populationsverteilung $\ln n$ über L
4. Bestimmen Sie die mittlere Wachstumsgeschwindigkeit G, die effektive Keimbildungsanzahl $n_{0,\text{eff}}$ und die effektive Keimbildungsrate $B_{0,\text{eff}}$.

Kristallgehalt:	$w_c = 11{,}9$ Gew.-%
Verweilzeit:	$\tau = 1$ h
Volumenformfaktor:	$k_v = 0{,}63$
Kristalldichte:	$\rho_c = 1580$ kg m^{-3}
Suspensionsdichte	$\rho_s = 1395$ kg m^{-3}

Anmerkungen zur Lösung:

$CV = [d(R = 16\,\%) - d(R = 84\,\%)] / 2d_{50}$

τ ergibt sich aus dem Füllvolumen im Kristallisator, dividiert durch den zugeführten Massenstrom

k_v ergibt sich aus der Literatur oder aus einer Wägung einzeln gezählter Kristalle nach $k_v = m / [\# \rho_c L^3]$

w_c errechnet sich aus dem getrockneten Gehalt an Kristallen, bezogen auf die Probenmasse

ρ_s errechnet sich aus dem getrockneten Gehalt an Kristallen, bezogen auf das Probenvolumen, (auch Literaturwerte)

$n(l) = \Delta m(L) / [k_v\, \rho_c\, \Delta L^3\, L\, V]$ mit
$\Delta m(L)$ = Masse auf dem Sieb der Größe L
V = Volumen der Probe = $\Delta m_{\text{ges}} / \rho_s$ oder
$n(l) = [\Delta m(L) / \Delta m_{\text{ges}}]\, \rho_s / [k_v\, \rho_c\, \Delta L^3\, L]$

n_0 erhält man durch Extrapolation einer Geraden durch die Messpunkte.
n_0 ist die Anzahl beim Schnittpunkt $L = 0$ µm
$G = L / [(\ln n_0 - \ln n(L))\tau]$
$B_{0,\text{eff}} = n_{0,\text{eff}}\, G$

7.7.2
Anlage 2: Beispiel Kühlungskristallisator

Spezifizieren Sie einen Batch-Kühlungskristallisator unter folgenden Bedingungen:

- gewünschte Produktkorngröße $L_p = 2$ mm
- Impfkristallkorngröße $L_s = 100$ µm
- Produktionskapazität $M_p = 1000$ kg
- Löslichkeitskurve $c = 6{,}2 \times 10^{-2} \times 3{,}4 \times 10^{-3}\, T$
- Lösungstemperatur im Zulauf $T_\alpha = 55$ °C
- Sättigungstemperatur $T_s = 53$ °C
- Endtemperatur nach Kühlung $T_\omega = 15$ °C
- Kristalldichte $\rho_c = 1{,}75 \times 10^3$ kg m^{-3}
- Lösungsdichte $\rho_L = 1{,}1 \times 10^3$ kg m^{-3}
- maximal zulässige Wachstumsgeschwindigkeit $G = 5 \times 10^{-8}$ m s^{-1}
- Volumenformfaktor des Kristalls $k_v = 0{,}5$

a) **Kristallisatorvolumen:**
- Zulaufkonzentration $\quad 6{,}5 \times 10^{-2} + 3{,}4 \times 10^{-3} \times 53 = 0{,}242 \text{ kg kg}_{\text{Lsg}}^{-1}$
- Endkonzentration $\quad 6{,}5 \times 10^{-2} + 3{,}4 \times 10^{-3} \times 15 = 0{,}113 \text{ kg kg}_{\text{Lsg}}^{-1}$
- Kristallausbeute $\quad 0{,}242 - 0{,}113 = 0{,}129 \text{ kg kg}_{\text{Lsg}}^{-1}$
- Suspensionsdichte $\quad M_{s\ell} = \dfrac{0{,}129}{\frac{0{,}129}{1\,750} + \frac{1}{1\,100}} \text{ kgm}^{-3} = 131 \text{ kgm}^{-3}$
- Kristallisatorvolumen $\quad V = \dfrac{M_p}{M_{s\ell}} = \dfrac{1\,000}{131} \text{ m}^3 = 7{,}6 \text{ m}^3$

b) **Impfkristallmenge:**

$$M_s = M_p \left(\frac{L_s}{L_p}\right)^3 = 0{,}125 \text{ kg}$$

c) **Kühlzeit:**

$$\tau = \frac{L_p - L_s}{G} = \frac{\left(2 \times 10^{-3} - 1 \times 10^{-4}\right) \text{ m}}{5 \times 10^{-8} \text{ ms}^{-1}} = 3{,}8 \times 10^4 \text{ s} = 10{,}6 \text{ h}$$

d) **Kühlungskurve:**

$$\frac{dT}{dt} = \frac{2 M_s G}{b V L_s}\left[\left(\frac{G}{L_s}\right)^2 t^2 + 2\left(\frac{G}{L_s}\right) t + 1\right] =$$

$$\frac{3 \times 0{,}125 \times 5 \times 10^{-8} \, °C}{0{,}0034 \times 7{,}6 \times 10^{-4} \text{ s}} \left[\left(\frac{5 \times 10^{-8}}{10^{-4}}\right)^2 \frac{1}{s^2} t^2 + 2\left(\frac{5 \times 10^{-8}}{10^{-4}}\right)\frac{1}{s} t + 1\right]$$

oder $\quad \dfrac{dT}{dt} = 1{,}8 \times 10^{-9} t^2 + 7{,}2 \times 10^{-6} t + 7{,}2 \times 10^{-3}$

$$T = 53 \, °C - \frac{3 \times 0{,}125 \text{ kg} \times 5 \times 10^{-8} \text{ ms}^{-1}}{0{,}0034 \text{ kgm}^{-3} \times 7{,}6 \text{ m}^3 \times 10^{-4} \text{ m}} \left(\frac{2}{3}\left(\frac{5 \times 10^{-8}}{10^{-4}}\right)^2 \frac{1}{s^2} t^3 + \right.$$

$$\left.\left(\frac{5 \times 10^{-8}}{2 \, 10^{-4}}\right)\frac{1}{s} t^2 + t\right) °C$$

$$T = 53 \, °C - 1{,}2 \times 10^{-9} t^3 + 1{,}83 \times 10^{-6} t^2 + 7{,}3 \times 10^{-3} t$$

7.7.3
Anlage 3: Beispiel: Auslegung eines Verdampfungskristallisators

Spezifizieren Sie Größe und Betriebsweise eines Verdampfungskristallisators:
- Produktkorngröße $\quad L_p = 1 \text{ mm}$
- Produktion/Batch $\quad M_p = 1000 \text{ kg}$

- Löslichkeit $c = 400$ kg m$_{Lsg.}^{-3}$
- maximale Übersättigung $\Delta c = 20$ kg m^{-3}
- maximale "Slurry"-Dichte $M_{SL} = 200$ kg m^{-3}
- Kristalldichte $\rho_c = 1{,}5 \times 10^3$ kg m^{-3}
- Volumenformfaktor $k_v = 1$
- maximal zulässige Wachstumsgeschwindigkeit $G = 3{,}6 \; 10^{-8}$ m s^{-1}
- Impfkorngröße $L_s = 100$ µm

a) Kristallisatorvolumen

- Endlösungsmenge $\dfrac{1\,000 \; kg}{200 \; kgm^{-3}} = 5 \; m^3$
- verdampfte Lösungsmittelmenge $\dfrac{1\,000 \; kg}{400 \; kgm^{-3}} = 2{,}5 \; m^3$
- Anfangslösungsmenge $7{,}5 \; m^3$

b) Impfkristallmenge

$$M_s = M_p \left(\dfrac{L_s}{L_p}\right)^3 = 1 \; kg$$

c) Batchzeit

$$\tau = \dfrac{L_p - L_s}{G} = 25\,000 \; s = 6{,}9 \; h$$

d) Verdampfungsrate

$$\dfrac{dV}{dt} = \dfrac{3 W_s G}{(c + \Delta c) L_s}\left[\left(\dfrac{G}{L_s}\right)^2 t^2 + 2 \dfrac{G}{L_s} t + 1\right]$$

$$\dfrac{dV}{dt} = 3{,}3 \times 10^{-13} \dfrac{m^3}{s^3} t^2 + 1{,}8 \times 10^{-9} \dfrac{m^3}{s^2} t + 2{,}6 \times 10^{-6} \dfrac{m^3}{s}$$

Literatur

Spezielle Literatur

1 M. A Larson, J. Garside, *The Chemical Engineer*, June (1973) 313–328.
2 A. Mersmann, Crystallisation Technology Handbook, Marcel Dekker, New York, (2000).
3 A. Pot, Industrial Sucrose Crystallization, Dissertation, TU Delft (1983).
4 S. J. Jançic, P.A.M. Grootscholten, Industrial Crystallization, TU Delft (1982).
5 P. A. M. Grootscholten, Dissertation, TU Delft (1982).
6 A. D. Randolph, M. A. Larson, The Theory of Particulate Processes, Academic Press, New York (1971).
7 M. A. Larson, *Chem. Eng.* **2**,13 (1978) 90–102.
8 S. K. Heffels, M. Kind, Seeding Technology – An Underestimated Critical Success Factor for Crystallization, Proceeding of the 14th Symposium on Industrial Crystallization, Cambridge 14–16. Sept., 1999, IChemE, Rugby, UK, booksales@icheme.org.uk

III
Anwendungen

8
Einfache Kristallisation aus Lösungen

8.1
Diskontinuierliche Kristallisationsprozesse

H.-P. Wirges

Zusammenfassung

In diesem Beitrag wird dargelegt, welche Grundtypen der diskontinuierlichen Lösungskristallisation existieren. Im einzelnen werden die Möglichkeiten zur Korngrößen- und Kornformbeeinflussung gezeigt:

- Rührtechnik
- Impftechnik
- Konzentration der Feed-Lösung
- Kühlprogramm/Verdampfungsprogramm/Dosierprogramm
- Fällungstaktik
- Feststoffgehalt nach der Kristallisation
- Additivzusatz

Nach einer Beschreibung der experimentellen Kristallisationsmethoden im Labormaßstab werden die Beziehungen zur Berechnung der optimalen Kühlkurve für den diskontinuierlichen Kühlungskristallisator hergeleitet.

Für den diskontinuierlichen Fällungskristallisator werden die Einflussparameter zitiert.

8.1.1
Einleitung

Diskontinuierliche Kristallisationsprozesse spielen eine große industrielle Rolle im Bereich Pharma, Pflanzenschutz und Feinchemikalien (Anorganica/Organica). Übliche Produktkapazitäten bewegen sich zwischen 1 jato und 1000 jato, deutlich seltener bis 5000 jato.

Anorganische und organische Massenprodukte werden normalerweise kontinuierlich kristallisiert. Im folgenden werden ausschließlich Batch-Lösungskristallisationen behandelt.

8.1.2
Zielsetzung und Grundtypen der diskontinuierlichen Lösungskristallisation

Die Kristallisation ist als thermisches Trennverfahren zu verstehen, wobei vorrangig die gewünschte Produktqualität (analytische Produktreinheit) zu garantieren ist. Weiter müssen die geforderte Produktionskapazität und Korngrößenverteilung (teilweise auch Kornform) sichergestellt werden (Abb. 8.1–1). Besonders zu beachten ist, dass die Korngrößenverteilung mit der Kornform entscheidenden Einfluß auf die anwendungstechnischen Produkteigenschaften, die Filtration und die Trocknung nimmt.

In der Abbildung 8.1–2 ist die Feststoffverfahrenskette mit Reaktion, Kristallisation/Fällung und downstream-processing (Filtration, Wäsche, Trocknung) dargestellt. Optimierungsschritte sollten aus plausiblen Gründen bei der Reaktion und Kristallisation einsetzen.

Die Grundlage aller Auslegungsversuche stellt die Messung der Löslichkeitskurve dar (Abb. 8.1–3 und 8.1–4). Unbedingt muß berücksichtigt werden, dass der Kristallisator im metastabilen Bereich ΔC_{met} (optimal 1/2 ΔC_{met}) betrieben wird.

In der Abbildung 8.1–5 sind die Keimbildungsrate und die Wachstumsrate in Abhängigkeit von der relativen Übersättigung graphisch wiedergegeben. Beim Ver-

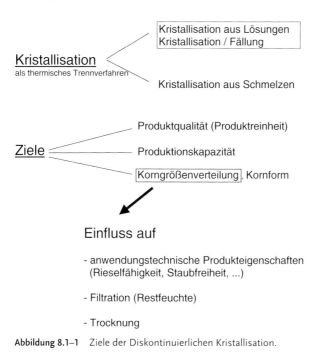

Abbildung 8.1–1 Ziele der Diskontinuierlichen Kristallisation.

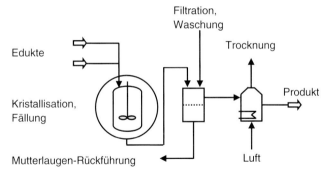

Abbildung 8.1–2   Prinzipschema eines Diskontinuierlichen Kristallisationsprozesses.

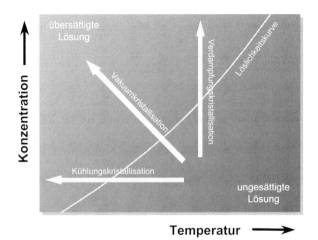

Abbildung 8.1–3   Kristallisationsverfahren: Verdampfungs-, Vakuumkühlungs- und Oberflächenkühlungs-Kristallisation.

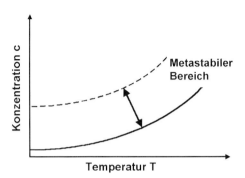

Abbildung 8.1–4   Metastabiler Bereich der Übersättigung.

8 Einfache Kristallisation aus Lösungen

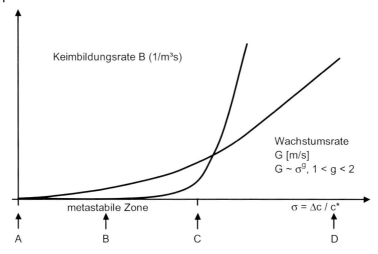

Abbildung 8.1–5 Vorgänge im Metastabilen Bereich.

lassen der metastabilen Zone steigt die Keimbildungsrate exponentiell an, was wiederum zu sehr feinen Partikeln führt.

Die Grundtypen der Kristallisation

- Kühlungskristallisation
- Vakuumkristallisation
- Verdampfungskristallisation

und der Fällung

- Reaktionsfällung
- Verdrängungsfällung

werden in der Abbildung 8.1–6 charakterisiert.

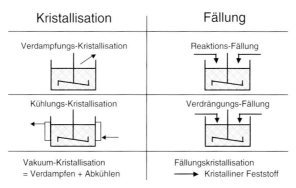

Abbildung 8.1–6 Grundtypen der Diskontinuierlichen Kristallisation aus Lösungen (II).

Die Abbildungen 8.1–7 und 8.1–8 verdeutlichen die Abhängigkeit der mittleren Kristallgröße von der relativen Übersättigung. Folgt man den Ergebnissen aus Abbildung 8.1–8, so resultiert für $\Delta C/C^* < 1$ der Bereich der Kühlung und Verdampfung ($50 < d_{50} < 1\,000$ µm) für $\Delta C/C^* > 1$ der Bereich der Fällung ($d_{50} < 50$ µm).

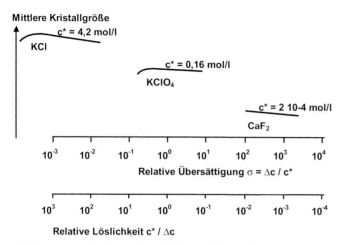

Abbildung 8.1–7 Die Spontankeimbildung und damit die mittlere Korngröße sind über die relative Übersättigung abhängig von der relativen Löslichkeit. Beispiel: Schlecht lösliche Stoffe haben große relative Übersättigungen. Dadurch kommt es zu Spontankeimbildung und zu kleinen mittleren Kristallgrößen.

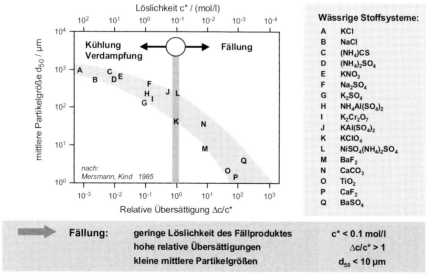

Abbildung 8.1–8 Mersmann-Chart: „Bei welcher Übersättigung soll man kristallisieren?"

Klassische Beispiele für
Kühlungskristallisationen sind: KNO$_3$, NH$_4$NO$_3$
Vakuumkühlungskristallisation: FeSO$_4$ · 7 H$_2$O
Verdampfungskristallisation: NaCl, (NH$_4$)$_2$SO$_4$

Bei Fällungskristallisationen trennt man physikalische Fällungen (Verdrängungskristallisation, Aussalzen) von chemischen Fällungen, ausgelöst durch chemische Reaktionen (Abb. 8.1–9).

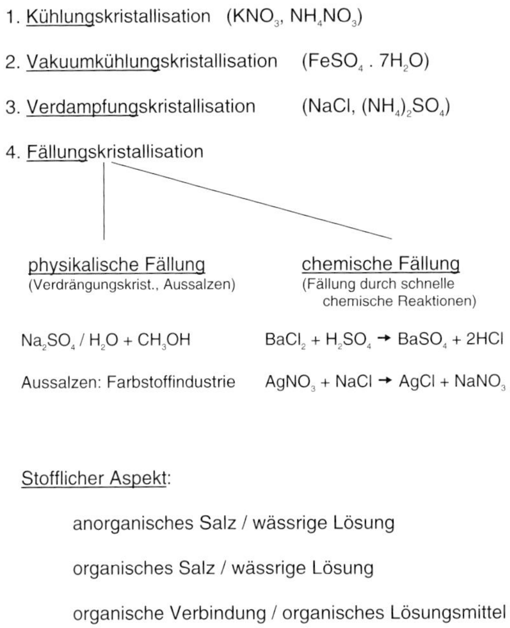

1. <u>Kühlung</u>skristallisation   (KNO$_3$, NH$_4$NO$_3$)

2. <u>Vakuumkühlung</u>skristallisation   (FeSO$_4$. 7H$_2$O)

3. <u>Verdampfung</u>skristallisation   (NaCl, (NH$_4$)$_2$SO$_4$)

4. <u>Fällung</u>skristallisation

<u>physikalische Fällung</u>   <u>chemische Fällung</u>
(Verdrängungskrist., Aussalzen)   (Fällung durch schnelle chemische Reaktionen)

Na$_2$SO$_4$ / H$_2$O + CH$_3$OH   BaCl$_2$ + H$_2$SO$_4$ → BaSO$_4$ + 2HCl

Aussalzen: Farbstoffindustrie   AgNO$_3$ + NaCl → AgCl + NaNO$_3$

<u>Stofflicher Aspekt</u>:

   anorganisches Salz / wässrige Lösung

   organisches Salz / wässrige Lösung

   organische Verbindung / organisches Lösungsmittel

Abbildung 8.1–9   Grundtypen der Diskontinuierlichen Kristallisation aus Lösungen (I).

8.1.3
Korngrößenbeeinflussung

Zur Korngrößenbeeinflussung bei diskontinuierlichen Kristallisationen werden verschiedene Parameter herangezogen: Rührtechnik, Impftechnik (Spezifikum der Kristallisation), Feed-Lösung, Temperaturführung usw. Der Einsatz von Additiven kann sowohl die mittlere Korngröße als auch die Kornform beeinflussen (Abb. 8.1–10).

Weitere Einflußgrößen sind Kühlprogramm, Verdampfungsprogramm und Dosierprogramm. Bei Fällungen werden verstärkt Instrumente der Fällungstaktik eingesetzt, wie Fällungsrichtung, Zulaufbedingungen (single-feed/double-feed), stöchiometrische/nichtstöchiometrische Fahrweise, Anteil des Fällmittels, Variationen des pH-Wertes usw. (Abb. 8.1–11 und 8.1–12).

Mit der optimalen Führung von diskontinuierlichen Lösungskristallisationen ist zwingend die Fahrweise bei konstanter Übersättigung verbunden. Wie numerische

- Rührtechnik (Rührertyp, volumenbezogene Rührleistung, Nachrührzeit ...)

- Impftechnik (Impfgutmenge, Korngrößenverteilung)

- Konzentration der eingesetzten Lösungen (qualitative und quantitative Zusammensetzung)

- Temperatur, Temperaturführung

- Feststoffgehalt nach der Kristallisation

- Additivzusatz

Abbildung 8.1–10 Korngrößenbeeinflussung bei diskontinuierlichen Lösungskristallisationen im Rührwerkskessel (I).

- Kühlprogramm Kühlrate = f (Zeit) für disk. Kühlungskristallisationen

- Verdampfungsprogramm Verdampfungsrate = f (Zeit) für disk. Verdampfungskristallisationen

- Dosierprogramm Dosierrate = f (Zeit) für semi-batch Fällungskristallisationen

Fällungstaktik
- Fällungsrichtung
- Zulaufbedingungen
- stöchiometrische Fahrweise
- Fällmittelanteil
- pH-Wert ...

Abbildung 8.1–11 Korngrößenbeeinflussung bei diskontinuierlichen Lösungskristallisationen im Rührwerkskessel (II).

Simulationen und experimentelle Ergebnisse zeigen, wird die Fahrweise (batch) vorteilhaft, bei der die Übersättigung während des Batch-Prozesses möglichst konstant bleibt. Nur so läßt sich ein grobes, monodisperses Korn „züchten".

In der Praxis bedeutet dies, dass bei einer Kühlungskristallisation die Kühlrate am Anfang des Prozesses relativ niedrig gehalten und dann langsam gesteigert wird

8 Einfache Kristallisation aus Lösungen

> Korngrößenbeeinflussung

Maßnahmen:
- Rührtechnik
- Konzentration
- Temperatur
- Zeit
- Kühlprogramm
- Fällungstechnik
- Impftechnik
- Additivzusatz

Abbildung 8.1–12 Korngrößenbeeinflussung bei diskontinuierlichen Lösungskristallisationen im Rührwerkskessel (III).

(Abb. 8.1–13). Analoges gilt bei Verdampfungskristallisationen für die Verdampfungsrate und bei Fällungen für die Dosierrate.

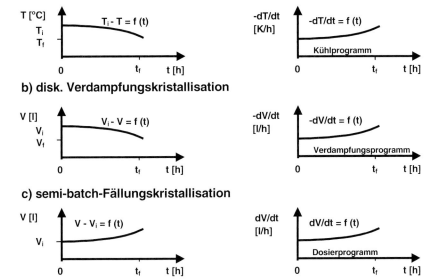

Abbildung 8.1–13 Optimale Führung von diskontinuierlichen Lösungskristallisationen bei konstanter Übersättigung.

Bei der Optimierung von diskontinuierlichen Kristallisationen im Labormaßstab sollten die Programme auf ihre Effizienz getestet werden. Experimentell sind diese Maßnahmen heute problemlos über Programmgeber und PLT-Einrichtungen zu realisieren. Experimentelle Untersuchungen zur Optimierung von diskontinuierlichen Kristallisationen werden im Labormaßstab zweckmäßig in Rührwerkskesseln (0,1 L bis 10 L) gestartet. Als Rührwerkskessel dienen typische Planschliffreaktionskessel mit standardisierter Geometrie und standardisierten Rührertypen (axial-/radial-Rührer, langsam-/schnelllaufende Rührer).

Wichtigste Meßgröße zur Beurteilung des Kristallisats ist die Korngrößenverteilung, die heute häufig mit Korngrößenanalysatoren (z. B. Firma Malvern, Cilas, Sympatec und Lasentec) gemessen wird. Klassische Siebverfahren spielen ebenso wie Auszählverfahren mit dem Mikroskop nach wie vor eine wichtige Rolle. Das Mikroskop verdient als Meßgerät bei Kristallisationen große Beachtung, weil es neben der Korngrößenverteilung auch die Kornform zu verfolgen erlaubt (Abb. 8.1–14).

Weitere relevante Kenngrößen sind die Filtrationsgeschwindigkeit (besonders interessant bei Fällungen), die Sinkgeschwindigkeit und die Lösegeschwindigkeit (entscheidend bei Pharma-Produkten). Neben der experimentellen Optimierung des Kühlprogramms für den Batch-Kristallisator gibt es numerische Methoden, die auf der Massenbilanz und der Anzahldichtebilanz beruhen (Abb. 8.1–15).

<u>Experimentelle Untersuchungen im Labormaßstab</u>:

        0,5l - 1l, 2l - 5l und 10l Rührwerkskessel
        aus V4A und Glas

<u>Rührwerkskessel</u>:   Planschliffreaktionskessel, standardisierte Geometrie, standardisierte Rührertypen

<u>Meßgrößen zur Beurteilung des Kristallisats</u>:

    a) <u>Korngrößenverteilung</u> durch
      - Siebung (Nass / Trocken)
      - Auszählung der Partikel mit dem Mikroskop
      - Korngrößenanalysator (Fa. Malvern, Cilas)

    b) <u>Filtrationsgeschwindigkeit</u>

    c) <u>Sinkgeschwindigkeit</u>

    d) <u>Lösegeschwindigkeit</u>

Abbildung 8.1–14   Untersuchungen im Labormaßstab.

8 Einfache Kristallisation aus Lösungen

Massenbilanz:
$$V\frac{dc}{dt} + \frac{dM}{dt} = 0$$

mit $V\,[m^3]$ - Lösungsvolumen im Kristallisator

$c\,[kg/m^3]$ - Konzentration

$t\,[s]$ - Zeit

$M\,[kg]$ - Kristallisatmasse

Löslichkeit c*:
$$c^* = a + b \cdot T$$
a, b - Koeffizienten

Anzahldichtebilanz:
$$\frac{\partial n}{\partial t} + G\frac{\partial n}{\partial L} = 0$$

$n\left[\dfrac{Zahl}{m \cdot m^3}\right]$ - Anzahldichte

$t\,[s]$ - Zeit

$G\,[m/s]$ - Wachstumsgeschwindigkeit

$L\,[m]$ - Korngröße

Annahmen: a) Keimbildungsrate $B_0 = 0$
b) Wachstumsrate $G = const$

Abbildung 8.1–15 Berechnung der optimalen Kühlkurve für den Batch-Kristallisator (I).

Unter der Annahme
- Keimbildungsrate $B_0 = 0$
- Wachstumsrate $G = const$

und der Beziehung

$$W_s = W_p \cdot \left(\frac{L_s}{L_p}\right)^3$$

mit W_s - Masse Impfgut
W_p - Masse Produkt
L_s - Impfkorngröße
L_p - Produktkorngröße

kann eine Gleichung zur Berechnung der optimalen Kühlkurve hergeleitet werden, die die Kühlrate in parabolischer Abhängigkeit von der Zeit enthält (Abb. 8.1–16 und 8.1–17).

Ein praktisches Beispiel verdeutlicht die Vorgehensweise und zeigt mit konkreten Zahlenwerten den mathematischen Zusammenhang auf (Abb. 8.1–17).

Aus den Momentengleichungen der Anzahldichtebilanz folgt mit den Beziehungen für die Massenbilanz und die Löslichkeit:

$$\frac{b \cdot V (T_i - T)}{3 \rho_s \cdot K_V \cdot L_s^3 \cdot N} = \frac{1}{3}\left(\frac{G \cdot t}{L_s}\right)^3 + \left(\frac{G \cdot t}{L_s}\right)^2 + \frac{G \cdot t}{L_s}$$

mit $b \left[\dfrac{kg}{m^3 \cdot {}^\circ C}\right]$ - Temperaturkoeffizient der Löslichkeit

$T_i \; [{}^\circ C]$ - Starttemperatur

$\rho_s \left[\dfrac{kg}{m^3}\right]$ - Kristalldichte

$k_V \; [-]$ - Volumenformfaktor

$L_s \; [m]$ - Impfkorngröße

$N \; [-]$ - Anzahl der Impfkeime

Durch Einführung von

$$\varnothing = \frac{b \cdot V \cdot T}{3 \rho_s \, K_V \, L_s^3 \cdot N} = \frac{b \cdot V \cdot T}{3 \cdot W_s} \quad \leftarrow \text{Masse Impfgut}$$

und $Z = \dfrac{G \cdot t}{L_s}$

wird $\boxed{\varnothing_i - \varnothing = \dfrac{1}{3} Z^3 + Z^2 + Z}$

und $\boxed{-\dfrac{d\varnothing}{dZ} = Z^2 + 2Z + 1}$

Abbildung 8.1–16 Berechnung der optimalen Kühlkurve für den Batch-Kristallisator (II).

8 Einfache Kristallisation aus Lösungen

Beispiel:

$$b = 3{,}74\ kg/m^3 \cdot {}^\circ C$$
$$V = 7{,}6\ m^3$$
$$L_S = 1 \cdot 10^{-4}\ m\ \text{(Impfkorngröße)}$$
$$L_p = 2 \cdot 10^{-3}\ m\ \text{(Produktkorngröße)}$$
$$G = 5 \cdot 10^{-8}\ m/s$$
$$W_S = 0{,}125\ kg$$

folgt aus

$$W_s = W_p \cdot \left(\frac{L_S}{L_p}\right)^3$$

$$\longrightarrow\ W_s = 1000\ kg \cdot \left(\frac{1 \cdot 10^{-4}}{2 \cdot 10^{-3}}\right)^3$$

Einsetzen in

$$\frac{b \cdot V \cdot L_S}{3 \cdot W_S \cdot G} \cdot \left(\frac{-dT}{dt}\right) = \left(\frac{G}{L_S}\right)^2 \cdot t^2 + 2\left(\frac{G}{L_S}\right) \cdot t + 1$$

$$\longrightarrow\ \left(\frac{-dT}{dt}\right) = 1{,}65 \cdot 10^{-12} \cdot t^2 + 6{,}6 \cdot 10^{-9}\ t + 6{,}6 \cdot 10^{-6}$$

$$\left[\frac{{}^\circ C}{s}\right],\ \left[\frac{K}{s}\right]$$

Abbildung 8.1–17 Berechnung der optimalen Kühlkurve für den Batch-Kristallisator (III).

In der Abbildung 8.1–18 sind die bekannten Temperatur-Zeit-Abhängigkeiten noch einmal graphisch dargestellt: a) zeigt die natürliche Abkühlung, b) die lineare Abkühlung und c) das Kühlprogramm (optimal, wie früher beschrieben).

In der Kurve c finden wir das optimale Programm wieder, bei dem am Anfang der Kühlungskristallisation langsam gekühlt wird (der Anfang ist die entscheidende Phase) und im weiteren Verlauf die Kühlrate gesteigert wird. Am Ende der Batch-Kristallisation resultiert die höchste Kühlrate (Kurve c, Abb. 8.1–18).

In Abbildung 8.1–18, unterer Plot, ist im RRSB (Rosin-Rammler-Sperling-Bennett)-Diagramm die Korngrößenverteilung für die Verfahren a, b und c dargestellt. Methode c (optimales Kühlprogramm) führt zu der steilsten Geraden (engste Verteilung!) im RRSB-Diagramm. Ebenso wird bei der Methode c die mittlere Korngröße am größten (s. Q = 63,2 %-Wert).

Zusammenfassend ist also festzuhalten, dass es mit dem Verfahren c gelingt, grobes, weitestgehend monodisperses Korn zu gewinnen.

8.1 Diskontinuierliche Kristallisationsprozesse

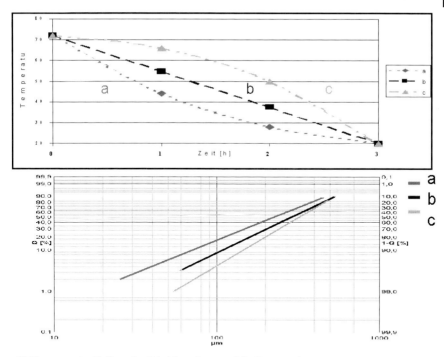

Abbildung 8.1–18 Einfluss der Abkühlungskurve auf die Kornverteilung.

In Analogie zu kontinuierlichen Kristallisatoren können auch diskontinuierliche Kristallisatoren mit Feinkorn-Auflösung (incl. „Feinkorn-Falle" und Kreislauf-Fahrweise und Feinkornauflösung) konzipiert werden (Abb. 8.1–19).

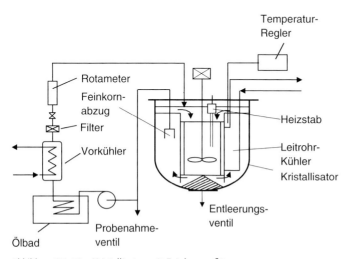

Abbildung 8.1–19 Kristallisator mit Feinkornauflösung.

Den Einfluss der Feinkornauflösung auf die Korngrößenverteilung (Durchgangskurve) kann man der Abbildung 8.1–20 entnehmen. Die Feinkornauflösung führt zu einer deutlichen Steigerung des mittleren Korndurchmessers (50 % Linie-Durchgang). Es wird empfohlen, die Methode der Feinkornauflösung an verschiedenen Stoffsystemen zu testen und neue Kriterien für die Eignung des Verfahrens zu entwickeln.

Für Fällprozesse sind in der Literatur die wesentlichen Einflussparameter untersucht und in ihrer Relevanz beschrieben (Abb. 8.1–21). Besondere Bedeutung verdienen Impfprozesse und die kontinuierliche Fahrweise.

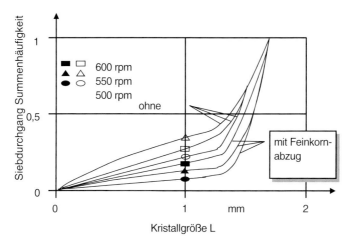

Abbildung 8.1–20 Anstieg der Kristallgröße durch Feinkornauflösung.

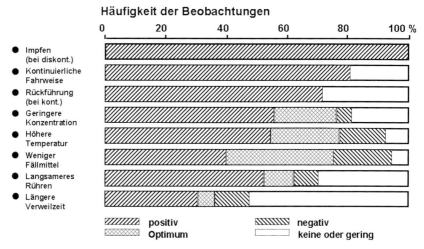

Abbildung 8.1–21 Maßnahmen zur Einstellung der optimalen Kristallisationsbedingungen nach ihren Erfolgsaussichten geordnet.

Den Einfluss der Betriebsweise (diskontinuierlich/kontinuierlich) demonstriert die Abbildung 8.1–22 für Fällungen. Der relative Filtrationswiderstand sinkt erheblich beim Übergang von der diskontinuierlichen zur kontinuierlichen Fahrweise. Somit ist bei Fällungen die kontinuierliche Fahrweise als bevorzugt anzusehen. Besonders bevorzugt ist die kontinuierliche Betriebsweise mit Rückführung.

Im doppelt-logarithmischen Maßstab ist in der Abbildung 8.1–23 der Filtrationswiderstand in Abhängigkeit vom mittleren Korndurchmesser graphisch wiedergegeben. Relativ niedrige Werte des Filtrationswiderstandes lassen sich nur durch Erhöhung des mittleren Korndurchmessers erzielen.

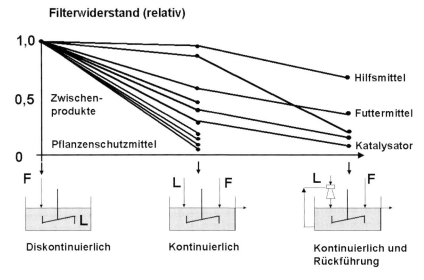

Abbildung 8.1–22 Einfluss der Betriebsweise auf den erreichten Filterwiderstand.

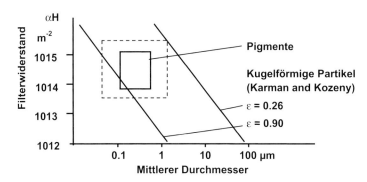

Abbildung 8.1–23 Zielgebiet für die Filterwiderstände, das durch Einstellung der optimalen Kristallisationsbedingungen erreicht werden soll.

8 Einfache Kristallisation aus Lösungen

Wie bisher dargestellt, werden durch Optimierung der diskontinuierlichen Kristallisation Produkte mit optimaler

- Ausbeute und Reinheit
- Korngrößenverteilung
- Kornform

in der gewünschten Modifikation gewonnen (Abb. 8.1–24).

Optimierte Feststoffbildungsprozesse
liefern Produkte mit einer definierten

- Ausbeute

- Korngrößenverteilung

- Kornform (Morphologie)

- Modifikation (Polymorphie)

- Reinheit.

Abbildung 8.1–24 Anforderungen an den Diskontinuierlichen Kristallisationsprozess.

8.2
Verfahren und Bauarten von Kristallisatoren für die einfache Kristallisation aus Lösungen

G. Hofmann

Die Kristallisation gehört zu den ältesten Technologien der Menschheit. Unsere frühen Zivilisationen sind in Küstenzonen entstanden, in welchen der Betrieb von Sonnensalinen möglich war. Die Stadt Rom (Ostia) und die Ausbreitung des Römischen Imperiums sind dafür Beispiele. Auch noch heute ist die Gewinnung von Salz in Sonnensalinen wegen der einfachen Verfahrenstechnik und der kostenlosen Energieversorgung weit verbreitet. Nachteilig sind der immense Flächenbedarf, die große Zahl an Arbeitskräften und die begrenzte Reinheit des Produktes. Das Meersalz besteht aus zusammengewachsenen Einzelkristallen und weist deshalb Einschlüsse an Mutterlauge und höhere Restfeuchten auf. Unbehandelt lässt es sich mit einer Reinheit von 98 % gewinnen, und Salzwäschen bringen es auf nicht mehr als 99,5 %. Auch können nicht überall Sonnensalinen eingerichtet werden und schon gar nicht für alle Produkte.

Vor etwa 150 Jahren entstanden die ersten industriellen Kristallisatoren und Kristallisationsprozesse. Die Kristallisation wurde unabhängig von Standorten und ortsgegebenen Energien, und jede Produktreinheit wurde darstellbar. Die weitere technische Entwicklung führte zu unterschiedlichen Bauarten von Kristallisatoren, angepasst an die Kristallisationsverfahren und ausgerichtet auf die Anforderungen an die kristallinen Produkte. Mit der Vakuumtechnik eröffnete sich die Möglichkeit auch bei anderen Drücken als Atmosphärendruck zu arbeiten und damit die Kristallisationsverfahren den Gegebenheiten der Phasensysteme und den Stoffeigenschaften der Kristallisate besser anpassen zu können. Heute sind diese Verfahren der Vakuumkristallisation zum Standard in der Kristallisationstechnik geworden.

Während die Eindampfung, d. h. der Stoffübergang aus der flüssigen Phase in die dampfförmige Phase, eine direkte Verbindung zur Vakuumtechnik besitzt, ist die Verbindung des heutigen Grundverfahrens „Einfache Kornkristallisation aus Lösungen" zur Vakuumtechnik nur mittelbar. Die Vakuumtechniken der Vakuumkühlung und der Vakuumverdampfung sind nur die am meisten verwendeten Mittel, den Kristallisationsprozess auszulösen. Der Grund für die beherrschende Stellung der Vakuumkristallisation gegenüber der klassischen Oberflächenkühlungskristallisation ist die verminderte Neigung zur Bildung von Verkrustungen. Eingesetzt werden beide im Grobvakuumbereich bis hinunter zu 1 mbar. Geringere Drücke sind wegen der Stoffeigenschaften der Lösungsmittel selten. Es finden sich auch Anwendungen im Überdruckbereich, allerdings nimmt die Anzahl mit zunehmender Temperatur ab. Alle klassischen Schaltungsvarianten des Grundverfahrens Eindampfung sind auch in der Vakuumkristallisation zu finden. Ein wesentlicher Unterschied zum Stofftrennungsprozess Eindampfung besteht aber darin, dass der Trennprozess mit dem Schritt der Kristallisation noch nicht abgeschlossen ist. Das gebildete Kristallisat ist in einer Mutterlauge suspendiert und muss noch von dieser getrennt werden. Der Stofftrennungsprozess Kristallisation ist daher stets mit einem mechanischen Trennverfahren verbunden. Umso besser diese Abtrennung möglich ist, je höher ist die Reinheit der Kristallisate.

Die Abtrennung ist umso vollständiger möglich, je kompakter die Kristalle geformt sind und je gröber sie anfallen. Sie ist zudem von der Trenntechnik abhängig. Zentrifugation wird bevorzugt. Die anhaftende Mutterlaugenmenge ist geringer und auch Waschen ist weniger aufwändig. Da die Zentrifugation mit Schub- oder Siebschneckenschleudern ab etwa 0,2 mm mittlerer Korngröße möglich wird, werden Erfolg und Wirtschaftlichkeit des Stofftrennungsprozesses Kristallisation von der erzielten Korngröße und der Korngrößenverteilung bestimmt.

Diese Größen nehmen auch Einfluss auf die Lagerfähigkeit, die Staubfreiheit und die Streufähigkeit des Produktes. So muss Ammoniumsulfat, das als Volldünger verwendet wird, ausreichend grob kristallisiert werden, damit es beim Verstreuen nicht auf den Blättern der Pflanzen liegen bleibt. Andere Kristallisate müssen dagegen möglichst fein kristallisiert werden, um darüber das Löseverhalten günstig zu beeinflussen. Darüber hinaus werden die Anforderungen an Granulometrie und Reinheit der Kristallisate durch Verbraucher- und Marktgewohnheiten und häufig auch durch Folgeprozesse bestimmt. Ein weiterer wesentlicher Unterschied zur Eindampfung resultiert aus der ständigen Neigung kristallisierender Lösungen, an allen festen Oberflächen Verkrustungen auszulösen. Ein Kristallisator muss in Konstruktion und Auslegung darauf abgestimmt sein, andernfalls wird durch mangelnde Verfügbarkeit die Wirtschaftlichkeit des Prozesses gefährdet. Nicht alle Bauarten von Verdampfern sind deshalb auch in der Vakuumkristallisation einsetzbar.

Alle erforderlichen konstruktiven und auslegungstechnischen Maßnahmen für die Planung von Kristallisatoren leiten sich aus der Kristallisationskinetik ab. Deshalb werden im Nachfolgenden zunächst die theoretischen Grundlagen wiederholt.

8.2.1
Theoretische Grundlagen

Treibende Kraft für den Vorgang der Kristallisation ist die Übersättigung, d. h. eine Konzentration des zu kristallisierenden Stoffes in der Lösung, die größer ist als der Sättigungszustand. Übersättigungen können in Lösungen durch verschiedene Maßnahmen erzeugt werden. Üblich ist die Eindampfung über den Sättigungszustand hinaus oder die Absenkung der Lösungstemperatur.

Das jeweilige Prinzip ist in Abbildung 8.2–1 gezeigt. Bei Löslichkeitsfunktionen, welche von der Temperatur nicht oder nur gering abhängig sind, wird der Lösungsmittelentzug gewählt, bei deutlicher Temperaturabhängigkeit die Kühlmethode. Je größer die Übersättigung gewählt wird, umso schneller läuft der Kristallisationsprozess ab. Sowohl die Kristallwachstumsgeschwindigkeit als auch die Keimbildungshäufigkeit sind davon betroffen (Abb. 8.2–2). Wie groß muss diese Übersättigung gewählt werden?

Zu niedrige Kristallwachstumsgeschwindigkeiten führen zu schlechten Raum-Zeit-Ausbeuten, zu hohe können Formveränderungen an den Kristallen bewirken, die im Allgemeinen unerwünscht sind (Nadelform, Plättchenform). Die meisten Substanzen haben Kristallwachstumsgeschwindigkeiten zwischen 10^{-7} bis $10^{-9}\,\mathrm{ms}^{-1}$, folgerichtig ist Kristallisation ein langsamer Prozess. Wichtiger ist daher der Ein-

8.2 Verfahren und Bauarten von Kristallisatoren für die einfache Kristallisation aus Lösungen

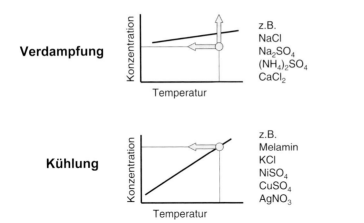

Abbildung 8.2-1 Verfahren zur Erzeugung von Übersättigungen.

fluss der Übersättigung auf die Keimbildungshäufigkeit, denn zu viele Kristallkeime führen zu feinem, schlecht trennfähigem Kristallisat. Wird die Übersättigung zu hoch gewählt, kommt es zur so genannten Spontankeimbildung (*Primärkeimbildung*). Diese Keimbildungsart führt in der Regel zu einer extremen Anzahl von Partikeln. Viele schwerlösliche Substanzen, wie die Schwermetallsulfide oder die Erdalkalicarbonate, Beispiele dafür. Allesamt sind diese Substanzen sehr feine Kristallisate, was durch die Spontankeimbildung hervorgerufen wird. Der Bereich bis zur Grenzübersättigung, bei der es zur Spontankeimbildung kommt, wird der *metastabile Bereich* genannt. Dieser ist bei schwerlöslichen Substanzen so klein wie die Löslichkeit selbst und daher ist bei diesen Substanzen die Spontankeimbildung unver-

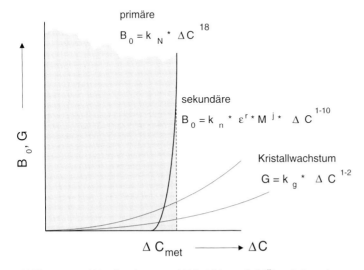

Abbildung 8.2-2 Kristallwachstum und Keimbildung als f (Übersättigung), metastabiler Bereich.

meidlich [1, 2]. Bei den höher löslichen Stoffen – und das sind die Massenkristallisate, die durch einfache Kornkristallisation aus Lösungen produziert werden – ist dieser metastabile Bereich deutlich größer, im Bereich von wenigen g/l bis zu Prozenten. Innerhalb dieses Bereiches entstehen keine spontanen Keime, jedoch können eingebrachte Kristalle wachsen. Dadurch ist in diesen Fällen die Möglichkeit gegeben, die Kristallisationsprozesse auch ohne Spontankeimbildung zu betreiben.

In diesem Fall entstehen die erforderlichen Keime durch einen Sekundärprozess, der auch *Sekundärkeimbildung* genannt wird (vgl. Abb. 8.2–2). Da die wachsenden Kristalle suspendiert gehalten werden müssen, um ihnen ständig neue Übersättigung zuzuführen, sind alle Kristallisatoren mit Rührern oder Umwälzpumpen ausgerüstet. Verantwortlich für die Sekundärkeimbildung sind die Zusammenstöße der suspendierten Kristalle mit den Rührern oder Pumpen. Die Keimbildungshäufigkeit B_0 ist abhängig von der eingebrachten Suspendierenergie e^r, der Masse an suspendierten Kristallen m_T^j und der Übersättigung Δc^n [3, 4]:

$$B_0 = k_N \, e^r \, m_T^j \, \Delta c^n \tag{1}$$

Vorausgesetzt, dass die Primärkeimbildung durch Beachtung des metastabilen Bereiches sicher vermieden wird, ist das Ergebnis des Kristallisationsprozesses, die Granulometrie, von der Steuerung dieser Sekundärkeimbildung abhängig. Die Sekundärkeimbildung ist damit die wichtigste Steuergröße für Kristallisationsprozesse.

Je niedriger die Sekundärkeimbildung, umso massereicher kann der einzelne Kristall werden. Zum besseren Verständnis ist dieser Vorgang an einem Beispiel in Abbildung 8.2–3 grafisch erläutert. Die Übersättigung ist darin der Produktionsmenge gleichgesetzt.

Bei der Produktionsmenge von jeweils 10 g entstehen diesem Beispiel folgend aus 10 Kristallkeimen 10 Stück Kristalle mit der Masse von je 1 g. Dagegen entstehen aus 10 000 Kristallkeimen unter gleichen Bedingungen 10 000 Kristalle mit

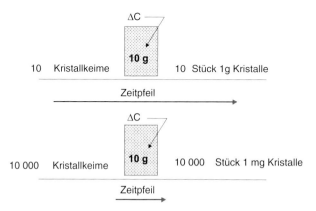

Abbildung 8.2-3 Einfluss der Keimbildungshäufigkeit.

einer Masse von jeweils nur 1 mg. Da das Übersättigungsniveau nicht über das Maß des metastabilen Bereiches hinaus gesteigert werden kann – sonst würde sich die Zahl der Keime spontan vermehren – nimmt es deutlich mehr Zeit in Anspruch, die Übersättigungsmenge von 10 g an 10 Kristallen von 1 g unterzubringen als 10 000 Kristalle von nur 1 mg zu erzeugen. Das ist durch die Zeitpfeile angedeutet.

Für die Gestaltung und Auslegung von Kristallisatoren lassen sich aus diesen Grundlagen die folgenden zwei Grundsätze ableiten:

1. An keinem Ort eines Kristallisators darf die Höhe der Übersättigung die Ausdehnung des metastabilen Bereiches erreichen, damit Spontankeimbildung vermieden wird und während des Kristallisationsprozesses ausschließlich Sekundärkeimbildung auftritt.
2. Der metastabile Bereich muss soweit wie zulässig ausgenutzt werden, so dass eine ausreichende Kristallisationsgeschwindigkeit zur Verfügung steht.

Diese beiden Grundsätze sind die wichtigsten Leitgrößen in der Massenkristallisation aus Lösungen. Kristallisatoren, in denen diese Grundsätze Berücksichtigung finden, werden sicher funktionieren. Darauf aufbauend wurden verschiedene Grundbauarten von Kristallisatoren entwickelt, mit denen die unterschiedlichen Ansprüche an die Korngrößenverteilungen und die mittleren Korngrößen erfüllbar sind (Abb. 8.2–4) [5]. Alle diese Grundbauarten sind für alle Kristallisationsverfahren einsetzbar. Allen gemeinsam ist die Art und Weise, wie die Höhe der Übersättigung kontrolliert und innerhalb des metastabilen Bereiches gehalten wird. Auch diese Methode ist unabhängig vom jeweiligen Kristallisationsverfahren.

Die Abbildung 8.2–5 zeigt das Funktionsprinzip dieser Kontrollmethode am Beispiel der Vakuumkühlungskristallisation. In der linken Bildhälfte ist ein Zwangsumlaufkristaller (FC) skizziert. Das ist die einfachste Kristallergrundbauart mit

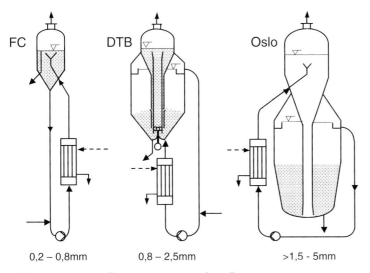

Abbildung 8.2-4 Grundbauarten von Lösungskristallisatoren.

194 | 8 Einfache Kristallisation aus Lösungen

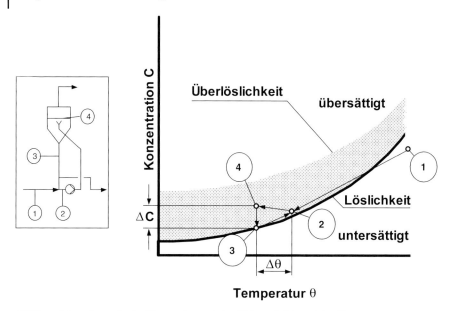

Abbildung 8.2-5 Kontrolle der Übersättigungshöhe (Vakuumkühlungskristallisation).

einer externen Umwälzung (vgl. Abb. 8.2–4). Durch die Umwälzung wird das Kristallisat in Suspension gehalten und – wie in dieser Abbildung gezeigt werden soll – gleichzeitig auch die Höhe der Übersättigung eingestellt. In der rechten Bildhälfte ist ein Löslichkeitssystem skizziert, das mit der deutlichen Temperaturabhängigkeit typisch ist für die Vakuumkühlungskristallisation. Die Breite des (angenommenen) metastabilen Bereiches ist darin durch Rasterung markiert. Die Abläufe im Kristallisator links sind rechts im Löslichkeitssystem wiedergegeben und Orte und Vorgänge jeweils durch Zahlen einander zugeordnet.

Die Lösung (3) im Kristallisator wird mit der Einspeiselösung (1) vermischt. Im Falle der Vakuumkühlungskristallisation ist diese Einspeiselösung heißer und konzentrierter als die Mutterlauge. Aus diesem Grund resultiert eine Mischlösung (2), die ebenfalls heißer und konzentrierter ist. Je nach Lage der Mischungsgerade in dem jeweiligen Löslichkeitssystem kann – wie angedeutet – bereits durch die Mischung in der Lösung eine Übersättigung entstehen. Die gemischte Lösung wird dann, angetrieben durch die Umwälzpumpe, zum Lösungsspiegel gefördert. Im Gasraum oberhalb des Lösungsspiegels liegt der gewünschte Sattdampfdruck des Lösungsmittels vor, der durch eine Kondensationseinrichtung mit nachgeschalteter Vakuumpumpe geregelt konstant gehalten wird. Mit Austritt aus dem Zentraltrichter der Umwälzleitung beginnt die überhitzte Lösung zu sieden (4). Dadurch wird sie adiabatisch auf die Temperatur gekühlt, die dem Sattdampfdruck im Brüdenraum entspricht. Durch die Abkühlung und den gleichzeitigen Lösungsmittelentzug entsteht eine Übersättigung, die im Löslichkeitssystem durch die Strecke zwischen den Punkten 3–4 dargestellt ist. Die erzeugte Übersättigung Δc wird an den suspendierten Kristallen durch Kristallwachstum abgebaut und mit Erreichen von Punkt (3) beginnt der nächste Zyklus. In diesem Beispiel ist angenommen, dass mit dem Wiedererreichen von Punkt (3) der Übersättigungsabbau vollständig ist. Dies als gegeben vorausgesetzt, lässt sich nachvollziehen, dass die Höhe der am Lösungsspiegel produzierten Übersättigung von der Umwälzmenge abhängt. Große Umwälzmengen verringern die dort entstehende Übersättigung (Verdünnung), geringe Umwälzmengen vergrößern sie. Die Umwälzmenge, abgestimmt auf die Produktionsleistung, ist deshalb eine wichtige Auslegungsgröße in industriellen Kristallisatoren. Bei gleichen Produktionsleistungen ist sie für alle Bauarten gleich. Die erforderliche Umwälzmenge ergibt sich aus dem metastabilen Bereich, der zuvor durch Messungen ermittelt werden muss. In der Praxis wird für die Bemessung der Umwälzmenge die Hälfte des metastabilen Bereiches eingesetzt. Damit ergibt sich:

$$\Delta c = 0{,}5\ \Delta c_{met}; \quad dV/dt = dP/dt/(0{,}5\ \Delta c_{met}) \qquad (2)$$

worin dV/dt die Umwälzmenge in $m^3\ h^{-1}$, dP/dt die Produktionsleistung in $kg\ h^{-1}$ und Δc_{met} der metastabile Bereich in $kg\ m^{-3}$ oder $g\ l^{-1}$ bedeutet. Durch diesen Zusammenhang wird die Leistung von Kristallisatoren definiert, wenn spontane Keimbildung ausgeschlossen bleiben soll. Da die metastabilen Bereiche in der Regel nur eine Ausdehnung von wenigen $g\ l^{-1}$ haben, sind große Umwälzmengen erforderlich: So beträgt die Umwälzmenge bei einer zulässigen Übersättigung von max. $1\ g\ l^{-1}$ bereits $1\ 000\ m^3\ h^{-1}$ für $1t\ h^{-1}$ Produktion. Da die erforderlichen Förderhöhen gering sind, kommen für diese Aufgabe Axialpumpen zur Anwendung. In Abbildung 8.2–5 wurde die Annahme getroffen, dass die Zeit für einen Umwälzvorgang ausreicht, die Übersättigung bis auf vernachlässigbare Werte abzubauen. Dieser Übersättigungsabbau ist jedoch im Wesentlichen eine Funktion der mittleren Kristallwachstumsgeschwindigkeit *und* der vorliegenden wachsenden Kristalloberfläche [1, 2]:

$$dm/dt = k_g\ A\ \Delta c^g = -d(\Delta c)/dt \qquad (3)$$

Darin stehen dm/dt für die mittlere Massenabscheidungsrate, A für die Oberfläche der suspendierten Kristalle, Δc für die Übersättigung und k ist die Proportionalitätskonstante. Aus dieser Beziehung ist ersichtlich, dass mit zunehmender Kristalloberfläche die Geschwindigkeit des Übersättigungsabbaus $-d(\Delta c)/dt$ ansteigt. In Abbildung 8.2–6 ist daher dieser Zusammenhang mit verschiedenen Suspensionsdichten noch einmal wiederholt. Auch hier ist als Beispiel die Vakuumkühlungskristallisation gewählt. Nach der Übersättigungserzeugung am Lösungsspiegel wird die dort produzierte Übersättigung an den mitgeführten Kristallen abgebaut. Durch die Hintereinanderfolge solcher Umwälzzyklen entsteht die für diesen Vorgang typische Sägezahnkurve.

Je mehr aktive Kristalloberfläche angeboten wird, umso größer wird die Massenabscheidungsrate dm/dt, umso niedriger die nach jedem Umwälzzyklus verbleibende Restübersättigung. Da sich die Restübersättigung zu der jeweils neu erzeugten addiert, besteht die Möglichkeit, dass der metastabile Bereich überschritten wird und spontane Keimbildung eintritt. Neben der Auswahl der richtigen Umwälz-

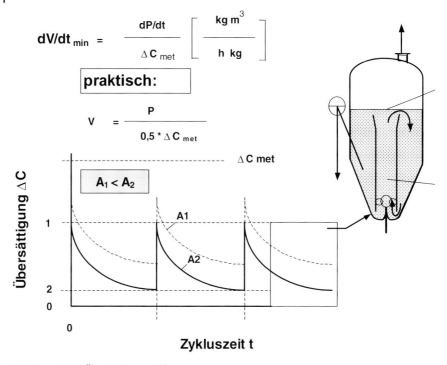

Abbildung 8.2-6 Übersättigungszyklen.

menge muss daher bei der Auslegung von Kristallisatoren auch auf die suspendierte Kristallisatmasse geachtet werden, um Spontankeimbildung sicher zu vermeiden.

Das ist vor allem dann von Bedeutung, wenn die Massenbilanz über den Kristallisationsprozess zu niedrige Werte liefern würde. In diesem Fall sind besondere Maßnahmen zu treffen, die weiter unten erläutert werden. Im allgemeinen reichen Suspensionsdichten zwischen 15 und 25 % aus, um ausreichende Abbauraten zu erzielen.

Mit diesen Festlegungen von max. Übersättigungshöhe und suspendierter Kristallisatmasse können in Kristallisatoren der vorgestellten Schlaufenreaktor-Bauweise in aller Regel ausreichend grobe Kristallisate erzielt werden, die sich mit Zentrifugen gut von der Mutterlauge abtrennen lassen.

An dieser Stelle stellt sich jedoch die Frage, welche Maßnahmen verbleiben, um gröbere Kristalle zu erhalten. In den beiden kinetischen Beziehungen für die Kristallwachstumsgeschwindigkeit dm/dt und die Keimbildungshäufigkeit B_0, die den Kristallisationsprozess beschreiben, sind durch diese Festlegungen die meisten der Variablen nun vereinbarungsgemäß unveränderlich.

In der Abbildung 8.2–7 sind die noch freien Variablen durch Einkreisungen markiert. Für steuernde Eingriffe verbleiben nur die Proportionalitätskonstanten und der Energieeintrag e^r.

8.2 Verfahren und Bauarten von Kristallisatoren für die einfache Kristallisation aus Lösungen

$$\frac{dm}{dt} = \boxed{k_g} * A * \Delta C^m = -\frac{d(\Delta C)}{dt}$$

$$B_0 = k_N * \boxed{\varepsilon^r} * m_T^l * \Delta C^n$$

ΔC	=	$0{,}4 - 0{,}6$ ΔC_{met}
m_T	=	$10 - 30$ **Massenprozente Krist./Susp.**
k_G	=	$f(T,...)$ Ziel: T hoch

ε^r = spezifischer Energieeintrag

T = Kristallisationstemperatur

Abbildung 8.2-7 Steuergröße spezifischer Energieeintrag.

Wie oben beschrieben (Abb. 8.2–2), ist die Sekundärkeimbildung an den Eintrag mechanischer Energie gekoppelt. Je weniger Energie für die Umwälzung aufgewendet wird, umso weniger Kristallkeime entstehen. Die Auswirkung der Keimbildungshäufigkeit auf die erzielbare mittlere Kristallgröße ist somit der Schlüssel für die Erzeugung unterschiedlicher Korngrößenverteilungen. Die Bauarten von Kristallisatoren unterscheiden sich daher hinsichtlich der spezifischen Energiemenge e^r, die für die Umwälzung aufgewendet werden muss.

Ein weiterer bedeutender Einflussfaktor für die Auswahl der Kristallisatorbauart ist die Kristallverweilzeit τ (Abbildung 8.2–8). Naturgemäß sind längere Kristallverweilzeiten erforderlich, wenn gröbere Kristalle erhalten werden sollen.

In realen Kristallisatoren kann aber auch das genaue Gegenteil eintreten [1, 4]. Der Grund dafür ist die so genannte Abriebsgeschwindigkeit G_a, welche der ausschließlich von der Übersättigung Δc abhängigen, kinetischen Kristallwachstumsgeschwindigkeit G_k entgegengesetzt ist und die von der Korngröße L abhängt. Daraus leitet sich eine effektive Kristallwachstumsgeschwindigkeit G_{eff} ab, die sich aus der Differenz von G_k minus G_a ergibt. Da der Abrieb mit der Kristallgröße L, zunimmt, gibt es eine Grenzgröße L_g bei der $G_{eff} = 0$ wird. Längere Verweilzeiten können deshalb durchaus zu kleineren Kristallen führen (s. Abbildung 8.2–8).

8.2.2
Bauarten von Kristallisatoren

Alle diese Zusammenhänge sind in den modernen Kristallisatorbauarten berücksichtigt. In den Bauarten für gröbere Körnungen mit typbedingt längeren Verweilzeiten sind Maßnahmen getroffen, den Energieeintrag in die Suspension kleiner zu halten, als in den einfachen Kristallisatoren mit kurzen Verweilzeiten. In Abbildung 8.2–8 (unten) sind die Abriebsmechanismen zueinander relativiert. Die größte Quelle für Abrieb und Keimbildung sind die Zusammenstöße zwischen den suspendierten Partikeln und den Schaufeln der Umwälzpumpe. Man weiß, dass die Zusammenstöße zwischen den Kristallen mit den Systemeinbauten oder anderen

Kristallen nahezu vernachlässigbar sind gegenüber den Zusammenstößen mit dem Laufrad der Umwälzpumpe. Daher unterscheiden sich die Kristallerbauarten vor allem hinsichtlich Auslegung und Position der Umwälzpumpe (ob in der Suspension oder in geklärter Lösung eingesetzt; vgl. Abbildung 8.2–4). An dieser Stelle lässt sich zusammenfassen:

Die mittleren Korngrößen werden größer, wenn

- der Eintrag an Energie abgesenkt wird,
- die mechanische Beanspruchung der Kristalle abnimmt,
- der Abrieb verringert wird und, parallel zu diesen Maßnahmen,
- gleichzeitig die Kristallverweilzeit angehoben wird.

Neben dem Energieeintrag in das Kristallisationssystem spielt es auch eine große Rolle, auf welchem Energieniveau dieser Eintrag erfolgt. Das hat Einfluss auf die Auslegung der Umwälzpumpen in der folgenden Weise:

Für die Leistungsaufnahme P einer Umwälzpumpe und damit für den spezifischen Energieeintrag ε (spezifisch auf das Suspensionsvolumen) lässt sich definieren:

$$P = \frac{\frac{dV}{dt} \rho g H}{\eta}, \quad \varepsilon = \frac{\frac{dV}{dt} \rho g H}{\eta} \frac{1}{V_{crystQ}} \tag{4}$$

Darin bedeutet ρ die spezifische Dichte der Suspension oder Lösung, g die Erdbeschleunigung, H die Förderhöhe, η den Pumpenwirkungsgrad und $V_{cryst\,Q}$ das Füllvolumen des Kristallisators. Für die Kontrolle der Übersättigungshöhe ist in allen Kristallisatorbauarten die Umwälzmenge dV/dt zuständig. Daraus ist direkt ersichtlich, dass der spezifische Energieeintrag – ohne Veränderung der Umwälzmenge – durch Absenken der Widerstandshöhe H verringert werden kann. Das ist z. B. im DTB-Kristaller (vgl. Abb. 8.2–4) verwirklicht, bei welchem der Wärmeaustauscher –

Verweilzeit:

$$\frac{dL}{dt} = \frac{1}{\rho} \cdot \frac{\beta}{3\alpha} \cdot \frac{1}{A} \cdot \frac{dm}{dt}$$

$$\bar{L} = 3{,}67\, G\tau \qquad G = G_k$$

Abrieb:

$$G_{eff}(L, \Delta C) = G_k(\Delta C) - G_a(L)$$

$L = 0; \; G_a = 0 \longrightarrow G_{eff} = G_k$
$L = G_k; \; G_a = G_k \longrightarrow G_{eff} = 0$

$$\frac{\text{Kristall}}{\text{Kristall}} : \frac{\text{Kristall}}{\text{Wand}} : \frac{\text{Kristall}}{\text{Pumpe}} = 1 : 10 : 1000$$

Abbildung 8.2-8 Begrenzung der erreichbaren Kristallgröße durch Abrieb.

Hauptverursacher von Druckverlust für die Umwälzpumpe – in einen Außenkreislauf verlegt ist. Als Folge dieser Maßnahme wird der spezifische Energieeintrag niedriger, und es können gröbere Kristalle erhalten werden, weil Keimbildungshäufigkeit und Abrieb verringert sind. Aber auch die Auslegung der Umwälzpumpe nimmt darauf direkten Einfluss. Bei konstantem Förderstrom und konstanter Leistungsaufnahme P können unterschiedlich große Umwälzpumpen eingesetzt werden. Für die Leistungsaufnahme P besteht ein Zusammenhang zwischen dem Laufraddurchmesser D und der Laufraddrehzahl n:

$$P \sim n^3 D^5 \quad oder \quad \varepsilon \sim n^3 D^5 \frac{1}{V_{crystQ}} \tag{5}$$

Aus dieser Beziehung leitet sich ab, dass mit Absenkung der Drehzahl, d. h. der Absenkung der Umfangsgeschwindigkeit, bei gleichzeitiger Vergrößerung des Pumpenlaufrades, auch die Energie der Zusammenstöße mit den Kristallen abnimmt. Als Folge wird die Keimbildungshäufigkeit geringer und die mittlere Kristallgröße nimmt zu:

$$\dot{V} = const \to \varepsilon = const \quad \begin{array}{l} n_{groß} D_{klein} \to B_{groß} \to \bar{L}_{klein} \\ \\ n_{klein} D_{groß} \to B_{klein} \to \bar{L}_{groß} \end{array} \tag{6}$$

Pumpen mit größeren Laufraddurchmessern (d. h. geringeren „tip speeds" und daher niedrigerer Keimbildungshäufigkeit) werden in DTB-Kristallisatoren eingesetzt, um gröbere Kristallisate zu produzieren.

Wenn die Kristallisation nur zur Stofftrennung eingesetzt wird, reicht es aus, gut trennfähige Kristallisate zu erzeugen. In solchen Fällen kann eine normale Rohrkrümmer-Umwälzpumpe eingesetzt werden, wie das ist in allen Zwangsumlaufkristallisatoren (FC-Typ) der Fall ist (Abb. 8.2–4; links). Sollen gröbere Kristalle produziert werden, muss eine langsamer drehende Umwälzpumpe eingesetzt und die Widerstandshöhe des Systems abgesenkt werden. Das ist in den so genannten DTB-Kristallisatoren der Fall (Abb. 8.2–4; Mitte), die mit einer internen Leitrohr-Propellerpumpe ausgerüstet sind. Diese Pumpen haben nicht selten Durchmesser von mehr als 1 m, mit deutlich niedrigeren Umfangsgeschwindigkeiten im Vergleich zu den externen Pumpen in den FC-Kristallisatoren. Die Zusammenstöße mit den suspendierten Kristallen sind weniger energieintensiv. Im Fall der Verdampfungskristallisation bietet diese Kristallisatorbauart den oben erwähnten Vorteil, dass die Widerstandshöhe H für die interne Umwälzpumpe geringer ist und damit dort auch der spezifische Energieeintrag deutlich niedriger ausfällt. Es entstehen weniger Keime und die Kristalle werden gröber.

Der externe Umwälzkreislauf wird in diesem Kristallisator mit geklärter Lösung betrieben. Das geschieht, um im äußeren Kreislauf nicht die Keime zu produzieren, die im internen Kreislauf vermieden werden. Wenn dort keine Kristalle suspendiert sind, kann die dort eingesetzte Umwälzpumpe auch keine Keime produzieren. Allerdings ist die Aussage, dass dort keine Kristalle suspendiert sind, nur bedingt gültig. Tatsächlich wird in der Klärzone eines DTB-Kristallisators zwar die Hauptmasse der Kristalle durch Sedimentation aus der Lösung abgetrennt, jedoch können die feinen Kristalle und Kristallkeime mit Sinkgeschwindigkeit < Aufströmgeschwindigkeit nicht abgetrennt werden. Diese Partikel sind in der Masse vernachlässigbar, die Anzahl ist es nicht. Die Partikel sind jedoch zu klein, um sekundäre Keime produzieren zu können und passieren die Umwälzpumpe ohne Schaden. Mit der Aufheizung im Wärmeaustauscher wird die Lösung untersättigt und viele dieser Partikel lösen sich auf. Diese „Feinkornauflösung" hat die gleiche Auswirkung auf die Produktkristallgröße wie eine entsprechende Absenkung der Keimbildungshäufigkeit. Das Kristallisat wird gröber. In DTB-Kristallisatoren können daher ohne weiteres mittlere Kristallgrößen zwischen 0,5–1,5 mm erhalten werden.

FC- und DTB-Kristallisatoren gehören zu der Gruppe der Suspensionskristallisatoren. In diesen Bauartenklassen wird eine Suspension umgewälzt. Sollen mittlere Korngrößen >1,5 mm erhalten werden, dann muss die Umwälzpumpe aus dem Suspensionsstrom entfernt werden. Das ist der Fall in den Fließbettkristallisatoren. In dieser Bauartgruppe wird nur noch geklärte Lösung umgewälzt (Abb. 8.2–4; rechte Seite). Mit der umgewälzten Lösung werden in einem dafür bestimmten Teil des Kristallisators – dem Suspensionsbehälter – die Kristalle als Fließbett sehr schonend in Schwebe gehalten. Die mittleren Kristallgrößen erreichen in dieser Bauartklasse dadurch mehrere Millimeter.

Innerhalb jeder Bauartgruppe finden sich unterschiedliche Ausführungsformen. Die Abbildung 8.2–9 zeigt die unterschiedlichen Bauformen der einfachen FC-Gruppe. Das sind der einfache Rührbehälter (1), der Leitrohrkristallisator (2) und der FC-Kristallisator (4, 5). Die Suspension wird durch Rührer oder Umwälzpumpen umgewälzt und die Übersättigung innerhalb der Suspension erzeugt. Der Rührbehälter (1) eignet sich für die Vakuumkühlungskristallisation. Der Nachteil dieser Bauartausführung ist das Fehlen einer gerichteten Umwälzung, da nur ein einfacher, aber preiswerter Rührer eingesetzt ist. Dadurch ist die Kontrolle der max.

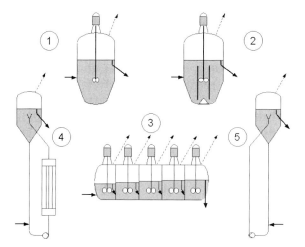

Abbildung 8.2-9 Bauarten von FC-Kristallisatoren.

Abbildung 8.2-9a FC-Verdampfungskristallisatoren in der Nahrungsmittelindustrie.

Abbildung 8.2-9b FC-Verdampfungskristallisatoren für Kaliumsulfat aus Hefeschlempe.

Abbildung 8.2-9.c FC-Verdampfungskristallisator für Natriumsulfat.

Übersättigung nicht vollkommen, weshalb diese Ausführung nur bei größeren metastabilen Bereichen eingesetzt werden sollte.

Im Leitrohrkristallisator (2) ist diesem Umstand Rechnung getragen. In diesem Fall ist anstelle eines Rührers eine Leitrohr-Propellerpumpe eingesetzt. Die Kontrolle der max. Übersättigung ist vollständig. Sein Einsatz findet sich in der Vakuumkühlungskristallisation bei kleineren metastabilen Bereichen.

Der liegende Kristallisator (3) wird ebenfalls ausschließlich für die Vakuumkühlungskristallisation eingesetzt. Er ist gekennzeichnet durch mehrere Kristallisatorstufen, die Platz und Kosten sparend in einem einzigen Vakuumbehälter hintereinander geschaltet sind. Eine solche vielstufige Vakuumkühlungskristallisation findet sich in Anwendungen, bei denen die Brüden kälter anfallen als es den Kondensationsmöglichkeiten entspricht und aus diesem Grund für Thermokompression entschieden wird. Je mehr Kühlstufen realisiert werden können, umso energiegünstiger lassen sich die Brüden auf die Kondensationsbedingungen komprimieren. Der Nachteil dieser Ausführung ist die ungünstige Geometrie der Kammern für die Suspendierung. Sedimentation ist unvermeidlich, was zu Verkrustungen führt. Die Reisezeiten betragen etwa eine Woche. Sein Einsatz ist deshalb heute nur noch in Betrieben mit Wochenendstillstand gerechtfertigt. Sind längere Betriebszeiten vorgesehen, werden heute statt des liegenden Kristallisators wenige Leitrohrkristallisatoren hintereinander geschaltet.

Der Zwangsumlaufkristallisator (4) wird bevorzugt für die Verdampfungskristallisation eingesetzt. Die gerichtete, kontrollierte Umwälzung wird mit einer Rohrkrümmer-Axialpumpe durchgeführt. Diese Ausführung kann auch zur Vakuumkühlungskristallisation verwendet werden, dann entfällt der Wärmeaustauscher (5). Der Einsatz dieser Ausführung empfiehlt sich, wenn durch fehlende Lösungsüberdeckung im Leitrohrkristallisator die zulaufende Lösung an der Einspeisestelle aussieden würde.

Typische Beispiele aus der Industrie sind auf den Fotos in den Abbildungen 8.2–9a (FC-Verdampfungskristallisatoren in der Nahrungsmittelindustrie), 8.2–9b (FC-Verdampfungskristallisatoren für Kaliumsulfat aus Hefeschlempe) und 8.2–9c (FC-Verdampfungskristallisator für Natriumsulfat) festgehalten.

In diesen einfachen Kristallisatoren ergibt sich der Kristallgehalt der Suspension direkt über die Massenbilanz. Höhere Suspensionsdichten lassen sich nur einstellen, wenn parallel zum Suspensionsaustrag auch geklärte Lösung abgezogen wird. Das ist dann erforderlich, wenn sich aus der Massenbilanz Suspensionsdichten ergeben, die für den Übersättigungsabbau nicht ausreichen. In diesem Fall lassen sich auch in diesen einfachen Kristallisatoren Klärflächen installieren. Geschieht das beim Leitrohrkristallisator, dann ergibt sich bereits ein typischer Kristallisator der DTB-Gruppe (Abb. 8.2–10), dessen namensgebender Vertreter, der DTB-Kristallisator, bereits vorgestellt wurde.

Im DP-Kristallisator [6] ist der Propeller der Umwälzpumpe in zwei Sektionen unterteilt. Der innerhalb des Leitrohres befindliche Teil erzeugt Aufströmung, die außerhalb des Leitrohres angeordnete Sektion, die durch die Abtrennung zum Klärteil begrenzt wird, erzeugt eine Abströmung. Äußere und innere Sektion sind aufeinander abgestimmt und bewirken im Idealfall exakt die gleiche Umwälzung. Auf diese Weise lassen sich für die gewünschte Umwälzmenge sehr niedrige Umfangsgeschwindigkeiten realisieren.

Im Messo-Wirbelkristallisator wird, angetrieben durch den Primärkreislauf, im äußeren Suspensionsbereich ein Sekundärkreislauf (Wirbel) erzeugt. Dieser Sekundärkreislauf dient dazu, aus der inneren Leitrohrumwälzung die bereits gröberen Kristalle auszusondern, in einem äußeren Wirbel zu konzentrieren und damit diese gröberen Kristalle für das weitere Wachstum dem Einfluss der Umwälzpumpe zu entziehen. Die Produktkristalle können so vorklassiert entnommen werden. Beim

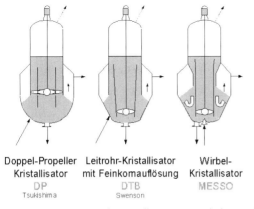

Doppel-Propeller Kristallisator
DP
Tsukishima

Leitrohr-Kristallisator mit Feinkornauflösung
DTB
Swenson

Wirbel-Kristallisator
MESSO

Abbildung 8.2-10 Leitrohr-Kristallisatoren mit Klarlaugenabzug.

Abbildung 8.2-10a Messo-Wirbelkristallisator (DTB) für 10 t/h Kaliumchlorid in Düngemittelqualität.

Abbildung 8.2-10b Vakuumkühlungskristallisationsanlage für Kaliumchlorid in Düngemittelqualität.

DTB- bzw. DP-Kristallisator kann diese klassierende Entnahme, die zur Verbesserung der Gleichmäßigkeit der Kornverteilung dient, durch Hinzufügen eines Kristallaustragsstutzens ebenfalls erreicht werden. Typische Produkte dieser Bauartklasse sind Ammoniumsulfat, Kaliumchlorid und Harnstoff, die alle als Volldünger gut verstreubar sein sollen.

Die Fotos in den Abbildungen 8.2–10a und 8.2–10b zeigen Messo-Wirbelkristallisatoren (DTB) für je 10 t h^{-1} Kaliumchlorid in Düngemittelqualität. Diese Anlage wurde 1972 in Frankreich errichtet und war 2-straßig mit je sieben DTB-Kristallisatoren als Vakuumkühlungskristallisationsanlage ausgeführt. Sie wurde mit Erschöpfung der Mine Ende der 90er Jahre stillgelegt.

Der bekannteste Vertreter der Gruppe der Fließbettkristallisatoren ist der „Oslo-Kristallisator" [7]. Mittlerweile sind zwei Bauformen bekannt (Abb. 8.2–11). Die ursprüngliche Bauform findet sich häufig unter der Bezeichnung „Krystal"-Kristallisator. Diese Ausführungsform ist störanfällig bei Produkten, die besonders zu Verkrustungen neigen, da herunterfallende Krusten den Ringspalt am Eintritt zum Fließbett verlegen können. So erreichen die Krusten bei der Kristallisation von Natriumchlorid im Verdampferraum des „Krystal"-Kristallisators bereits nach drei Tagen eine solche Dicke, dass sie herunterfallen und diesen Ringspalt blockieren. Das Fließbett fällt zusammen, und die Blockage ist nur durch eine komplette Spülung zu beseitigen. Die modernere Ausführung („Messo") wurde speziell entwickelt, um diese Anfälligkeit zu beseitigen [8]. Durch Umkehrung der Fließrichtung bei der Anströmung des Verdampferteils wird in dieser abgeänderten Ausführung die überhitzte und damit untersättigte Lösung aus dem Wärmeaustauscher über die verkrustungsanfällige konische Fläche geführt, bevor mit dem Siedevorgang die Übersättigung erzeugt wird. Dadurch können auf der konischen Fläche keine Krusten mehr entstehen und der Blockagemechanismus ist ausgeschaltet. Auf diese Weise lassen sich Reisezeiten von mehreren Wochen erreichen.

Ein Kristallisator der „Messo"-Bauart wurde in den 90er Jahren für die Grobkristallisation einer Chromverbindung ausgeliefert. Das Foto in Abbildung 8.2–11a

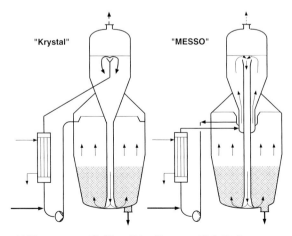

Abbildung 8.2-11 Fließbett-Kristallisatoren (Oslo-Typ).

Abbildung 8.2-11a Fließbett-Kristallisator (Messo) aus Titan für die Kristallisation einer Chromverbindung.

zeigt den aus Titan gefertigten Oslo während des Transportes. DTB- und Oslo-Kristallisatoren werden gewöhnlich mit Feinkornauflösung betrieben. Die starke Auswirkung der Feinkornauflösung auf die gewinnbare mittlere Kristallgröße ist in Abbildung 8.2–12 am Beispiel des DTB-Kristallisators für die Produktion von Kaliumchlorid demonstriert. In diesem Beispiel beträgt der Klarlaugenüberlauf des

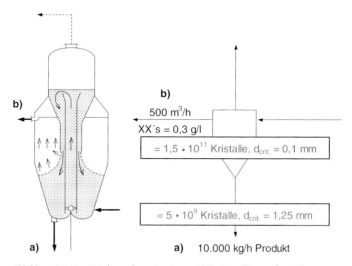

Abbildung 8.2-12 Feinkornabzug in einem DTB-Kristallisator für KCl.

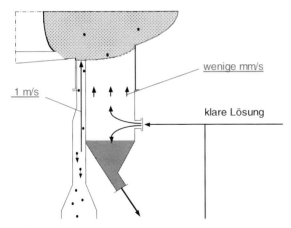

Abbildung 8.2-13 Klassierende Kristallentnahme.

Kristallisators 500 m³ h⁻¹ und enthält noch 0,3 g l⁻¹ Feinkorn. Unter der Annahme, alle diese Kristalle hätten eine Partikelgröße von 0,1 mm, würden die 500 m³ h⁻¹ Überlauf *1,5 × 10¹¹ Kristallpartikel* enthalten. Im gleichen Zeitraum produziert der Kristallisator 10 000 kg h⁻¹ Produktkristalle mit einer mittleren Korngröße von 1,25 mm. Wieder unter der Annahme, dass alle Produktkristalle von der gleichen Größe sind, enthält der Produktstrom weit weniger Kristalle als der Klarlaugenüberlauf: *5 × 10⁹ Kristalle*. Das zeigt sehr deutlich, welchen Einfluss ein Feinkristallabzug auf die mittlere Korngröße hat.

Ein Nachteil des Feinkornabzuges ist die damit verbundene Verschlechterung der Gleichmäßigkeit der Korngrößenverteilung, was hier nicht näher erläutert werden soll. Aus diesem Grund werden bei DTB- und Oslo-Kristallisatoren sehr häufig Salzaustragsstutzen verwendet, mit denen die Produktentnahme klassierend durchgeführt werden kann. Dafür gibt es Bauformen, mit welchen auch Krustenbruchstücke separat erfasst werden und auf diese Weise nicht in den Produktweg gelangen können (Abb. 8.2–13).

8.2.3
Peripherie

Wie oben erwähnt, ist das Verfahren Kristallisation noch nicht abgeschlossen, wenn der Kristallisationsvorgang beendet ist. Die entstandene Suspension muss erst noch getrennt werden, die Kristalle sind noch zu trocknen und zu verpacken. Die freigesetzten Brüden sind zu kondensieren und die nicht kondensierbaren Gase über eine Vakuumpumpe aus dem System abzusaugen. Die Abbildung 8.2–14 zeigt dazu ein vereinfachtes Prinzip-Fließbild am Beispiel der Vakuumverdampfungskristallisation.

Anstelle des darin gezeigten FC-Kristallisators kann auch jede andere Bauart eingesetzt werden. Auch mehrstufige Anlagen oder Anlagen mit Thermokompression oder mechanischer Brüdenverdichtung sind an dieser Stelle möglich. In diesem

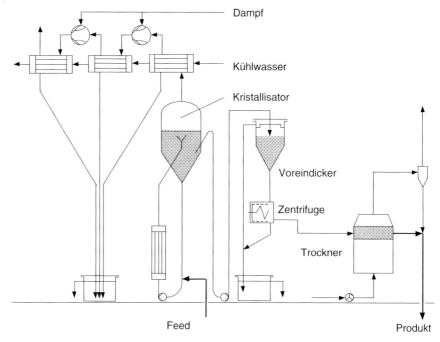

Abbildung 8.2-14   Vereinfachtes Prinzip-Fließbild einer Kristallisationsanlage.

Beispiel werden die Brüden der (letzten) Kristallisatorstufe an einem Oberflächenkondensator (indirekte Kondensation) niedergeschlagen und aus dem Prozess abgeführt. Das Kondensat kann in diesem Fall als Prozesswasser wiederverwendet werden. Wenn kein Bedarf an Prozesswasser besteht, kann auch ein Mischkondensator (direkte Kondensation) eingesetzt werden. Die nicht kondensierbaren Gase werden hier über eine 2-stufige Dampfstrahl-Vakuumpumpe mit Zwischenkondensation aus dem System entfernt. Bei Drücken >70 mbar werden auch Flüssigkeitsringpumpen wirtschaftlich. Auch Kombinationen von Dampfstrahl-Vakuumpumpen und Flüssigkeitsringpumpen finden Verwendung. Wenn bei sehr niedrigen Temperaturen gearbeitet werden muss und die Brüden kälter sind als das Kühlwasser, verwendet man häufig vor dem Kondensator die oben erwähnte Thermokompression, d. h. einen Dampfstrahler, um die Brüden auf einen höheren Druck (= höhere Temperatur) zu komprimieren und dadurch die Kondensation an normalem Kühlwasser zu ermöglichen.

Die produzierte Suspension kann per Überlauf aus dem Kristallisator entnommen werden. Wenn das aus übergeordneten Gründen nicht möglich ist, erfolgt die Zuspeisung der Einspeiselösung zulaufgeregelt auf den Spiegelstand im Kristallisator.

Die im Kristallisator vorliegende Suspensionsdichte ist für die Trennung der Suspension auf einer Zentrifuge zu niedrig konzentriert. Wie erwähnt, liegen die Suspensionsdichten in den Kristallisatoren bei 15 bis 25 %, während die Zentrifugen bei 50 bis 60 % optimal arbeiten. Aus diesem Grund werden die Suspensionen zunächst in statischen Voreindickern oder Hydrozyklonen vorkonzentriert. Der

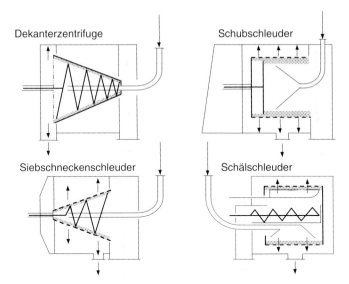

Abbildung 8.2-15 Typische Zentrifugen-Bauarten in der Kristallisation.

Oberlauf dieser Einrichtungen wird entweder aus dem Prozess abgeführt oder zu einem Teil in den Kristallisator zurückgeführt, wenn eine Verdünnung der dort entstehenden Suspension angezeigt ist. Auf jeden Fall muss ein Teil der Mutterlauge aus dem Prozess entfernt werden, um die Verunreinigungen, die nicht im Kristallisat enthalten sein dürfen, aus dem Prozess auszuschleusen.

Der Suspensionsunterlauf wird direkt zur Zentrifuge geführt. In Abhängigkeit von der Kristallgrößenverteilung besteht die Wahl zwischen vier verschiedenen Zentrifugentypen (Abb. 8.2–15). Die Dekanterzentrifuge und die Schälschleuder werden gewählt für die Abtrennung von feineren Produkten aus viskosen Mutterlaugen. Die Schubschleuder oder die Siebschneckenschleuder kommen bei gröberen Produkten zum Einsatz. Während die Schubschleuder in der 2-stufigen Ausführung sich besonders dann empfiehlt, wenn intensives Nachwaschen erforderlich ist, wird die Siebschneckenschleuder verwendet, wenn die Zulaufkonzentration der Suspension prozesstechnisch bedingt nicht völlig konstant ist. Die abschließende Trocknung des zentrifugenfeuchten Kristallisates wird meist in Strom-/Umlauftrocknern oder Unwucht-Fließbetttrocknern vorgenommen.

8.2.4
Prozessbesonderheiten

Die Verfahren zur Kristallisation waren bereits Gegenstand von Betrachtungen bei der Diskussion der Übersättigung. Es wurde erklärt, dass bei einer ausgeprägten Abhängigkeit der Löslichkeit von der Temperatur die Kühlkristallisation, sonst die Verdampfungskristallisation zur Anwendung kommt. Daneben nehmen allerdings auch noch andere wichtige Faktoren Einfluss auf die Verfahrensauswahl. Die Wesentlichen werden im Nachfolgenden vorgestellt.

8.2.4.1 Oberflächenkühlungskristallisation

Die Oberflächenkühlungskristallisation ist zwar kein Verfahren der verkrustungsarmen Vakuumkristallisation, doch immer noch eine Alternative, vor allem bei der Batch-Kristallisation. Die Erzeugung der Übersättigung erfolgt bei diesem Verfahren über die feste Oberfläche eines Wärmeaustauschers. Verkrustet diese Oberfläche, fällt die Durchsatzleistung. Da direkt an der Wärmeaustauschfläche die höchste Übersättigung des gesamten Kristallisators vorliegt, ist die Wahrscheinlichkeit für das Eintreten von Verkrustungen sehr hoch. Die Reisezeiten liegen deshalb deutlich unter denen der Vakuumkristallisation. Die Verkrustungsneigung lässt sich durch große (und teure) Wärmeaustauschflächen mildern. Dadurch werden die Übersättigungen direkt auf der Kühlfläche verkleinert und die Geschwindigkeit des Krustenwachstums verringert. Ohne weiteres kann die Oberflächenkühlungskristallisation für diskontinuierliche Prozesse eingesetzt werden, da die Verkrustungen *mit dem Beginn jeder neuen Charge wieder aufgelöst werden*. Bei kontinuierlichen Prozessen kommt die Oberflächenkühlungskristallisation heute nur noch zum Einsatz, wenn die Vakuumverfahren, z. B. wegen zu niedriger Dampfdrücke des Lösungsmittels, unwirtschaftlich werden. Das ist vor allem der Fall bei anderen Lösungsmitteln als Wasser (z. B. Phenol, Toluol). Bei wässrigen Lösungen ist oft die Siedepunktserhöhung Anlass für die Auswahl der Oberflächenkühlungskristallisation.

8.2.4.2 Vakuumkühlungskristallisation

Wegen der oben aufgeführten Nachteile der Oberflächenkühlungskristallisation ist die Vakuumkühlungskristallisation das bevorzugte Kühlverfahren für den kontinuierlichen Prozess. Die Kühlung erfolgt an einer flüssigen Fläche, deren Prozessfunktion durch Verkrustungen nicht gestört werden kann. Aus diesem Grund lassen sich lange Reisezeiten erzielen. Unwirtschaftlich wird die Vakuumkühlung nur dann, wenn auf sehr niedrige Temperaturen gekühlt werden muss. Solange jedoch die Brüdentemperaturen nicht unterhalb des Gefrierpunktes des betreffenden Lösungsmittels liegen, ist die Vakuumkühlung, z. B. durch Verwendung von Kaltwasser oder Kühlmedien mit großen Siedepunktserhöhungen, in Anbetracht der längeren Standzeiten im Vergleich zur Oberflächenkühlungskristallisation immer die wirtschaftlichere Alternative. Häufig finden sich Prozesse, bei denen die vorhandene Oberflächenkühlungskristallisation bei niedrigen Temperaturen ersetzbar wäre durch die Vakuumkühlungskristallisation bei höherer Temperatur. Das kann der Fall sein, wenn die Prozessaufgabe nur in der bilanzmäßigen Ausschleusung von Verunreinigungen liegt und nicht die Prozessausbeute betrifft. Statt eine geringe Menge auf niedrige Temperaturen zu kühlen, kann in diesen Fällen auch eine größere Menge bei moderaten Temperaturen behandelt und dann die günstigere Vakuumkühlungskristallisation eingesetzt werden.

8.2.4.3 Vakuumverdampfungskristallisation

Abweichend von der Vakuumkühlungskristallisation ist dieses Verfahren unabhängig von der Konzentration und der Temperatur der Einspeiselösung. Über einen Wärmeaustauscher kann zusätzlich Wärme eingebracht und dadurch auch weit untersättigte Lösung zur Kristallisation gebracht werden. Des Weiteren ist auch der

Eindampfgrad der Mutterlauge wählbar, d. h. die zu verdampfende Menge an Lösungsmittel ist einstellbar entsprechend den Anforderungen der Massenbilanz. Die Massenbilanz leitet sich aus dem Löslichkeitssystem ab und muss sicherstellen, dass aus der Mutterlauge nur die gewünschte Substanz kristallisiert. Die zulässige Konzentration an Verunreinigungen in der Mutterlauge ist einerseits auf die Möglichkeiten des Löslichkeitssystems auszurichten und muss andererseits die Verunreinigungen des Produktes durch die anhaftenden Mutterlaugen berücksichtigen. Wie bei der Vakuumkühlungskristallisation gibt es in der Verdampfungskristallisation keine besonderen Verkrustungsprobleme. Nur bei den relativ seltenen inversen Löslichkeiten ergeben sich Übersättigungen auf der Wärmeaustauschfläche. Das ist der Fall z. B. bei der Kristallisation von Gips. Man hilft sich hier mit „Animpfen" und Begrenzen der Temperaturdifferenzen über den Wärmeaustauscher wie bei der Oberflächenkühlungskristallisation. Auch höhere Strömungsgeschwindigkeiten und höhere Suspensionsdichten schaffen Abhilfe. Insgesamt sind die Probleme als gering einzustufen. Besonders zu achten ist auf herunterfallende Krusten aus dem Verdampferraum, da diese den Wärmeaustauscher von unten blockieren können. Solche Verkrustungen des Verdampferteils können durch Politur der Behälterwände verringert werden. Als Energieträger wird in der Verdampfungskristallisation meist Heizdampf eingesetzt. Um Betriebskosten zu sparen, sind die Anlagen der Verdampfungskristallisation daher häufig als mehrstufige Verdampferanlagen ausgeführt. Dabei arbeitet die erste Stufe in der Nähe des Atmosphärendruckes und die letzte Stufe unter einem solchen Vakuum, dass die Kondensation der Brüden noch ohne zusätzliche Maßnahmen an Kühlwasser erfolgen kann.

8.2.5
Einstellung von Suspensionsdichten

Wie oben beschrieben, werden Kristallisatoren mit Suspensionsdichten zwischen 15 bis 25 % betrieben. Niedrigere Suspensionsdichten als 15 % erhöhen das Risiko spontaner Keimbildung und die Wahrscheinlichkeit von Verkrustungen, größere Suspensionsdichten als 25 % bewirken mehr Abrieb und erhöhen die Wahrscheinlichkeit von Ablagerungen. Eine Ausnahme bildet hier nur der Oslo-Kristallisator, der systembedingt bei höheren Suspensionsdichten betrieben werden kann. Häufig ergeben sich über die Massenbilanzen aber Suspensionsdichten, die unterhalb der Grenze von 15 % liegen. Hier kann man durch die Installation eines Klarlaugenabzuges sehr einfach Abhilfe schaffen (Abb. 8.2–16). Die Suspension im Kristallisator wird dadurch aufkonzentriert. Die Abbildung 8.2–17 zeigt die entgegengesetzte Maßnahme, die dann erforderlich ist, wenn die Suspensionsdichte zu hoch ausfällt. In diesem Fall wird die Suspension durch Rückführung von Mutterlauge (Zentrifugenfiltrat) verdünnt.

Im zweiten Fall muss auf Nebeneffekte geachtet werden. Eine Rückführung von Mutterlauge ist natürlich nur dann möglich, wenn nach der Abtrennung der Kristalle noch Mutterlauge verbleibt, was besonders bei viskosen Mutterlaugen nicht immer der Fall sein muss. Auch ist darauf zu achten, dass vor der Rückführung alle Kristallkeime und Kristalle durch Aufheizen oder Lösungsmittelzugabe

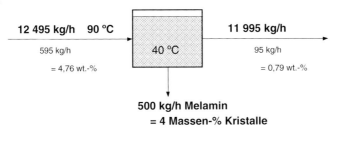

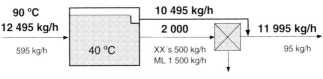

Abbildung 8.2-16 Methode zur Anhebung der Suspensionsdichte.

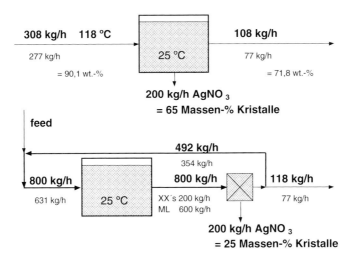

Abbildung 8.2-17 Methode zur Absenkung der Suspensionsdichte.

beseitigt werden. Andernfalls wird die Korngrößenverteilung des Kristallisators verschlechtert.

8.2.6
Fallbeispiel – Kristallisation von Natriumchlorid (Speisesalz)

Die Nachteile der klassischen Gewinnung von Salz aus Sonnensalinen wurden eingangs bereits beschrieben. Häufig wird deshalb das Salz aus Sonnensalinen durch nachgeschaltete Prozesse gereinigt. Dabei handelt es sich meist um kombinierte Mahl- und Waschprozesse oder auch um die Rekristallisation in einer Verdampfungskristallisationsanlage. Eine weitere moderne Alternative ist die Kombination der energiegünstigen Sonnensaline mit moderner industrieller Kristallisation. In diesem Fall erfolgt die Aufkonzentrierung des Meerwassers weiterhin kostengünstig in der Sonnensaline, die Kristallisation wird jedoch per Verdampfungskristallisation durchgeführt. Das Konzentrat von der Saline wird zu diesem Zweck in tiefen Becken gesammelt, so dass eine Verdünnung durch Niederschläge vernachlässigbar ist. Auf diese Weise wird bei entsprechender Betriebsführung die Kristallisationsanlage ganzjährig betreibbar. Ein Vorteil dieser Fahrweise ist, dass bei einem vergleichsweise niedrigen Energieverbrauch eine sehr gute Salzqualität erzeugt werden kann. Doch auch die Kapazität der Saline wird durch die Nutzung der ehemaligen Kristallisationsfelder für die Solekonzentrierung vergrößert. Die Verluste durch Verregnen verringern sich.

Die Abbildung 8.2–18 zeigt das Fließschema einer solchen Kristallisationsanlage für die Aufarbeitung von Sonnensalinenkonzentrat. Neben FC-Kristallisatoren, die üblich sind für die Herstellung von Speisesalz, verfügt diese Anlage auch über einen Fließbettkristallisator zur Erzeugung von Grobkorn. Diese Anlage ist deshalb als Beispiel für die Besonderheiten gut geeignet, die sich aus den unterschiedlichen Anforderungen verschiedener Kristallisatorbauarten ergeben. Es handelt sich dabei um eine thermisch 4-stufige Anlage, in welcher ein Fließbettkristallisator als erste Stufe geschaltet ist. Dort ergeben sich durch die hohe Temperatur beste Bedingun-

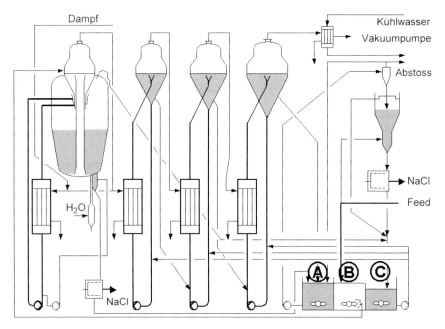

Abbildung 8.2-18 Mehrstufige Vakuumverdampfungskristallisation für die Gewinnung von Speisesalz.

Abbildung 8.2-18a Moderne Salz-Raffinationsanlage in einer Sonnensaline.

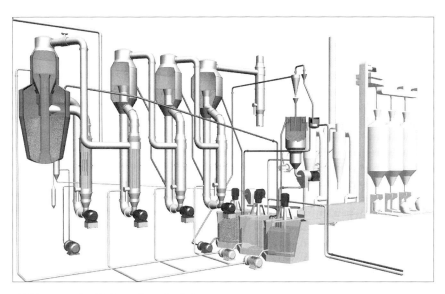

Abbildung 8.2-18b 3D-Darstellung der Anlage.

gen für das Kristallwachstum, andererseits kann die nachgeschaltete FC-Anlage, die normales Speisesalz produziert, abhängig von der Marktsituation, auch als 3-stufige Anlage alleine betrieben werden. Die Anlage wird mit der aufkonzentrierten Sole von der Sonnensaline gespeist. Die Zuführung erfolgt in den Einspeisebehälter B, aus dem der Fließbettkristallisator beschickt wird. Auf diese Weise ist sichergestellt, das die Einspeisung in den Fließbettkristallisator völlig kristallfrei erfolgt, andernfalls wäre die Produktion von Grobkorn dort nicht möglich. Die Lösungsmenge, die nicht für den Fließbettkristallstor benötigt wird, läuft in den Vorlagebehälter C über, der zusätzlich auch die feinkristallhaltigen Überläufe aus dem Fließbettkristallisator und der Trennstation aufnimmt. Durch die Untersättigung der Lösung aus Vorlage B können sich die feinen Kristalle größtenteils wieder auflösen, bevor damit die FC-Kristallisatoren beschickt werden.

Die Suspensionen aus den FC-Kristallisatoren laufen zunächst von Stufe zu Stufe, wodurch die Wärmeinhalte noch für die Verdampfung genutzt werden, und werden aus der letzten Stufe dann in die Suspensionsvorlage A geführt. Von hier aus wird die Trennstation beschickt, die aus einem Hydrozyklon, einem Gegenstrom-Wascheindicker und einer Zentrifuge besteht. Der Hydrozyklon dient der Vorkonzentrierung der Suspension auf 50 bis 60 %, wodurch ein Mutterlaugenoberlauf entsteht, aus dem der Prozessabstoß entnommen wird. Dieser Oberlauf enthält die im Meerwasser neben NaCl enthaltenen, höher löslichen Salze wie Magnesiumchlorid und Magnesiumsulfat. Die Abstoßmenge wird so bemessen, dass eine Kokristallisation dieser Nebensalze noch sicher vermieden wird. Die Aufgabe des Wascheindickers ist es, die verunreinigte Mutterlauge im Gegenstrom gegen zulaufende Einspeiselösung auszutauschen. Erst danach erfolgt die Trennung der Suspension auf der Zentrifuge. Zur weiteren Reinigung wird noch mit Kondensat nachgewaschen. Es folgt die Trocknung auf <0,1 % H_2O und die Verpackung. Die Abtrennung des Grobkorns aus dem Fließbettkristallisator erfolgt in einer speziell ausgelegten Schubschleuder separat, da das Grobsalz für den normalen Zentrifugenbetrieb zu bruchempfindlich ist.

Die beschriebene Anlage verarbeitet 60 t h^{-1} Sonnensalinensole. Sie produziert 2,5 t h^{-1} Grobsalz mit einer mittleren Korngröße >2 mm und 6,5 t h^{-1} normales Speisesalz. Der Verbrauch an Heizdampf beträgt 11 t h^{-1}. Die Wasserverdampfung liegt bei 34 t h^{-1}.

Das Foto in der Abbildung 8.2-18a zeigt das betreffende Anlagengebäude inmitten der Salinenfelder. Die 3D-Grafik in Abbildung 8.2-18b vermittelt einen Eindruck zum Layout. Die Höhe des Anlagengebäudes liegt bei 30 m, die belegte Grundfläche bei etwa 2000 m^2.

Literatur

Allgemeine Literatur

G. Matz, Kristallisation, Springer-Verlag, Berlin, Heidelberg, New York (1969).
J. W. Mullin, Crystallisation, Butterworth-Heinemann, Oxford, 3rd. ed. (1993).
J. W. Mullin, Crystallization, Butterworth-Heinemann, London (1993) und (2001).
A. S. Myerson, Handbook of Industrial Crystallization, Butterworth-Heinemann, Boston (1993) und (2002).
J. Nyvlt, Industrial Crystallisation from Solutions, Butterworth, London (1971).

Spezielle Literatur

1 A. Mersmann, Crystallization, Marcel Dekker, New York (1995) und (2002).
2 J. Franke, Über den Einfluss der Prozessparameter auf die Fällungskristallisation am Beispiel von Calciumcarbonat und Calciumsulfat-Dihydrat, Dissertation, Technische Universität München (1994).
3 E. P. K. Ottens, Nucleation in Continuous Crystallizers, Ph. D. thesis, Techn. University of Delft (1973).
4 J. Pohlisch, Einfluss von mechanischer Beeinflussung und Abrieb auf die Korngrößenverteilung in Kühlungskristallisatoren, Dissertation, Technische Universität München (1987).
5 W. Wöhlk, G. Hofmann, Bauarten von Kristallisatoren, *Chemie-Ingenieur-Technik* **3** (1985) 322–327.
6 DE-PS 15 19 915, Tsukishima Kikai Co., Ltd., Tokyo.
7 A. W. Bamforth, Industrial Crystallisation, Leonard Hill, London (1965).
8 G. Hofmann, Ein Oslo-Kristallisator für lange Reisezeiten, Vortrag zur GVC-Fachausschusssitzung Kristallisation, Deggendorf, Bayern (1983).

8.3 Fallbeispiele ausgeführter Anlagen

8.3.1 Aufarbeitung von Nasswäschersuspensionen aus der Rauchgasreinigung von Müllverbrennungsanlagen

Th. Riegel

Für die Aufarbeitung von Nasswäschersuspensionen aus der Rauchgasreinigung von Müllverbrennungsanlagen hat sich die Kristallisation – insbesondere die fraktionierte Kristallisation – als gut geeignetes und weit verbreitetes Anlagenkonzept etabliert. Insbesondere die umweltpolitischen Vorgaben des Abfallwirtschaftsprogramms, die gemäß dem Grundsatz: „Vermeiden, Verwerten, Entsorgen" eine stoffliche Wiederverwertung der bei der Aufarbeitung anfallenden Stoffe vorsehen, werden damit erfüllt.

In dieser Fallstudie soll im Folgenden dargelegt werden, wie bei einem Technologieorientierten Anlagenbauer auf der Basis umfangreicher Laboruntersuchungen ein Prozess entsteht, der das Abwasser einer Rauchgaswäsche in einen Wertstoff, ein wiederverwertbares Kondensat und einen zu deponierenden Feststoff auftrennt und somit den Grundsatz „Vermeiden, Verwerten, Entsorgen" in idealer Weise erfüllt. Der fertige Prozess besteht aus den Hauptverfahrensschritten Gipskristallisation, chemische Reinigung und Neutralisation der Lösung, der Filtration, Eindampfung und Verdampfungskristallisation, der Salzauflösung und Rekristallisation, der Salzseparation und Trocknung sowie Lagerung und Verpackung. Durch die Mitte der 90er Jahre gebaute Anlage wurde nicht nur ein politisch vorgegebenes ökologisches Konzept erfolgreich verwirklicht, vielmehr wurde gezeigt, dass mit dem realisierten Prozess auch wirtschaftlichen Interessen Rechnung getragen werden kann.

8.3.1.1 Aufgabenstellung

Im Gegensatz zu Rauchgasreinigungsanlagen von Kraftwerken, in denen im Wesentlichen nur Stickoxide (NO_X) und Schwefeldioxid (SO_2) anfallen, wird in den Müllverbrennungsanlagen durch die Verbrennung von Kunststoffen, z. B. PVC, auch Salzsäure (HCl) gebildet. Die heutigen Gesetze und Verordnungen, z. B. die TA-Luft und das BImschG verlangen die vollständige Entfernung dieser Schadstoffe aus den Rauchgasen der Müllverbrennungsanlagen. Hierbei überwiegen die Nasswaschverfahren wegen der höheren Leistungsfähigkeit bei Fracht- und Konzentrationsschwankungen in den Rauchgasen.

Je nach Wasch- und Aufarbeitungsverfahren entstehen dabei als Produkte:

- bei der Entfernung der Stickoxide (NO_X) durch Reaktion mit NH_3: Stickstoff und Wasser,
- bei der Entfernung des Schwefeldioxids (SO_2) durch Neutralisation oder Umsalzen: Gips ($CaSO_4 \cdot 2\,H_2O$),
- bei der Entfernung des Chlorwasserstoffs (HCl): Salzsäure, NaCl oder $CaCl_2 \cdot 2\,H_2O$.

In den 90er Jahren hatte sich die stoffliche Wiederverwertung der Chloridfracht durch Rückführung in den Wirtschaftskreislauf als kristallines Kochsalz (NaCl-Variante) oder als flüssige Salzsäure (HCl-Variante) zeitweise durchgesetzt. Die Vor- und Nachteile der beiden Varianten waren abhängig vom Standort zu bewerten. Für die Salzsäurevariante sprach die Energieeinsparung durch die direkte Rückführung ohne den Umweg über die Chloralkali-Elektrolyse. Gegen die Salzsäure sprach, dass meist ein Überangebot an Salzsäure aus Recycling-Prozessen bestand. Die einfachere Handhabung und Lagerung des Feststoffes NaCl gaben den Betreibern die Möglichkeit der besseren Absatzplanung. Das NaCl konnte und kann durch Ersetzen von Steinsalz ohne weiteres wirtschaftlich sinnvoll in die Chloralkali-Elektrolyse zurückgeführt werden.

Aufgrund der strengeren Gesetze und Verordnungen wurde 1992 eine Ertüchtigung der Müllverbrennungsanlage Stellinger Moor in Hamburg durchgeführt. Die Ziele dieser Maßnahme waren:

- Einhaltung der Gesetze und Verordnungen zur Luftreinhaltung,
- ein wasserseitig geschlossener Prozess, d. h. keine Emissionen als Brüden oder Abwasser,
- Minimierung der anfallenden Rückstände (Schlacke, E-Filterstaub) im Sinne des Abfallwirtschaftsprogramms „Wertstoffrückgewinnung vor Reststoffentsorgung".

Da die anfallenden Reststoffe mit Schadstoffen stets stark kontaminiert sind und ohne Abtrennung dieser Schadstoffe die gesamte Reststoffmenge unter hohem Kostenaufwand auf besonders geeigneten Sondermülldeponien entsorgt werden müsste, kann die Wertstoffrückgewinnung auch unter wirtschaftlichen Gesichtspunkten durchaus von Nutzen sein.

Die *Rauchgasreinigungsstrecke* der Müllverbrennungsanlage Stellinger Moor besteht aus den nachfolgend aufgelisteten Hauptprozessschritten:

- Elektrofilter zur Abscheidung von Staub;
- katalytische Reduktion zur Abscheidung von Stickoxiden durch Ammoniakzugabe;
- Rauchgaswäsche zur Abscheidung von Schwermetallen im wässrigen Milieu, zur Abscheidung von Schwefeldioxid durch Natronlaugezugabe, die von Chlorwasserstoff durch Wasserzugabe;
- Aktivkoksfilter zur Abscheidung von Dioxinen und Furanen.

Der anfallende Elektrofilterstaub wird auf einer geeigneten Sondermülldeponie entsorgt, der kontaminierte Altkoks wird in einer thermischen Behandlungsanlage für Altkoks bei hohen Temperaturen verbrannt und das anfallende Waschwasser aus der Abschlämmung des Nasswäschers wird aufbereitet.

Die typische Zusammensetzung des aufzubereitenden Waschwassers (Auslegungsanalyse) ist in Tabelle 8.3–1 dargestellt.

Neben den explizit in Tabelle 8.3–1 ausgewiesenen Komponenten können die Waschwässer aus den Rauchgasreinigungsanlagen von Müllverbrennungsanlagen nahezu alle Elemente des Periodensystems enthalten.

Tabelle 8.3-1 Waschwasseranalyse der Hamburger MVA Stellinger Moor (Basisvariante).

Komponente	Formel	Wert	Einheit
Natriumchlorid	NaCl	120	$g\,l^{-1}$
Calcium	Ca	6	$g\,l^{-1}$
Magnesium	Mg	500	$mg\,l^{-1}$
Sulfat	SO_4	2	$g\,l^{-1}$
Kalium	K	130	$mg\,l^{-1}$
Fluor	F	20	$mg\,l^{-1}$
Brom	Br	400	$mg\,l^{-1}$
Jod	J	100	$mg\,l^{-1}$
Strontium	Sr	10	$mg\,l^{-1}$
Barium	Ba	10	$mg\,l^{-1}$
Eisen	Fe	20	$mg\,l^{-1}$
Mangan	Mn	10	$mg\,l^{-1}$
Nickel	Ni	5	$mg\,l^{-1}$
Kobalt	Co	1	$mg\,l^{-1}$
Chrom	Cr	10	$mg\,l^{-1}$
Kupfer	Cu	1	$mg\,l^{-1}$
Wolfram	W	10	$mg\,l^{-1}$
Molybdän	Mo	1	$mg\,l^{-1}$
Vanadium	V	15	$mg\,l^{-1}$
Titan	Ti	10	$mg\,l^{-1}$
Zink	Zn	200	$mg\,l^{-1}$
Cadmium	Cd	10	$mg\,l^{-1}$
Quecksilber	Hg	5	$mg\,l^{-1}$
Zinn	Sn	3	$mg\,l^{-1}$
Blei	Pb	20	$mg\,l^{-1}$
Arsen	As	0,5	$mg\,l^{-1}$
Aluminium	Al	10	$mg\,l^{-1}$
Stickstoff, ges.	N ges.	180	$mg\,l^{-1}$
Kohlenstoff, org.	TOC org.	10	$mg\,l^{-1}$

Will man aus diesen Abwässern kristallines Natriumchlorid gewinnen, das in einer Chloralkali-Elektrolyse wiederverwendet werden kann, so hat dieses Produkt eine Reinheit gemäß Tabelle 8.3–2 aufzuweisen [1]. Das stellt extrem hohe Ansprüche an die Technologiekonzepte bei Waschwasseraufbereitungsanlagen.

Auffallend sind die niedrigen zulässigen Konzentrationen für Fluorid, Gesamtstickstoff und eine Reihe von Schwermetallen. Die Gründe liegen im sicherheitstechnischen (Gesamtstickstoff und Schwermetalle) wie auch im korrosionstechnischen Bereich (Fluorid) und in den zu vermeidenden Verunreinigungen der Elektrolyseprodukte mit Br, J und K.

Tabelle 8.3-2 Geforderte Qualität des NaCl gemäß TAKE-Liste.

Komponente	Formel		Wert	Einheit
Natriumchlorid	NaCl	>	98	%
Calcium	Ca	<	0,2	%
Magnesium	Mg	<	0,02	%
Sulfat	SO_4	<	0,4	%
Kalium	K	<	1500	ppm
Fluor	F	<	60	ppm
Brom	Br	<	50	ppm
Jod	J	<	10	ppm
Strontium	Sr	<	20	ppm
Barium	Ba	<	20	ppm
Eisen	Fe	<	10	ppm
Mangan	Mn	<	1	ppm
Nickel	Ni	<	1	ppm
Kobalt	Co	<	1	ppm
Chrom	Cr	<	1	ppm
Kupfer	Cu	<	5	ppm
Wolfram	W	<	1	ppm
Molybdän	Mo	<	1	ppm
Vanadium	V	<	1	ppm
Titan	Ti	<	10	ppm
Zink	Zn	<	1	ppm
Cadmium	Cd	<	1	ppm
Quecksilber	Hg	<	1	ppm
Zinn	Sn	<	1	ppm
Blei	Pb	<	1	ppm
Arsen	As	<	0,5	ppm
Aluminium	Al	<	1000	ppm
Stickstoff, ges.	N ges.	<	20	ppm
Kohlenstoff, org.	TOC org.	<	20	ppm

8.3.1.2 Anlagenkonzept

Um den hohen Reinheitsanforderungen genügen zu können, wurde für die *Waschwasseraufbereitungsanlage* in der Müllverbrennungsanlage Stellinger Moor ein Anlagenkonzept (Abb. 8.3–1) gewählt, das die folgenden Hauptprozessschritte umfasst:

- Kristallisation von Gips durch Kalkmilchzugabe ($Ca(OH)_2$),
- Neutralisation der restlichen Säure durch Zugabe von Natronlauge (NaOH),
- Schwermetallfällung durch die Zugabe von Natriumsulfid (Na_2S),
- Filtration der Lösung,
- fraktionierte Kristallisation,
- Kristallabtrennung und Trocknung,
- Lagerung und Verpackung.

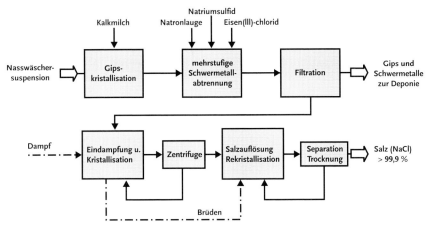

Abbildung 8.3-1 Grundfließbild der Waschwasseraufbereitung für die MVA Stellinger Moor.

8.3.1.3 Gipskristallisation

In dem Gipskristallisator wird durch die stöchiometrische Zugabe von Kalkmilch Ca(OH)$_2$ das in der 2. Stufe der Rauchgaswäsche gebildete Natriumsulfat (Na$_2$SO$_4$) in Gips (CaSO$_4$) umgewandelt: qa

$$Na_2So_4 + Ca(OH)_2 \rightarrow CaSo_4 + 2NaCl + 2H_2O \tag{1}$$

Hierbei folgt die Kalkmilchzugabe einer Online-Messung für das gelöste Calcium, so dass immer ein geringer Überschuss an Calcium in der Lösung gewährleistet ist. Um der Verkrustung der Heizkörper weitestgehend zu entgehen – was speziell bei der Kristallisation von Gips von Bedeutung ist – muss der Feststoffgehalt im Gipskristallisator auf möglichst hohem Niveau konstant gehalten werden. Dies wird durch eine Hydrozyklonstation erreicht, deren Unterlauf in den Gipskristallisator zurückgeführt wird, während der Oberlauf geregelt (auf den Füllstand des Gipskristallisators) in die nachfolgende Schwermetallfällung abläuft. Der Feststoffabstoß aus dem Gipskristallisator dagegen erfolgt über eine Regelung der Suspensionsdichte und wird vom Zulauf zur Hydrozyklonstation in die Schwermetallfällung abgezweigt. Dadurch können im Gipskristallisator beliebige Feststoffkonzentrationen eingestellt und Verkrustungen mit Gips weitgehend vermieden werden.

8.3.1.4 Mehrstufige Schwermetallfällung

In der ersten Prozessstufe der Schwermetallfällung wird die Suspension durch die Zugabe von Natronlauge (NaOH) auf einen pH-Wert von 8–9 eingestellt. Etwa 80 % der Schwermetalle werden bei diesem pH bereits in schwer lösliche Hydroxide überführt und auf diese Weise aus der Lösung entfernt. Die verbleibenden, vorwiegend amphoteren Schwermetalle werden in einer zweiten Fällstufe dann mittels Zugabe von Natriumsulfidlösung (Na$_2$S) als schwerlösliche Schwermetallsulfide gefällt. Die Zugabe der Natriumsulfidlösung folgt dem vorliegenden Redoxpotenzial, so dass in der Schwermetall-Fällstufe stets ein Überschuss von ca. 30 ppm Na$_2$S sicher vorliegt. In der letzten Prozessstufe wird dieser Überschuss schließlich durch Zugabe von Eisen(III)-chloridlösung (FeCl$_3$) zurückgenommen. Die Zugabe erfolgt überstöchiometrisch zum Natriumsulfid, d. h. es wird immer deutlich mehr Eisen(III)-chloridlösung zugegeben als erforderlich, so dass die gesamte überschüssige Natriumsulfidmenge sicher abgebaut werden kann. Das restliche Eisensalz wird als Hydroxid gefällt und dient als Reißmittel für die i. A. sehr feinen Niederschläge der Schwermetallsulfide (Überschreitung des metastabilen Bereiches bei der Fällung). Der Verbrauch an Hydroxidionen durch die Zugabe und Fällung des Eisen(III)-chlorids würde eine Absenkung des pH-Wertes bewirken. Damit das nicht geschieht, wird durch die gleichzeitige Zugabe von Natronlauge gegengesteuert, so dass die Suspension mit einem konstanten pH-Wert von ca. 8–9 in die nachfolgende Filtration abläuft. Die Absicherung des pH-Wertes ist von besonderer Bedeutung, da nur auf diese Weise die Fällung der Schwermetalle quantitativ ist und die Freisetzung des giftigen Schwefelwasserstoffes sicher vermieden wird.

8.3.1.5 Filtration

In dem nachfolgendem Prozessschritt der Filtration werden die in der Suspension enthaltenen Feststoffe – im Wesentlichen Gips und Schwermetallsulfide – auf einer Kammerfilterpresse abgetrennt. Zur Sicherstellung einer vollständig schwermetallfreien Einspeiselösung zur nachfolgenden Eindampfung und Kristallisation wird das ablaufende Filtrat der Kammerfilterpresse kontinuierlich überwacht.

8.3.1.6 Fraktionierte Kristallisation

Bei der nachfolgenden Verdampfungskristallisation kommt es zu einer weiteren Fällung verschiedener Komponenten. Neben dem bereits genannten Calciumsulfat sind das u. a. Calciumfluorid und Schwermetalle, die alle bereits gesättigt zulaufen und durch das weitere Aufkonzentrieren nachgefällt werden. Somit müssen, um die hohen Reinheitsanforderungen an das Produkt zu erfüllen, bei der weiteren Aufbereitung der Lösung sowohl diese kokristallisierenden Feststoffe als auch die gelösten Verunreinigungen als Verunreinigungsquellen berücksichtigt und durch zusätzliche verfahrenstechnische Operationen minimiert werden. Die folgenden Verunreinigungsquellen sind dabei zu berücksichtigen [2]:

1. kokristallisierende Substanzen (z. B. nachfallende Schwermetallsulfide, nachfallendes Calciumfluorid),
2. am Kristallisat anhaftende Mutterlauge (hoch lösliche Verunreinigungen, z. B. Kaliumchlorid, Magnesiumchlorid und S-N-Verbindungen),
3. Mutterlaugen- und Suspensionseinschlüsse im Kristallisat,
4. Feststoffeinschlüsse durch heterogene Keimbildung,
5. Mischkristallbildung.

Die notwendigen Maßnahmen zur Minimierung des Einflusses auf die Produktreinheit werden nachfolgend dargestellt:

1. Die Entfernung der Verunreinigungen durch kokristallisierende Substanzen sowie der anhaftenden Mutterlauge erfolgt durch eine Gegenstromwäsche während der Entnahme von Kristallisat aus dem Kristallisator über das so genannte Salzbein und durch eine abschließende Wäsche des Kristallisatkuchens auf der Zentrifuge (Abb. 8.3–2). Da die kokristallisierenden Substanzen feiner sind als die NaCl-Kristalle können diese in der Gegenstromwäsche im Salzbein durch ihre geringere Sinkgeschwindigkeit ausgeschwemmt werden. Gleichzeitig wird die verunreinigte Mutterlauge durch die Waschlösung verdrängt. Diese ist eine deutlich reinere Lösung als die Mutterlauge. In der ersten Kristallisationsstufe handelt es sich dabei um das Filtrat aus der Kammerfilterpresse und in der zweiten Kristallisationsstufe ist es die Lösung, die durch Auflösen des Kristallisates aus der ersten Kristallisationsstufe hergestellt wird. Die ausgeschwemmten und verdrängten Verunreinigungen werden aus der ersten Kristallisationsstufe in die Gipskristallisation zurückgeführt. Die Gipskristallisation ist somit die Prozesssenke für die hochlöslichen und kokristallisierenden feinen Substanzen aus der ersten Kristallisationsstufe. Die in der zweiten Kristallisationsstufe ausgeschwemmten und verdrängten Verunreinigungen werden in die erste Kristallisationsstufe zurückgeführt. Das Kristallisat der zweiten Kristallisationsstufe wird auf der Zentrifuge zusätzlich noch mit Kondensat gewaschen, um die Konzentration an gelösten Verunreinigungen soweit wie möglich abzusenken.
2. Etwaige Mutterlaugen- und Suspensionseinschlüsse im Kristallisat sowie Feststoffeinschlüsse durch heterogene Keimbildung können kaum reduziert werden. Jedoch ist der Einfluss auf die Produktreinheit nicht signifikant, solange ein nicht zu grobes Kristallisat (hier $d' \approx 0{,}3$–$0{,}5$ mm) produziert wird, wie es ohnehin bei den eingesetzten FC-Kristallisatoren der Fall ist.
3. Verunreinigungen, die in das Gitter des NaCl-Kristalls mit eingebaut werden (Besetzung von Fehlstellen) oder solche, die mit dem Natriumchlorid Mischkristalle bilden, können mit der einfachen Kristallisation aus Lösungen ebenfalls nicht reduziert werden. In diesem Zusammenhang ist vor allem das

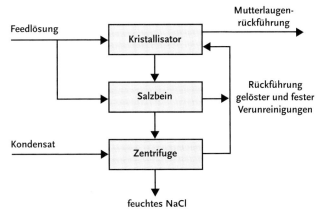

Abbildung 8.3-2 Entfernung löslicher und kokristallisierender Substanzen.

Bromid zu nennen, das dem Chlorid in Ladung, Elektronegativität und Ionenradius sehr ähnlich ist. Dadurch tritt Mischkristallbildung auf. Das ist besonders bei der Aufarbeitung von Abwässern aus den Rauchgaswäschen in Müllverbrennungsanlagen zu beachten, da diese Abwässer i. A. deutliche Bromidkonzentrationen aufweisen. Der Verteilungskoeffizient (Konzentration im Kristall zu Konzentration in der Lösung) liegt für das reine System NaCl–NaBr–H_2O bei ca. 0,16 [3, 4]. Eigene Untersuchungen konnten diesen Verteilungskoeffizienten für Rauchgaswaschwasser bestätigen. Bei Anwesenheit von $CaCl_2$ in der Lösung wird dieser Koeffizient kleiner. Bei bereits nur 4 Ma-% $CaCl_2$ in der Mutterlauge haben eigene Untersuchungen einen Verteilungskoeffizienten von nur noch 0,1 gezeigt. Da ein Zusatz von Calciumchlorid in der ersten Kristallisationsstufe ohnehin vorgesehen ist, reicht im Falle der MVA Stellinger Moor eine einfache Rekristallisation aus, um die geforderte Grenzkonzentration an Bromid gemäß TAKE-Liste im Reinsalz aus der zweiten Kristallisationsstufe sicher zu unterschreiten. Dazu wird das Kristallisat der ersten Kristallisationsstufe in Kondensat aufgelöst und erneut kristallisiert. Der Aufbau der baugleichen Kristallisationsstufen kann Abbildung 8.3–3 entnommen werden.

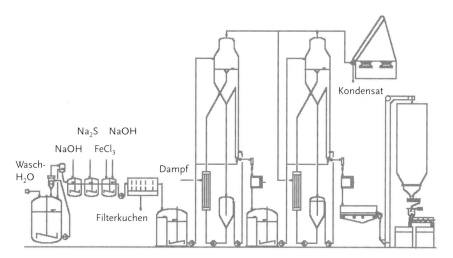

Abbildung 8.3-3 Vereinfachtes Schaltbild der Abwasseraufarbeitung der Hamburger MVA Stellinger Moor.

8.3.1.7 Kristallabtrennung und Trocknung

Das Kristallisat der zweiten Kristallisationsstufe wird auf einer Siebschneckenzentrifuge abgetrennt und nachfolgend in einem Vibrationsfließbetttrockner auf einen Restfeuchtegehalt von <0,1 % getrocknet. Am Austritt des Trockners werden Agglomerate über ein integriertes Überkornsieb abgetrennt und in Kondensat wieder aufgelöst.

8.3.1.8 Lagerung und Verpackung

Das getrocknete NaCl wird mittels Gurtbecherwerk in einen Zwischensilo gefördert und von dort wahlweise in Big-Bags verpackt oder direkt in Silofahrzeuge verladen.

8.3.1.9 Leistungsdaten der Waschwasseraufbereitungsanlage

Die in der Müllverbrennungsanlage Stellinger Moor in Hamburg realisierte Waschwasseraufbereitungsanlage erfüllt sowohl hinsichtlich der Aufarbeitungskapazität (Tab. 8.3–3) als auch in Bezug auf die Reinheit des Produktes NaCl die Erwartun-

Tabelle 8.3-3 Kennzeichnende Daten der Waschwasseraufbereitungsanlage.

Benennung	Größe/Dimension	
Abwasseraufbereitungskapazität	3	$m^3\ h^{-1}$
Verdampfungsleistung	3.975	$kg\ h^{-1}$
Filterpressenabwurf	368	$kg\ h^{-1}$
Filterkuchenrestfeuchte	~30	%
Salzproduktion	425	$kg\ h^{-1}$
Salzreinheit	> 99,9	%
Salzverunreinigungen	gemäß TAKE-Liste	
Restfeuchte Salz	< 0,1	% H_2O

Tabelle 8.3-4 Vergleich der geforderten und der erreichten NaCl-Reinheit.

Verunreinigung		Gefordert	Erreicht	Dim.	Faktor	WHO Food grade
Ca		< 0,2	< 0,01	%	20	
Mg		< 0,02	< 0,001	%	20	
SO_4		< 0,4	0,002	%	200	
K		< 1500	33	ppm	45	
F		< 60	< 10	ppm	6	
Br		< 50	12	ppm	4	
J		< 10	< 2	ppm	5	
Sr, Ba	je	< 20	< 0,5	ppm	40	
Fe		< 10	2,6	ppm	4	
Mn		< 1	0,23	ppm	4	
Ni, Co, Cr	je	< 1	< 0,5	ppm	2	
Cu		< 5	< 0,5	ppm	10	< 2
W		< 1	< 5	ppm	GW	
Mo		< 1	< 1	ppm	1	
Ti		< 10	3,1	ppm	3	
Zn, Sn, V	je	< 1	0,5	ppm	2	
Cd		< 1	0,05	ppm	20	< 0,5
Hg		< 1	< 0,02	ppm	50	< 0,1
Pb		< 1	0,3	ppm	3	< 2
As		< 0,5	<0,5	ppm	1	< 0,5
Al		< 1000	< 3,5	ppm	286	
N gesamt		< 20	< 10	ppm	2	

gen. Zum Teil wurden diese Erwartungen sogar deutlich übertroffen. Zum großen Teil wurden die zulässigen Konzentrationen vieler Verunreinigungskomponenten um ganze Größenordnungen unterschritten (Tab. 8.3–4).

8.3.2
Aufarbeitung von Salzschlacken aus Aluminium-Umschmelzbetrieben

G. Hofmann [1, 2]

Die Kristallisation ist als Trennverfahren in vielen Feststoff-Aufarbeitungsprozessen das am besten geeignete Mittel, um Wertstoffe von Reststoffen zu trennen. Das gilt nicht nur für die Abwassertechnik, wie zuvor beschrieben, sondern in noch weit größerem Maße für den down-stream-Prozess in der allgemeinen Chemie, gleich ob organisch oder anorganisch oder hydrometallurgisch. Dieser Beitrag soll zeigen, wie durch die Kooperation mit einem Anlagenbauer für Kristallisation als „Planungsabteilung" in kurzer Zeit ein leistungsfähiges Verfahren entsteht, das in der Lage ist, die geforderten Ziele maßgeschneidert zu erfüllen.

Das in der sekundären Aluminiumindustrie am weitesten verbreitete Umschmelzverfahren arbeitet mit direkt befeuerten Drehtrommelöfen. Die Aluminiumschmelze wird darin mit einer aufliegenden Schmelze aus einem Gemisch von Natriumchlorid und Kaliumchlorid vor dem Abbrennen geschützt. Aus dem Aluminiumschrott nimmt diese Salzschmelze die Verunreinigungen auf und muss deshalb nach jeder Charge verworfen werden. Zu Salzblöcken erstarrt, wurde sie noch bis in die 80er Jahre auf spezielle Deponien gegeben.

Diese Schlacken, die neben etwa 60 % Salz u. a. noch metallisches Aluminium, Tonerde und Spinelle enthalten, sind chemisch sehr reaktiv. Geraten sie mit Wasser in Kontakt, setzt eine Reihe chemischer Reaktionen ein. Alle Reaktions- und Folgeprodukte sind für die Umwelt schädlich:

- die Sickerwässer der Deponien werden zu konzentrierten Salzsolen,
- durch Auflösung des metallischen Aluminiums und Hydrolyse verschiedener Aluminiumverbindungen entsteht eine Reihe brennbarer und auch giftiger Gase; dabei sind die freigesetzten Gase sehr geruchsintensiv, markiert durch Ammoniak, Schwefelwasserstoff und das sehr toxische Phosphin (Abb. 8.3–4).

Aufgrund der von den Salzschlacken ausgehenden Umweltschädigung bestand in den 80er Jahren ein großes politisches Interesse an geeigneten Aufarbeitungsverfahren. Der perfekte Prozess (Abb. 8.3–5) musste in der Lage sein,

- alles metallische Aluminium aus der Schlacke zurückzugewinnen,
- die Abdecksalze herauszulösen und in wiederverwertbarer Qualität zu erzeugen,
- einen salzfreien und entgasten Rückstand zu produzieren,
- die freigesetzten Gase schadlos zu beseitigen.

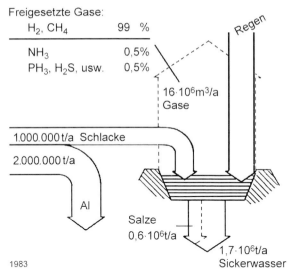

Abbildung 8.3-4 Sekundäre Aluminiumindustrie (Drehtrommelöfen) – Zahlen der Produktion und zur Umweltbeeinflussung (westliche Hemisphäre); Stand 1983.

Ein solcher Prozess wurde seinerzeit gemeinsam von den Firmen Raffineria Metalli Capra (RMC) in Brescia und der Messo-Chemietechnik in Duisburg entwickelt und pilotiert. Die großtechnische Realisierung für die Aufarbeitung von 65 000 t/a Salzschlacke erfolgte ab Herbst 1987. Die Abbildung 8.3–6 zeigt eine

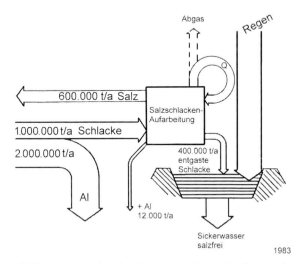

Abbildung 8.3-5 Sekundäre Aluminiumindustrie (Drehtrommelöfen) – Zahlen zur Produktion bei angenommenem Schlackenrecycling (westliche Hemisphäre); Stand 1983.

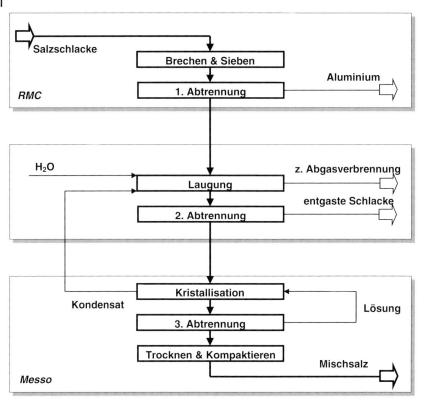

Abbildung 8.3-6 Blockfließbild für die angestrebte Aufarbeitung der Schlacke aus der sekundären Aluminiumindustrie.

Prinzipdarstellung des Prozesses. Der erste Prozessschritt besteht aus einer trockenen, mechanischen Aufarbeitung, die zur Aufgabe hat, das in der Salzschlacke noch enthaltene metallische Aluminium zurückzugewinnen. Es folgen zwei nasse Prozessschritte: zunächst eine Laugung und Filtration zur Gewinnung einer hoch konzentrierten Salzlösung, dann zur gezielten Freisetzung der Gase und schließlich zur Gewinnung eines Rückstandes, der normal deponiert werden kann. Den Abschluss des Prozesses bildet die Kristallisation der Salze aus der in der Laugung gewonnenen Sole.

8.3.2.1 Mechanische Aufarbeitung

Dieser Teil des Prozesses wurde von RMC und anderen schon seit mehreren Jahren großtechnisch betrieben. Man arbeitet mit einer Zusammenstellung von Mühlen und Sieben. Es werden drei Feststofffraktionen gewonnen: Aluminium, Eisenschrott und eine fein gemahlene Salzschlacke (Abb. 8.3–7). Die Salzschlacke ist Ausgangsmaterial für die Laugung.

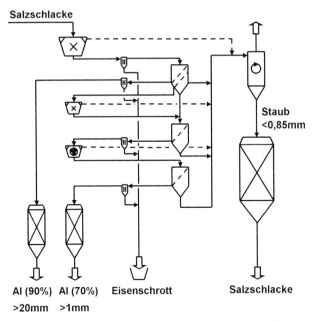

Abbildung 8.3-7 Fließbild der vorhandenen mechanischen Aufarbeitung.

8.3.2.2 Die Laugung

Ist eine Laugung geplant (Abb. 8.3–8), werden an diese vier Ansprüche gestellt:

- die Salze müssen vollständig aufgelöst werden; die Laugungssole muss hoch konzentriert anfallen,
- die Entgasungsreaktion, welche beim ersten Kontakt mit Wasser einsetzt, muss so weit geführt werden, dass die spätere Gasbildungsrate vernachlässigbar ist,
- die Freisetzung der toxischen Gase ist noch in der Laugung zum Abschluss zu bringen,
- der Laugungsrückstand darf nach der Abtrennung nicht mehr als 0,5 % Cl^- enthalten.

Laugung und Filtration wurden im Labor und im halbtechnischen Maßstab überprüft. Die Prüfungen erfolgten parallel zur laufenden Produktion der RMC in den Jahren 1984–1986.

Aus diesen Untersuchungen konnte abgeleitet werden:

Erwartungsgemäß stieg die Geschwindigkeit der Gasbildung mit der Laugungstemperatur. Die Durchführung der Laugung bei Temperaturen in der Nähe des atmosphärischen Siedepunktes war daher von Vorteil. Bei dieser Temperatur ist die Entwicklung toxischer Gase innerhalb kurzer Zeit abgeschlossen. Der Zeitaufwand für das Lösen der Salze ist gegenüber dem Zeitaufwand für die ausreichende Freisetzung der Gase vollständig vernachlässigbar.

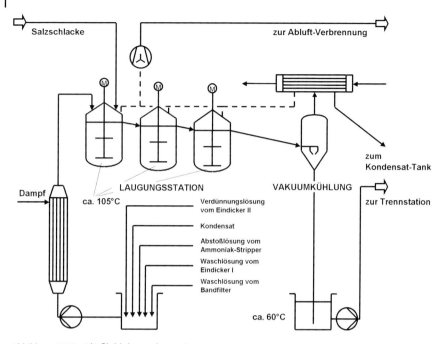

Abbildung 8.3-8 Fließbild der geplanten Laugung.

Die Gasfreisetzung ist eine exotherme Reaktion, die mehr Wärme liefert, als zum Auflösen der Salze benötigt wird. Die Lösung heizt sich dadurch selbstständig auf. Die Differenz zur gewünschten Laugungstemperatur wird durch Heizdampf zugeführt. Die freigesetzten Gase werden in einer thermischen Nachverbrennungsanlage mit Abwärmenutzung vollständig entsorgt. Zur Einhaltung des nach TA-Luft vorgeschriebenen NO_x-Wertes wird eine Verbrennungstechnik eingesetzt, die auch höhere Ammoniakanteile in den freigesetzten Gasen zulässt. Schwefelwasserstoff, der abhängig vom Gehalt an Sulfaten in den eingesetzten Abdecksalzen auftreten kann, wird zuvor ausgewaschen. Die Laugung erfolgt in einer 3-stufigen Kaskade, an die sich eine Kühlung anschließt, um die erzeugte Suspension für den nächsten Aufarbeitungsschritt vorzubereiten.

8.3.2.3 Abtrennung des Rückstandes

In Ausrichtung auf die Anforderungen an den chloridfreien Rückstand und das wieder zu verwendende Salz ist die Abtrennung des Rückstands in zwei Stufen unterteilt. Für die Erzeugung einer klaren Lösung, geeignet für die abschließende Kristallisation, kommt eine statische Eindickung zur Anwendung. Der Eindickerunterlauf wird auf ein Vakuumbandfilter gegeben, um den unlöslichen Rückstand abzutrennen und waschen zu können. Dieser Filtertyp wurde speziell wegen der guten Eignung für die Kuchenwaschung ausgewählt (Abb. 8.3–9). Pilotversuche mit diesem Filter ergaben Gehalte von kleiner als 0,5 % Salz (KCl + NaCl), bezogen auf die Trockensubstanz im Filterkuchen und erfüllten somit die Forderung von <0,5 % Cl^-.

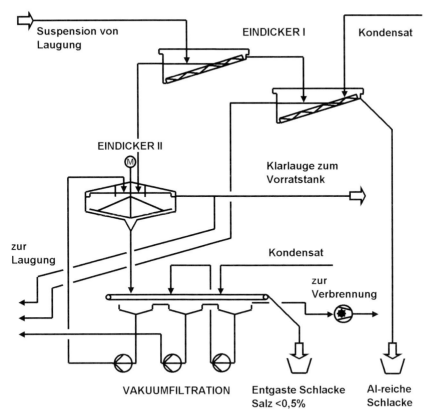

Abbildung 8.3-9 Fließbild der geplanten Trennstation.

8.3.2.4 Die Kristallisation

Manche der europäischen Umschmelzbetriebe bevorzugen bestimmte Zusammensetzungen der Abdecksalze hinsichtlich NaCl und KCl und wünschen möglichst geringe Korngrößenanteile <1 mm. An den Prozessschritt Kristallisation sind dadurch besondere Anforderungen gestellt.

Um diese Forderungen unabhängig von der jeweiligen Zusammensetzung der Salzschlacke erfüllen zu können, wäre eine getrennte Kristallisation beider Salze die beste Lösung. Beide Salze könnten dann zu beliebigen Zusammensetzungen gemischt werden. Das Phasensystem NaCl–KCl–H$_2$O macht eine solche separate Kristallisation prinzipiell möglich. Der Punkt 2 in Abbildung 8.3–10 zeigt eine typische Zusammensetzung für Lösungen aus der Laugung der Salzschlacke. Die separate Erzeugung von NaCl und KCl aus diesen Lösungen würde sich im Phasensystem wie folgt darstellen: Zunächst wird die Lösung aus der Laugung und Klärung durch Eindampfen weiter aufkonzentriert (Punkt 2–Punkt 3). Bei Erreichen der Sättigungskonzentration beginnt in Punkt 3 die Kristallisation von Natriumchlorid. Die Kristallisation läuft längs der 110 °C-Isotherme, wobei Kaliumchlorid in Lösung bleibt und nur aufkonzentriert wird. Kurz vor dem Erreichen der Poly-

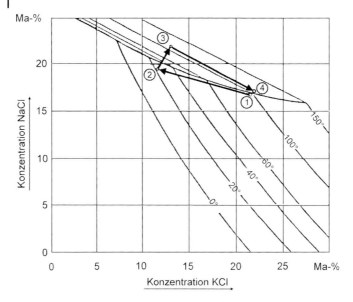

Abbildung 8.3-10 Methode zur separaten Kristallisation von NaCl und KCl.

therme in Punkt 4 wird das Natriumchlorid-Kristallisat abgetrennt und anschließend dem Zentrifugat etwas Wasser zugefügt, um mit der Lösungszusammensetzung über die Polytherme ins Kaliumchloridfeld zu wechseln (Punkt 1). Dort kann dann Kaliumchlorid durch Kühlungskristallisation kristallisiert werden. Mit dem Wiedererreichen des Punktes 2 wird dieser Kreisprozess einer separaten Kristallisation beider Salze geschlossen.

Ein kontinuierlicher Prozess nach dieser Methode würde zwei Kristallisatoren erfordern: einen NaCl-Verdampfungskristallisator mit einer Lösungszusammensetzung gemäß Punkt 4 und einen KCl-Kühlungskristallisator in Punkt 2. Die erforderliche Investition wäre allerdings hoch und kann von dem vorwiegend auf Umweltschutz ausgerichteten Aufarbeitungsverfahren nicht ohne weiteres getragen werden.

8.3.2.5 Kokristallisation der Salze

Die von der Investition her günstigere Möglichkeit ist die gleichzeitige Kristallisation beider Salze gemeinsam in einem Kristallisator. Dazu muss die Kristallisation auf der Polytherme durchgeführt werden, auf der beide Salze nebeneinander kristallisieren. Bei dieser gemeinsamen Kristallisation sind die Abhängigkeit der Produktzusammensetzung von der jeweiligen Schlackenzusammensetzung und die ausgeprägte Neigung zu Verkrustungen mit Natriumchlorid für die Anlagenplanung besonders zu beachten.

Der Einfluss leichter Schwankungen in der Schlackenzusammensetzung auf die Zusammensetzung des produzierten Salzes kann durch vorhandene Lösungspuffer aufgefangen werden. Andernfalls ist es erforderlich, nachträglich durch Zumischen zu korrigieren oder die Schlacken vor der Aufarbeitung gründlich zu mischen.

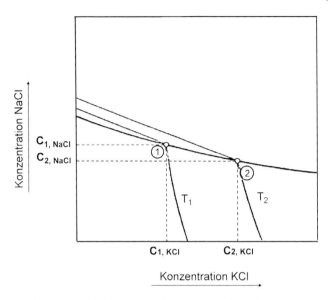

Abbildung 8.3-11 Aufheizen einer Suspension beider Bodenkörper auf der Polytherme – Konsequenzen.

Weniger einfach zu bewältigen ist die ausgeprägte Neigung zu Verkrustungen, wenn in diesem Phasensystem beide Substanzen gleichzeitig kristallisieren, d. h. wenn auf der Polytherme kristallisiert wird (Abb. 8.3–11). Das gilt im Übrigen allgemein für *invariante Punkte*. In diesem Fall ist es so, dass solange beide Substanzen als Kristallisate vorliegen, das System bei Änderung der Temperatur die Polytherme nicht verlassen kann. Die Konsequenz ist ein Absinken (!) der NaCl-Konzentration bei Aufheizung – also eine überraschende, inverse Löslichkeit für NaCl – während für das KCl zur gleichen Zeit die erwartete Zunahme der Konzentration festzustellen ist. Bei Aufheizen einer solchen Suspension, z. B. um 20 K, gemessen als Temperaturdifferenz zwischen Wärmeaustauschfläche und aufzuheizender Lösung, würden sich direkt an der Wärmeaustauschfläche die in Abbildung 8.3–12 dargestellten hohen Konzentrationsdifferenzen für NaCl aufbauen. Für KCl sind stets Untersättigungen festzustellen, während für NaCl bis etwa 100 °C Übersättigungen gebildet werden. Diese liegen überwiegend oberhalb des metastabilen Bereiches, weshalb die Wärmeaustauschfläche in kurzer Zeit verkrusten wird. Erst bei Temperaturen ab 100 °C und höher werden dagegen dann auch für NaCl nur Untersättigungen erzeugt, und die Wärmeaustauschfläche bleibt frei.

Es empfiehlt sich daher, die gemeinsame Kristallisation beider Salze bei Temperaturen oberhalb von 100 °C vorzunehmen. Hierzu bietet sich aus Investitions- und Energiekostenerwägungen der einstufige Betrieb mittels mechanischer Brüdenrückverdichtung (MVR) an (Abb. 8.3–13).

Aufgrund dieses besonderen Verhaltens von NaCl im System NaCl–KCl–H$_2$O ist eine Grobkornkristallisation als mindestens schwierig einzustufen. Jede Grobkornkristallisation ist angewiesen auf das Wiederauflösen der Überschüsse an feinen

[g/kg Lösung]

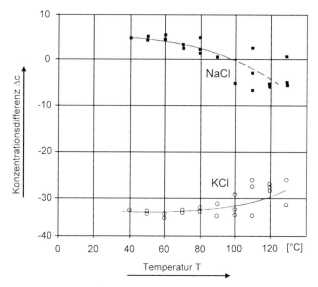

Abbildung 8.3-12 Sich einstellende Konzentrationsdifferenzen für NaCl bzw. KCl beim Aufheizen der Suspension beider Bodenkörper um 20 K auf der Polytherme.

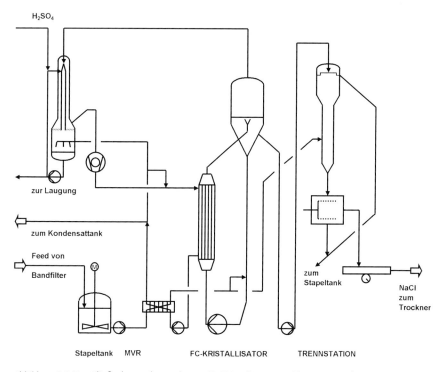

Abbildung 8.3-13 Fließschema der geplanten Ko-Kristallisation, inkl. Trenneinrichtung.

Kristallen und Kristallkeimen. Da eine solche Feinkornauflösung im vorliegenden System nur eingeschränkt (ab 100 °C) möglich ist, wurde für diese Prozessentwicklung auf die Kristallisation eines Grobgutes verzichtet und eine einfache Zwangsumlaufkristallisation eingesetzt. Die zu erwartende Kristallgröße lag hier etwa bei 0,5 mm.

Um die Ansprüche an die Kristallgrößenverteilung dennoch erfüllen zu können, wurde abschließend eine Brikettiereinrichtung eingeplant, in der das Mischsalz auf Partikelgrößen um 20 mm gebracht wird.

Die Anlage wurde erfolgreich in Betrieb gesetzt. Das verfahrenstechnische Konzept hat sich bewährt. In der Folgezeit wurden nach diesem Konzept noch weitere solcher Anlagen in Deutschland, Spanien und England errichtet.

Literatur

Allgemeine Literatur

A. Seidell, W. F. Linke, Solubilities, Am. Chem. Soc., Washington D.C., 4. ed. (1965).

W. Wöhlk, G. Hofmann, Bauarten von Kristallisatoren, *Chemie-Ingenieur-Technik* **57** (1985) 318–327.

Vorträge

1 G. Niederjaufner, W. Wöhlk, G. Hofmann, Aufarbeitung von Salzschlacken aus Aluminium-Umschmelzbetrieben, Paper for OEA Meeting, June 2, 1987, Hamburg.

2 G. Niederjaufner, W. Wöhlk, G. Hofmann, Recycling of Cover Salt in the Secondary Aluminium Industry, Paper for the International Symposium on Crystallization and Separation (ISCAP '87), October 5–7, 1987, Saskatoon, Canada.

9
Andere Kristallisationsverfahren

9.1
Druck-Kristallisation

A. König

Einerseits ist die Verwendung des Druckes als Prozessgröße bei der Sublimation ein bereits seit langem technisch genutztes Verfahren [1], andererseits haben Verfahren, die auf höherem Druck basieren, wie z. B. die Hochdruck-Kristallisation von KOBE STEEL [2], bis auf wenige Ausnahmen noch nicht die entsprechende technische Bedeutung erlangt. Neben dem höheren apparativen Aufwand ist sicher auch der Einsatz von teurer mechanischer Energie zur Druckerzeugung Grund für eine zögerliche Einführung von Druck-Kristallisationsverfahren.

In jüngerer Zeit haben Verfahren zur Erzeugung kleiner Partikel – Nanotechnologie – zunehmend an Bedeutung gewonnen und dadurch die Arbeiten zur Druckkristallisation maßgeblich gefördert. Bei einer Reihe von Verfahren wird die Prozessgröße Druck zur Steuerung der Partikelerzeugung verwendet. Druck als Prozessgröße weist eine Reihe von Vorteilen für die Erzeugung definierter (kleiner) Partikel auf. Durch Entspannen kann ein sehr schneller Druckabbau dp/dt über die gesamte Volumenphase realisiert werden. Damit korrespondierend ist es möglich, sehr hohe Triebkräfte zu erzeugen, die ihrerseits die Keimbildung fördern. Somit wächst das Potenzial, viele und kleine Partikel zu erhalten. In realen Prozessen kommt es durch die schnelle Druckabsenkung gleichzeitig zur Abkühlung und damit zu einem zusätzlichen triebkrafterhöhenden Effekt. Nicht unwesentlich ist die Tatsache, dass beim Entspannen das Volumen gravierend zunimmt und z. B. bei kondensierten Systemen das Ausgangsvolumen in viele kleine Teilvolumina „zersprengt" wird, die als isolierte Volumenelemente agieren.

Aus der Vielzahl der beschriebenen Verfahren, die Druck als Leit-Prozessgröße verwenden, wird im vorliegenden Beitrag neben einigen Grundlagen auf die beiden Verfahren **RESS** (**r**apid **e**xpansion of **s**upercritical **s**olutions) sowie **PGSS** (**p**articles from **g**as **s**aturated **s**olutions) eingegangen. Andere ebenfalls interessante Verfahren, wie z. B. **GAS** (**g**as **a**ntisolvent) [3], werden nicht vorgestellt. Auch auf die in diesem Zusammenhang sicherlich ebenfalls interessante Technologie der klassischen Fällung [1] wird nicht näher eingegangen.

Kristallisation in der industriellen Praxis. Herausgegeben von Günter Hofmann
Copyright © 2004 WILEY-VCH Verlag GmbH & Co. KGaA, Weinheim
ISBN: 3-527-30995-0

9.1.1
Grundlagen

Ausgehend von der Gibbs'schen Fundamentalgleichung [4], die für jede Phase Φ gilt, folgt, dass als frei wählbare Prozessgrößen neben der Phasengrenzfläche A, der Temperatur T und der Zusammensetzung n natürlich auch der Druck p gehört:

$$dG = -S\,dT + V \cdot dp + \sum_{i=1}^{n} \mu_i \cdot dn_i + \sigma dA \qquad (1)$$

Somit kann die Kristallisation, d. h. die Bildung einer festen Phase aus einer anderen Phase, nicht nur durch Veränderung der Zusammensetzung (Verdampfungs-, Antisolvent-Kristallisation) oder der Temperatur (Kühlungskristallisation) erfolgen, sondern in gleicher Weise auch durch Veränderung des Druckes.

Wie üblich verlaufen reale Kristallisationsvorgänge in Mehrkomponentensystemen im komplexen Zusammenwirken aller Prozessgrößen, deren Beschreibung entsprechend des Gibbs'schen Phasengesetzes sowie Gleichung (1) mehrdimensional ist und gewisse Grundfertigkeiten im Umgang erfordert. Für Einstoffsysteme lassen sich diese Zusammenhänge leichter verständlich darstellen. Abbildung 9.1–1 zeigt daher das T-p-Diagramm für das Einstoffsystem Kohlendioxid. Wie an diesem Beispiel ersichtlich wird, kann unter isothermen Bedingungen die Kristallisation allein durch Druckerhöhung erfolgen (graue Pfeile). Der umgekehrte Vorgang einer isothermen Entspannung führt dagegen zur Umwandlung von festem CO_2 in die entsprechende fluide Phase.

Beim schnellen Entspannen (adiabatischer Vorgang) kommt es gleichzeitig zur Abkühlung (rote Pfeile) und damit verbunden auch zur Abscheidung von fester Phase. Somit kann sowohl durch Druckerhöhung als auch durch Druckabsenkung feste Phase gebildet werden. Dieser scheinbare Widerspruch lässt sich einfach auflösen. In Abhängigkeit von der Prozessbedingung Druckänderungsgeschwindigkeit (dp/dt) wirkt im ersteren Fall nur die Prozessgröße Druck, während im zweiten Fall

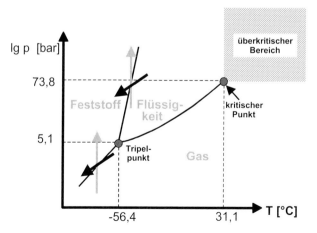

Abbildung 9.1-1 Phasendiagramm Kohlendioxid, T-p-Diagramm.

druckgesteuert die Prozessgröße Temperatur wirkt. Dieser Sachverhalt trifft sowohl auf die Abscheidung fester Phase aus dem Gaszustand, dem flüssigen Zustand als auch aus dem Zustand stark komprimierter Fluide zu.

Die Steigung der Gleichgewichtskurve fest-flüssig zeigt an, welcher Druckunterschied aufzuwenden ist, um eine Kristallisation auszulösen. Die Gleichgewichtskurve fest-flüssig kann aus grundlegenden thermodynamischen Daten, wie Phasenumwandlungs-Enthalpie $\Delta_m H$ und -Volumen $\Delta_m V$, berechnet werden:

$$\frac{\partial p}{\partial T} = \frac{\Delta_m H}{T \cdot \Delta_m V} \tag{2}$$

Der Anstieg der Gleichgewichtskurve fest-flüssig muss nicht notwendigerweise positiv sein, sondern kann auch, wie beim prominenten Beispiel Wasser, einen negativen Wert aufweisen. In diesem Fall führt die Druckabsenkung zur Kristallisation von Eis aus Wasser.

Die am Einstoffsystem dargestellten Sachverhalte zur Kristallisation mittels Druck gelten im Prinzip auch für Zwei- und Mehrstoffsysteme. Sie sind jedoch um die Effekte des Mischungsverhaltens der Komponenten erweitert. Diese werden im Raumdiagramm x-T-p als zusätzliche Dimension berücksichtigt. Häufig werden aus Gründen der Praktikabilität nur Teilabschnitte des Raumdiagramms verwendet. Um im gewohnten zweidimensionalen Raum zu arbeiten, wird zusätzlich noch eine Prozessgröße konstant gehalten und deren Abhängigkeit durch Iso-Linien berücksichtigt. Am Beispiel des Zweistoffsystems p-Kresol/m-Kresol ist die Druckabhängigkeit des Gleichgewichts fest-flüssig in Abbildung 9.1–2 dargestellt. Eine Probe mit 80 % p-Kresol bei einer Temperatur von 30 °C liegt bei Normaldruck im 1-Phasengebiet flüssig. Wird der Druck jedoch auf $p > 500$ kg cm^{-2} (~ 500 bar) erhöht, so liegt der o. g. Zustand im 2-Phasengebiet fest-flüssig. Es kommt damit zur Kristallisation von p-Kresol. Auf diesem Effekt basiert das Verfahren von KOBE STEEL [2]. Interessant ist weiterhin, dass in diesem Beispiel mit zunehmendem Druck eine Veränderung der eutektischen Zusammensetzung beobachtet wird.

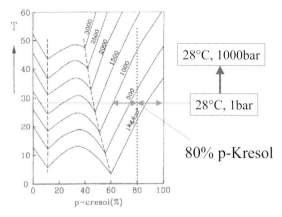

Abbildung 9.1-2 x-T-(p)-Diagramm des Systems p-/m-Kresol.

240 | 9 Andere Kristallisationsverfahren

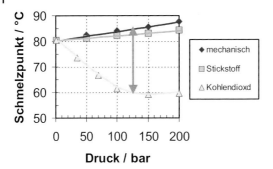

Abbildung 9.1-3 Druckabhängigkeit des Schmelzpunktes von Naphthalin für verschiedene druckerzeugende Medien.

Während im obigen Beispiel beide Komponenten ähnliche Schmelztemperaturen aufweisen, können sich die beiden Komponenten hinsichtlich ihrer Schmelzpunkte und ihrer Siedepunkte auch gravierend unterscheiden. Ein typisches stoffliches Beispiel ist das System Naphthalin-Kohlendioxid, siehe Abbildung 9.1–3 [5]. Die Druckabhängigkeit des Schmelzverhaltens von Naphthalin zeigt zwei entgegengesetzte Effekte. Einerseits nimmt die Schmelztemperatur mit zunehmendem Druck (mechanisch) zu; andererseits löst sich mit zunehmendem Druck mehr Kohlendioxid im Naphthalin, was zu einer Erniedrigung des Schmelzpunktes führt. Die Wirkung beider Effekte lässt sich mittels thermodynamischer Basisdaten beschreiben, in der x den Mol-Anteil der schwerer flüchtigen Komponente darstellt.

$$dT = \frac{R \cdot T^2}{x \cdot \Delta_m H} + \frac{T \cdot \Delta_m V}{\Delta_m H} \cdot dp \tag{3}$$

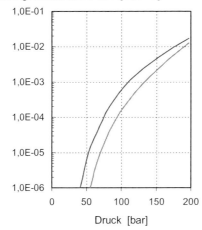

Abbildung 9.1-4 Druckabhängigkeit der Löslichkeit von Benzoesäure in CO_2 (untere Kurve) und CHF_3 (obere Kurve).

Neben dem Fest-Flüssig-Gleichgewicht existiert in diesem System noch das Gleichgewicht der Löslichkeit der schwerer flüchtigen Komponente im Trägergas. In Abbildung 9.1–4 ist die Druckabhängigkeit der Sättigungslöslichkeit von Benzoesäure im Trägergas CO_2 (untere Kurve) und CHF_3 dargestellt. Wie Abbildung 9.1–4 zeigt, nimmt die Löslichkeit von Benzoesäure bei höheren Drücken merklich zu. Das in Abbildung 9.1–1 ausgewiesene Gebiet des überkritischen Fluids zeigt hinsichtlich des Löseverhaltens besonders günstige Verhältnisse, d. h. hohe Werte, da in diesem Bereich einerseits eine noch gasähnliche Viskosität existiert und andererseits die Diffusionsvorgänge etwa 2–3 Größenordnungen schneller ablaufen als in der klassischen Flüssigphase. Dieses Verhalten bildet die Basis der meisten Hochdruckextraktionsverfahren [6, 7].

Die Gaslöslichkeit in der Flüssigphase bildet die Grundlage des **PGSS**-Verfahrens und die bevorzugte Löslichkeit der schwerer flüchtigen Komponente im überkritischen Fluid bildet die Grundlage des **RESS**-Verfahrens. Beide Verfahren beruhen auf der schnellen, d. h. quasi-adiabatischen, Druckabsenkung der gesättigten Phasen und damit verbunden dem „Entgasen".

9.1.2
RESS-Verfahren

Das RESS-Verfahren [8] besteht aus dem Teilprozess der Erzeugung einer mit der Zielkomponente gesättigten bzw. stark angereicherten überkritischen fluiden Phase, der Extraktion, dargestellt im linken Teil von Abbildung 9.1–5 und der Erzeugung der Partikel durch Entspannen sowie deren Abtrennung aus der Gasphase,

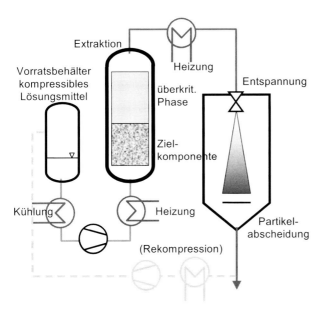

Abbildung 9.1-5 RESS-Verfahren, Verfahrensfließbild.

dargestellt im rechten Teil. Vor dem Entspannen wird die fluide Phase noch auf die gewünschte Vorexpansionstemperatur eingestellt. Bei Bedarf kann das Gas durch Rekompression wieder verwendet werden. Üblicherweise wird im Druckbereich 100–500 bar und im Temperaturbereich 30–150 °C gearbeitet.

Beim Austritt des überkritischen Fluids aus der Düse bzw. bereits kurz davor, kommt es zu einem plötzlichen Abfall des Druckes und dadurch bedingt auch der Temperatur (Abb. 9.1–6). Unter Verwendung der Druckabhängigkeit der Löslichkeit von Benzoesäure in CO_2 bzw. CHF_3 nach Abbildung 9.1–4 wird leicht ersichtlich, dass bei diesem Verfahren sehr hohe relative Übersättigungen von 10^2 bis 10^4 auftreten können. In Folge davon ist die Keimbildung stark privilegiert, und es werden sehr viele und kleine Partikel gebildet.

Am Beispiel der Benzoesäure ist in Abbildung 9.1–7 die Abhängigkeit der mittleren Partikelgröße von der Vorexpansionstemperatur dargestellt. Abbildung 9.1–8 zeigt exemplarisch nach dem RESS-Verfahren hergestellte Benzoesäurekristalle [9]. Mit dem RESS-Verfahren werden sehr kleine Partikel ($L < 1$ µm) gebildet, die sich durch ein enges Korngrößenspektrum auszeichnen. Die mittlere Korngröße hängt unter anderem vom verwendeten Lösegas und der Vorexpansionstemperatur ab. Die Wahl der Düsengeometrie beeinflusst ebenfalls die Partikelgröße und auch die Partikelform. Damit stehen, unabhängig von der Zielkomponente, neben dem Druck mehrere weitere Prozess- und Apparateparameter zur Verfügung, die gezielt zum Produktdesign eingesetzt werden können. Die Vorteile des RESS-Verfahrens sind, dass sehr kleine Partikel mit enger Partikelgrößenverteilung entstehen. Gleichzeitig kann in inerter Atmosphäre gearbeitet werden. Eine Produktkontamination mit Lösungsmitteln tritt nicht auf. Das Verfahren wurde bereits für zahlreiche Substanzklassen, wie Polymere, Biopolymere, klassische organische Stoffe, Pharmazeutika und anorganische Stoffe erfolgreich erprobt.

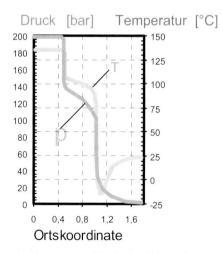

Abbildung 9.1-6 p-T-Verlauf in Abhängigkeit von der Ortskoordinate bei der Druckentspannung des RESS-Verfahrens; ($z = 1$, Düsenende).

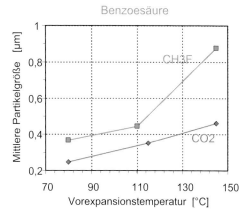

Abbildung 9.1-7 Mittlere Partikelgröße in Abhängigkeit der Vorexpansionstemperatur und des Lösegases beim RESS-Verfahren.

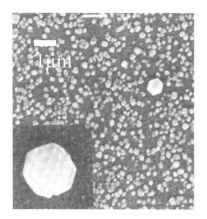

Abbildung 9.1-8 Benzoesäure-Partikel, hergestellt mit dem RESS-Verfahren mit CO_2 als Lösegas.

Das Verfahren beschränkt sich in der Anwendung natürlich nur auf Zielkomponenten, die eine ausreichende Löslichkeit in der überkritischen Phase aufweisen. Die Löslichkeit ist meistens recht klein, so dass ein hoher Gasbedarf (>100 kg Gas/kg Pulver) notwendig ist. Nicht zu unterschätzen sind auch die Probleme der Abtrennung der Partikel aus dem Gasstrom.

9.1.3
PGSS-Verfahren

Das PGSS-Verfahren [10] zur Erzeugung kleiner Partikel besteht analog zum RESS-Verfahren aus dem Teilprozess der Erzeugung einer fluiden Phase mit der Zielkomponente, d. h. einer gasgesättigten Schmelze, dargestellt im oberen Teil von Abbildung 9.1–9 und der Erzeugung der Partikel durch Entspannen sowie deren Abtrennung aus der Gasphase, dargestellt im unteren bzw. rechten Teil von Abbildung

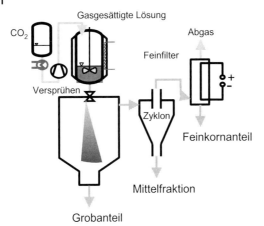

Abbildung 9.1-9 PGSS-Verfahren, Verfahrensfließbild.

9.1–9. Üblicherweise wird im Druckbereich von 60–250 bar gearbeitet. Der Temperaturbereich richtet sich nach dem Schmelzpunkt der Zielkomponente. Er liegt etwa 20 K oberhalb bzw. unterhalb des Schmelzpunktes. Nach unten wird die Arbeitstemperatur festgelegt durch die Schmelzpunktsdepression als Folge der Löslichkeit des Gases in der Schmelze, siehe auch Abbildung 9.1–3. Beim schnellen Entspannen kommt es beim Versprühen der Schmelze zum Entgasen und bedingt durch den Joule-Thompson-Effekt zur Abkühlung des Systems, wie in Abbildung 9.1–10 schematisch gezeigt ist. Die an der Sprühdüse entstehenden Flüssigkeitstropfen werden durch die mechanische „Sprengwirkung" des eingeschlossenen Gases in kleine Sekundärtropfen zerteilt. Dieser Vorgang ist die Grundlage der Bildung der Mikropartikel. Wie Abbildung 9.1–10 zeigt, haben die beiden Phasen Gas

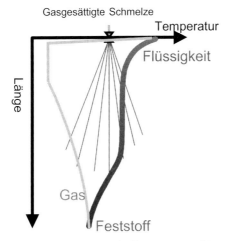

Abbildung 9.1-10 T-z-Verlauf beim PGSS-Verfahren nach dem Versprühen für die Glas- und Feststoff-Komponente.

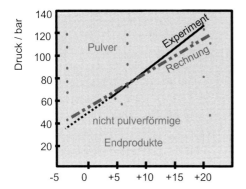

Abbildung 9.1-11 p-T-Abhängigkeit des Verfestigungsgebietes beim Versprühen nach dem PGSS-Verfahren am Beispiel Menthol/CO$_2$.

und Schmelze einen unterschiedlichen Temperaturverlauf. Während sich die Gasphase sehr schnell abkühlt benötigt die Flüssigphase länger. Die Gesamtenergiebilanz führt dazu, dass in Abhängigkeit des Druckes und der Vorexpansionstemperatur feste Partikel oder flüssige Tropfen entstehen. Dieser Zusammenhang ist am Beispiel des Systems Menthol-Kohlendioxid [11] in Abbildung 9.1–11 gezeigt.

Durch die Wahl der Prozessgrößen Druck und Temperatur kann somit das entsprechende Zielprodukt entweder in fester oder flüssiger Form produziert werden. Wie Abbildung 9.1–12 zeigt, wird damit auch die Partikelgrößenverteilung beeinflusst. Darüber hinaus ist Modifizierung der Partikelmorphologie durch beide Parameter über die Steuerung der Erstarrungsgeschwindigkeit möglich (Abb. 9.1–13).

Die Erzeugung der Zielkomponente in flüssiger Form ist technologisch recht interessant, da die kleinen Flüssigkeitstropfen sehr gut gleichzeitig zudosierte pulverförmige Trägermaterialien benetzen [12]. Somit können flüssigkeitsbeladene, *fließfähige* Pulver erzeugt werden mit einem Flüssigkeitsgehalt von bis zu 80 %.

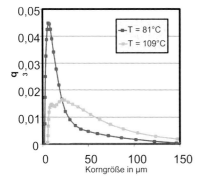

Abbildung 9.1-12 Abhängigkeit der Partikelgrößenverteilung beim PGSS-Verfahren von der Sprühtemperatur am Beispiel Menthol/CO$_2$.

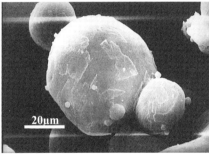 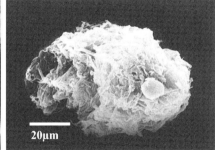

Abbildung 9.1-13 Abhängigkeit der Morphologie von der Erstarrungsgeschwindigkeit beim PGSS-Verfahren; linkes Bild = langsame Erstarrung; rechtes Bild = schnelle Erstarrung.

Die Vorteile des PGSS-Verfahrens sind ganz wesentlich der geringe Gasverbrauch mit 0,1–2 kg Gas/kg Pulver sowie die Möglichkeit, die Zielkomponente in flüssiger oder fester Form zu gewinnen. Nicht unwesentlich ist weiterhin, dass für das PGSS-Verfahren bereits Betriebserfahrungen im Produktionsmaßstab vorliegen. Gegenüber dem RESS-Verfahren werden beim PGSS-Verfahren vergleichsweise große Partikel gebildet. Einschränkungen hinsichtlich des Verfahrens sind dadurch gegeben, dass die Zielsubstanz schmelzbar sein muss und die Gaskomponente eine genügend hohe Gaslöslichkeit aufweist.

9.1.4
Zusammenfassung

Anliegen des Beitrages ist es, aufzuzeigen, dass die Prozessgröße Druck, ähnlich der Temperatur, zum „product design" durch Kristallisation, d. h. zur kontrollierten Bildung fester Phasen, genutzt werden kann. Die Verfahrensumsetzung an den Beispielen des RESS- und des PGSS-Verfahrens zeigt, dass exakterweise der Druck nicht allein genutzt wird, sondern die Kombination von Druck- und Temperaturänderung bzw. Druck-, Temperatur- und Zusammensetzungsänderung gemeinsam die gewünschten Effekte zeigen. Mit beiden Verfahren ist es möglich, die Partikelgröße gezielt in Richtung Mikropartikel zu beeinflussen. Damit erweitern und ergänzen die neueren Verfahren RESS, PGSS und GAS unter Ausnutzung der Prozessgröße Druck die Palette der klassischen Verfahren zur Herstellung kleiner Partikel, wie Fällung oder Mahlung.

Literatur

Spezielle Literatur

1 J. W. Mullin, Crystallization, Butterworth-Heinemann (1993).
2 M. Moritoki, K. Kitagawa, N. Nishiguchi, What Is High Pressure Crystallization Process?, *Chemical Economy and Engineering Review* **16**, No.12 (No.184) (1984).
3 V. J. Krukonis, P. M. Gallagher, M. P. Coffey, Patent US 5.360.478 (1991).
4 R. Haase, Thermodynamik der Mischphasen, Springer Verlag, Berlin, Göttingen, Heidelberg (1956).
5 C. Fukne-Kokot, A. König, Z. Knez, M. Skerget, *Fluid Phase Equlilibria* **173** (2000) 297–310.
6 E. Stahl, K.-W. Quirin, D. Gerard, Verdichtete Gase zur Extraktion und Raffination, Springer Verlag, New York, Heidelberg, Berlin (1987).
7 G. Brunner, Gas Extraction, Steinkopf – Darmstadt, Springer – New York (1994).
8 W. Best, F. J. Müller, K. Schmieder et. al.: Patent DE 29 43 267 (1979).
9 C. Domingo, E. Brends, G. M. van Rosmalen, J. *Supercritical Fluids* **10** (1997) 39.
10 E. Weidner, Z. Knez, Z. Novak, Patent WO 95/21688 (1995).
11 U. Streiber, Universität Erlangen, Dissertation (1997).
12 R. Steiner, E. Weidner, B. Weinreich et. al.: Patent WO 99/17868 (1999).

248 | *9 Andere Kristallisationsverfahren*

9.2
Verfahren und Apparate zur Kristallisation aus Schmelzen

J. Ulrich

Die Kristallisation aus der Schmelze wird in der technischen Anwendung zur Trennung bzw. Reinigung und Aufkonzentrierung von Stoffgemischen eingesetzt. Im Gegensatz zu den Verfahren der Lösungskristallisation, die vom Stofftransport dominiert sind und zumeist die Erzeugung bestimmter Kornverteilungen zum Ziel haben, stehen bei der durch den Wärmetransport charakterisierten Schmelzkristallisation die Trenn- und Reinigungsprozesse im Vordergrund. Die Stofftrennung erfolgt allein auf Basis der unterschiedlichen Schmelzpunkte der im Gemisch vorhandenen Komponenten.

Die vermehrte Nachfrage nach hoch reinen Ausgangsstoffen hat gerade in den letzten Jahren die Entwicklungen in dem Bereich der Schmelzkristallisation zur Hochreindarstellung von Stoffen vorangetrieben.

9.2.1
Merkmale der Schmelzkristallisation

Das Verfahren der Schmelzkristallisation zeichnet sich durch eine Reihe von Merkmalen aus, die es im Vergleich zu anderen thermischen Trennverfahren zu einer sinnvollen und umweltverträglichen Alternative machen.

Neben der Tatsache, dass es *lösungsmittelfrei* betrieben wird, können mittels seiner Hilfe sowohl temperaturempfindliche Stoffe (z. B. Nahrungsmittel, Naturstoffe, Pharmaka) als auch azeotrope Gemische getrennt werden.

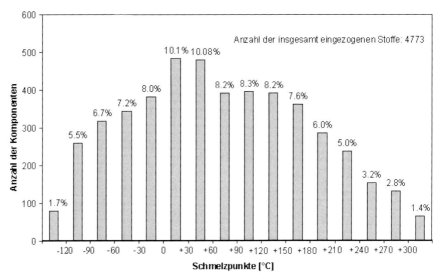

Abbildung 9.2-1 Phasendiagramme binärer organischer Substanzen und die Verteilung der Schmelzpunkte organischer Systeme; Verteilung der Schmelzpunkte organischer Stoffe nach [3].

9.2 Verfahren und Apparate zur Kristallisation aus Schmelzen

Auf Grund des *niedrigen Temperaturniveaus* und der geringen Phasenübergangsenthalpien (flüssig → fest) ist die letztendlich für die Trennung *benötigte Energie* im Vergleich zum Phasenübergang dampfförmig → flüssig um 1/3 bis 1/7 *geringer*. Oft bietet sich die Möglichkeit, das Verfahren mithilfe vorhandener Abwärme aus anderen Prozessen energiesparend zu betreiben.

Ein weiteres wichtiges Merkmal der Schmelzkristallisationsprozesse ist ihre *hohe Selektivität*. Bei ausreichend kleinen Kristallwachstumsgeschwindigkeiten und optimaler Fest-Flüssig-Trennung nach der Kristallisation kann aus einem eutektischen Gemisch theoretisch ein *fast 100 % reines* Produkt gewonnen werden. Da es sich bei den in der Industrie eingesetzten, überwiegend organischen Stoffen meist um eutektikumbildende Systeme (ca. 75 %) handelt, von denen etwa 60 % einen Schmelzpunkt unter 200 °C aufweisen, scheint das stoff- und umweltschonende Verfahren der Schmelzkristallisation für die Trennung dieser Stoffsysteme geradezu prädestiniert zu sein (Abb. 9.2–1). Die Abwesenheit einer Gasphase ermöglicht auch den Bau kleiner Anlagen mit den Vorteilen der Platz- und Energieersparnis.

9.2.2
Verfahren und Apparate der Schmelzkristallisation

In der angewandten Schmelzkristallisation werden Verfahren zur Schicht- und Suspensionskristallisation unterschieden, die kontinuierlich oder diskontinuierlich, sta-

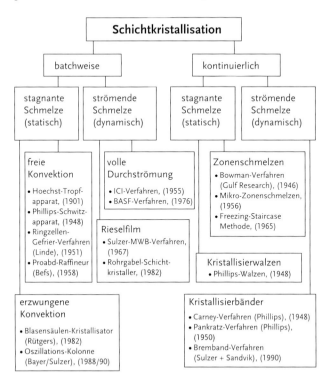

Abbildung 9.2-2 Verfahren der Schichtkristallisation nach [1].

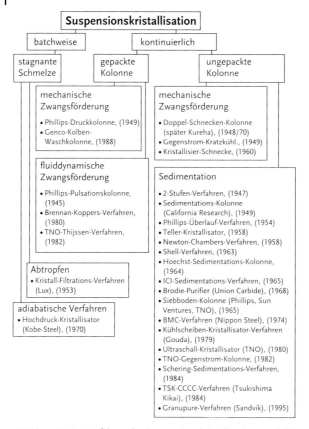

Abbildung 9.2-3 Verfahren der Suspensionskristallisation nach [1].

tisch oder dynamisch bzw. mit oder ohne erzwungener Schmelzeströmung betrieben werden. Einen Überblick über diese Verfahren geben die Abbildungen 9.2–2 und 9.2–3.

9.2.2.1 Verfahren der Suspensionskristallisation

Bei den Suspensionsverfahren erfolgt die Kristallisation zum Beispiel in Rührkesseln, Kratzkühlern oder Scheibenkristallisatoren aus einer unterkühlten Schmelze heraus, über die auch die frei werdende Kristallisationswärme abgeführt wird. Wegen der Gefahr von Verkrustungen und spontaner Keimbildung (Blockieren von Rohrleitungen) ist die treibende Potenzialdifferenz (Unterkühlung) für den Prozess begrenzt und die Kristalle wachsen nur langsam (10^{-7}–10^{-8} m s^{-1}). Aus dem langsamen Wachstum resultieren lange Verweilzeiten und, bei einer vorgegebenen Produktmenge, große Anlagenvolumina.

Andererseits führt das langsame Kristallisieren zu sehr reinen Kristallen, die aber am Ende des Prozesses aus der Schmelze abgetrennt werden müssen. Das letztendlich erreichte Reinigungsergebnis hängt damit von der Qualität der abschließenden Fest-Flüssig-Trennung ab.

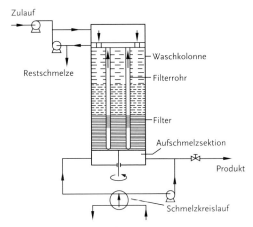

Abbildung 9.2-4 TNO-Thijssen-Prozess.

Um die an der großen Oberfläche einer Suspension anhaftende, hoch verunreinigte Restschmelze und damit den unzureichenden Trenneffekt zu kompensieren, werden die Suspensionsverfahren oft um Waschstufen erweitert oder als Waschverfahren ausgelegt. Exemplarisch soll hier die in Abbildung 9.2–4 gezeigte Anlage nach TNO-Thijssen vorgestellt werden. In diese Waschkolonne wird die Schmelze am Kopf unter Druck eingespeist, wobei die Kristalle nach einer schnellen Wachstumsphase ein dichtes, sich abwärts bewegendes Bett bilden. Die verbleibende Restschmelze verlässt die Kolonne durch Filterrohre. Die abgesunkenen Kristalle werden am Boden abgekratzt und in einer externen Einrichtung geschmolzen.

Ein Teil des geschmolzenen Kristallisates wird als Produkt abgezogen. Der andere Teil wird als Waschflüssigkeit in die Kolonne zurückgespeist, was zu einem der Hauptströmung der Kristalle entgegengesetzten Waschprozess führt. Da die Waschflüssigkeit im „kalten" Kristallbett auskristallisiert, bildet sich dort einerseits ein großer Temperaturgradient aus und andererseits nehmen die Permeabilität und Porosität des Bettes ab. Die Abnahme der Permeabilität unterhalb der Waschfront verbessert den Wascheffekt und ist wichtig für einen stabilen Waschprozess.

Die maximal erreichbare Temperaturdifferenz zwischen der flüssigen Schmelze und dem geschmolzenen Produkt, als treibende Kraft für den Prozess, beträgt aber nur 10 bis 15 K, so dass das Verfahren in seiner Kapazität bzw. bezüglich der gewonnenen Produktreinheit begrenzt ist.

Grundsätzlich besteht die Möglichkeit, durch schnelleres und wiederholtes Kristallisieren in kürzerer Zeit ein besseres Reinigungsergebnis bei höheren Produktausbeuten zu erzielen. Abbildung 9.2–5 zeigt das von der Tsukishima Kikai Co. entwickelte TSK-Verfahren, das neben einer zweistufigen Kristallisation auch einen Waschprozess vorsieht. Charakteristisch für diesen Prozess ist die entgegengesetzte Strömungsrichtung von Kristallen und Schmelze zwischen den einzelnen Verfahrensstufen, wobei die Kristalle letztendlich einer Waschkolonne zugeführt werden. Gedanklich ist dieser Prozess eine Weiter-(Rück-)entwicklung des Brodie-Verfahrens.

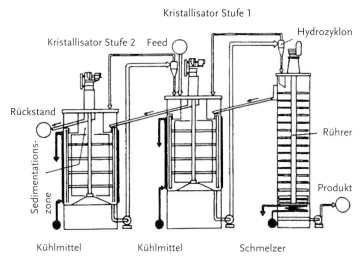
Abbildung 9.2-5 Der TSK-Prozess.

In der den Prozess abschließenden Waschkolonne wird, wie oben beschrieben, das Produkt am Fuße aufgeschmolzen und teilweise als Waschflüssigkeit zurückgeführt. Die industriell eingesetzten Anlagen dieser Art haben eine Höhe und einen Durchmesser von bis zu 5 m und erreichen Temperaturdifferenzen von 15 bis 20 K pro Stufe.

Auf Grund der Gegenstromfahrweise der beschriebenen Anlagen werden die Kristalle sowohl durch Verdrängen der anhaftenden Restschmelze als auch durch Diffusions- und Rekristallisationsvorgänge weiter gereinigt. Vorteil des mehrstufigen Verfahrens ist der minimale Apparate- und Energieaufwand. Um unerwünschte Verkrustungen zu vermeiden, muss aber eine sehr genaue Temperaturführung vorgesehen werden. Ein weiteres allgemeines Problem der Suspensionsverfahren stellt die schwer zu beherrschende Fluiddynamik dar, die ein Scale-up von Anlagen kompliziert.

Welches Verfahren letztendlich gewählt wird bzw. zum gewünschten Ergebnis führt, hängt in erster Linie von dem zu behandelnden Stoffsystem ab und kann in der Regel nur über Vorversuche ermittelt werden.

9.2.2.2 Verfahren der Schichtkristallisation

Bei der Schichtkristallisation wachsen die Kristalle senkrecht zu einer gekühlten Fläche auf und bilden zusammenhängende Schichten. Das treibende Potenzial für das Kristallwachstum ist dabei der Temperaturgradient zwischen der Gleichgewichtstemperatur der Schmelze vor der Schicht und der Kühlflächentemperatur. Während der Kristallisation frei werdende Wärme wird über die Kristallschicht und die Kühlfläche abgeführt, so dass fast jede maximal mögliche Wachstumsgeschwindigkeit erreicht werden kann.

Je höher die gewählte Kristallwachstumsgeschwindigkeit ist, um so stärker reichern sich aber Verunreinigungen vor der Phasengrenze (Schmelze/Kristallschicht) an und bilden einen Konzentrationsgradienten aus, der zusätzliche treibende Kräfte verursacht. Solche Effekte werden auch als konstitutionelle Unterkühlung bezeichnet.

Obwohl eine zu große konstitutionelle Unterkühlung zu einem dendritischen Kristallwachstum und damit zu weniger guten bis sehr schlechten Reinigungsergebnissen führt, wird sie in der technischen Anwendung der Schichtkristallisationsverfahren oft in gewissen Grenzen in Kauf genommen. Nicht zuletzt, um bei den im Gegensatz zu den Suspensionsverfahren geringen spezifischen Stoffaustauschflächen ($<10^2$ m^2 m^{-3}) dennoch möglichst große Produktmengen erreichen zu können.

Als Beispiel für einen statisch betriebenen Schichtkristallisator ist in Abbildung 9.2–6 der Tropfapparat von ehem. Hoechst AG dargestellt, bei dem die zu trennende Schmelze in einen Rohrbündelwärmeaustauscher gefüllt und durch Absenken der Temperatur kristallisiert wird. Die sich während der Kristallisation mit Verunreinigungen anreichernde Restschmelze kann anschließend durch ein am Boden angebrachtes Ventil abgelassen werden. Das Produkt (Kristallisat) wird aufgeschmolzen und in separaten Tanks aufgefangen.

Das Verfahren zeichnet sich durch seine hohe Betriebssicherheit auf Grund des einfachen apparativen Aufbaues (keine bewegten Teile) und dem nicht erforderlichen, zusätzlichen Fest-Flüssig-Trennprozess aus. Grundsätzlich bietet es die Möglichkeit, die Schichtreinheit durch wiederholte Kristallisation oder durch so genannte Nachbehandlungsprozesse, wie Schwitzen oder Waschen, noch vor dem Abschmelzen zu verbessern.

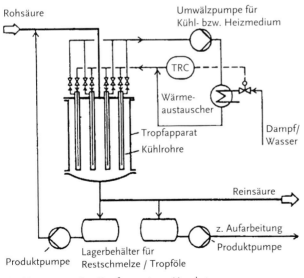

Abbildung 9.2-6 Der Tropfapparat von Hoechst.

254 | 9 Andere Kristallisationsverfahren

Allerdings erfolgt der Wärme- und Stofftransport zur Kühlfläche nur infolge Leitung bzw. Diffusion, unterstützt durch natürliche Konvektion, so dass die Raum-Zeit-Ausbeute des Verfahrens relativ gering ist. Aus diesem Grunde werden auch große Apparatevolumina benötigt, um mit dem diskontinuierlichen Verfahren hohe Erträge erzielen zu können.

Die Effektivität des beschriebenen Schichtkristallisationsprozesses kann prinzipiell durch Maßnahmen gesteigert werden, die einerseits den Wärme- und Stofftransport verbessern und andererseits zu einer kontinuierlichen Betriebsweise führen.

In Abbildung 9.2–7 wird der von der Firma Sulzer entwickelte Fallfilmkristallisator gezeigt, bei dem die Schmelze als Rieselfilm durch ein senkrecht stehendes Rohr oder Rohrbündel gegeben wird. Während die Schmelze mehrfach umgepumpt wird, bildet sich durch Kühlen der Rohre von außen, ebenfalls durch einen Rieselfilm, auf deren Innenseite eine Kristallschicht. Die Trennung von Flüssigkeit und Feststoff erfolgt auch hier durch Ablassen der Restschmelze und Abschmelzen des Kristallisates, nach eventuell vorheriger Nachbehandlung. Die Sulzer-Fallfilmkristallisator bestehen aus bis zu 1300 Rohren in Rohrbündeln mit einem Rohrdurchmesser von 7 cm und einer standardmäßigen Länge von 12 m.

Da die Grenzschichten für den Stoff- und Wärmeaustausch infolge der strömenden Schmelze im Vergleich zu den oben genannten statischen Verfahren sehr klein sind, wachsen die Kristallschichten trotz höherer Geschwindigkeit relativ rein, so dass kurze Kristallisationszeiten ausreichen, um eine gewünschte Produktmenge zu erzielen. Allerdings wird die maximal mögliche Reinheit nicht erreicht, so dass

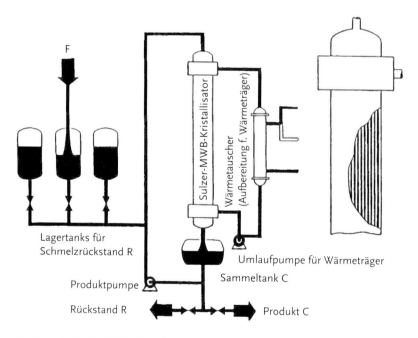

Abbildung 9.2-7 Der Fallfilmkristallisator.

das Verfahren oft mehrstufig, mit ansteigender Reinheit in jeder Stufe, betrieben werden muss.

Aber auch ohne die mehrstufige Betriebsweise führen die dynamischen Verfahren zu einem besseren Reinigungsergebnis als die statisch betriebenen Kristallisatoren. Neumann verglich die an einem Rohrkristallisator mit Rieselfilmeinrichtung gewonnenen Daten für das Stoffsystem Caprolactam/Cyclohexanon (Abb. 9.2–8).

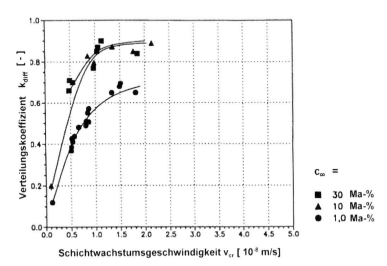

Caprolactam/Cyclohexanon, statisch

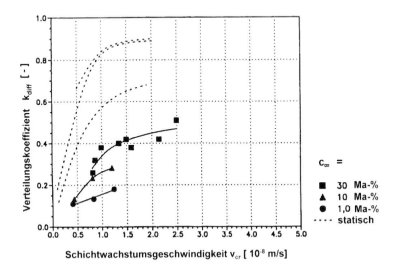

Caprolactam/Cyclohexanon, dynamisch

Abbildung 9.2-8 Vergleich von statischen und dynamischen Kristallisationsergebnissen.

In Abbildung 9.2-8 oben sind die Ergebnisse der statischen Versuche dargestellt, bei denen das Trennergebnis mit zunehmender Ausgangsverunreinigung der Schmelze schlechter wird. Gleiches gilt auch für die in der unteren Abbildung dargestellten dynamischen Versuchsergebnisse, allerdings werden hier unter gleichen Bedingungen (Wachstumsgeschwindigkeit und Ausgangsverunreinigung) um bis zu 75 % bessere Reinigungsergebnisse erzielt. Ähnliche Reinigungsergebnisse können mit dem statischen Prozess nur erreicht werden, wenn die Wachstumsgeschwindigkeiten der Kristalle um bis zum Zehnfachen kleiner gewählt werden, was entsprechend längere Kristallisationszeiten bzw. größere Anlagenvolumina bedeutet.

Der größte Nachteil aller bisher vorgestellten Verfahren ist, dass sie nur dis- bzw. bestenfalls noch semikontinuierlich betrieben werden können.

Um Totzeiten durch das Befüllen und Entleeren der Anlagen zu vermeiden und Energie (Aufheizen und Abkühlen von Wärmeträger, der Anlage und des Produktes) einzusparen, sind in den letzten Jahren kontinuierlich arbeitende Verfahren entwickelt worden. Die einfachsten und ältesten Anlagen auf diesem Gebiet sind von innen gekühlte Kristallisierwalzen. Diese werden häufig als Kaskaden zusammengeschaltet und ermöglichen so die kontinuierliche Reinigung eines Stoffes im Gegenstrom.

Ein anderes Verfahren, das im Gegenstrom arbeitet und auch Möglichkeiten zur Nachbehandlung des Produktes bietet, ist der Bremband-Prozess von Sulzer Chemtech und Sandvik Process Systems. Kernstück der in Abbildung 9.2-9 dargestellten Anlage ist ein im Winkel zur Horizontalen aufgestelltes, von unten kühlbares Stahlband, auf dem das kristallisierte Produkt entgegengesetzt zur nach unten laufenden Schmelze transportiert wird.

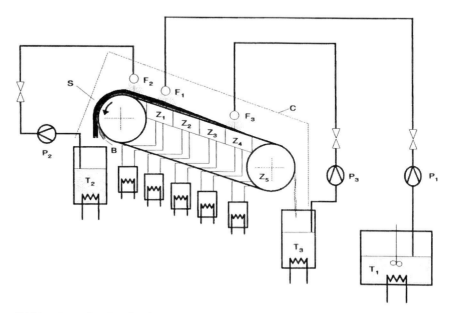

Abbildung 9.2-9 Das Bremband.

Obwohl die mit diesem Verfahren erreichbaren Strömungsgeschwindigkeiten der Schmelze sehr viel niedriger sind als zum Beispiel bei dem Sulzer-Fallfilm-Prozess, ist der Bremband-Prozess bezüglich der erreichten Reinheit und Massenströme je Kristallisationsfläche, bei insgesamt geringerem Energieverbrauch pro Zyklus, wesentlich effektiver.

Die Idee des Kristallisationsbandes schafft damit nicht nur eine Möglichkeit zur energiesparenden und effektiven Stoffreinigung, sondern löst auch die bei den Suspensions- oder Batch-Verfahren häufig auftretenden Förderprobleme auf einfache Art und Weise.

In Tabelle 9.2–1 sind noch einmal die wesentlichen Merkmale der genannten Schmelzkristallisationsverfahren zusammengefasst dargestellt.

Tabelle 9.2-1 Merkmale der Schmelzkristallisationsverfahren.

Merkmale	Schichtkristallisation	Suspensionskristallisation
Fest-Flüssig-Trennung	einfach, nur Abtropfen der Flüssigkeit und Abschmelzen der Kristalle	schwierig
spezifische Phasengrenzfläche Kristall-Schmelze	klein ($10–10^2$ m^2 m^{-3})	groß (ca. 10^4 m^2 m^{-3})
Massenstrom der Schmelze	hoch	niedrig
Kristallwachstums-geschwindigkeit	groß ($10^{-5}–10^{-7}$ m s^{-1})	klein ($10^{-7}–10^{-8}$ m s^{-1})
Temperatur der Schmelze	über bzw. nahe der Erstarrungstemperatur	unter der Erstarrungstemperatur im metastabilen Bereich
Wärmeabfuhr	durch die Kristallschicht	durch die Schmelze
Scale-up	einfach	schwierig
Verkrustungsprobleme	keine (Verkrustung = Produkt)	vorhanden
Förderprobleme	keine, da nur Flüssigkeit	ergeben sich aus dem Vorliegen einer Suspension
Apparate	keine bewegten Teile mit Ausnahme der Pumpen	bewegte Teile

9.2.3
Nachbehandlungsprozesse

In der praktischen Anwendung ist es aus den genannten verfahrenstechnischen oder stoffspezifischen Gründen nicht möglich, 100 % reine Kristalle oder Kristallschichten zu erzeugen. Während die Kristalle bei den Suspensionsverfahren ständig von sich mit Verunreinigungen anreichernder Schmelze umgeben sind, können bei der Schichtkristallisation drei Phasen unterschieden werden, in denen die Schichtreinheit durch Einschluss oder Anhaften hoch verunreinigter Restschmelze herabgesetzt wird:

1. bei der Keimbildung,
2. während der Kristallisation und
3. am Ende der Kristallisation.

In Abbildung 9.2–10 sind die Ursachen und Maßnahmen zur Vermeidung von Verunreinigungen dargestellt. Im Prinzip lassen sich die durch Keimbildung und Kristallwachstum verursachten Unreinheiten nur durch eine kontrollierte Prozessführung unter Berücksichtigung der modelltheoretisch ermittelten Reinheitskriterien bis auf ein Minimum reduzieren. Zusätzliche Operationen, wie Schwitzen oder Waschen, können aber die durch alleinige Kristallisation erreichte Schichtreinheit noch verbessern.

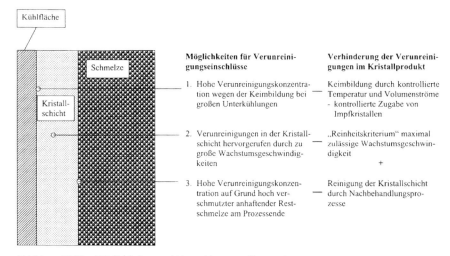

Abbildung 9.2-10 Möglichkeiten und Vermeidung von Verunreinigungseinschlüssen in die Kristallschicht.

Die in Abbildung 9.2–11 definierten Nachbehandlungsprozesse sind zwar mit einem Produktverlust verbunden bzw. führen zur Verunreinigung eines bereits gereinigten Produktes, benötigen aber insgesamt weniger Energie und Zeit als eine zusätzliche Kristallisationsstufe. Außerdem haben sie höhere Ausbeuten und liefern im Vergleich mit einer weiteren Kristallisation meist den gleichen Reinigungserfolg.

Als Beispiel für die Wirksamkeit der Nachbehandlungsprozesse sind in Abbildung 9.2–12 exemplarisch Ergebnisse für das Schwitzen statisch und dynamisch erzeugter Caprolactam-/-Cyclohexanonschichten dargestellt.

Für beide Betriebsarten führt das nachträgliche Schwitzen der Kristallschicht zu einer 15 bis 30 %igen Reinheitssteigerung, wobei die Wirksamkeit des Prozesses für statisch erzeugte Kristallschichten insgesamt größer ist. Diese Tatsache kann auf die bei der statischen Kristallisation schlechten Wärme- und Stoffaustauschbedingungen infolge der fehlenden Schmelzeströmung zurückgeführt werden, die einerseits zu einer stärkeren Anreicherung von Verunreinigungen an der Phasen-

> **Zusätzliche Reinigungsschritte**
>
> **1. Schwitzen:** Schwitzen ist ein durch die Temperatur induzierter Reinigungsschritt, bei dem die kristalline Phase bis knapp unterhalb ihres Schmelzpunktes erwärmt wird. Folge der Erwärmung ist ein partielles Aufschmelzen der in den Poren dieser Phase enthaltenen, hoch konzentrierten Verunreinigungen, die ausgeschieden werden.
>
> **2. Waschen:** Beim Waschen wird die kristalline Phase mit einer Waschflüssigkeit in Kontakt gebracht, bei der es sich um reines Produkt, verunreinigte Schmelze oder eine andere Flüssigkeit (z. B. Lösungsmittel) handeln kann. Der Vorgang des Waschens kann in die Teilprozesse Abspülen und Diffusionswäsche unterteilt werden.
>
> **2.1 Abspülen:** Unter Abspülen ist der einmalige Kontakt von Waschflüssigkeit mit der kristallinen Phase zu verstehen, bei dem die an der Kristallphase anhaftende Restschmelze entfernt wird. Der Reinigungseffekt beruht überwiegend auf der Substitution der Restschmelze durch reinere Waschflüssigkeit.
>
> **2.2 Diffusionswäsche:** Bei der Diffusionswäsche steht die kristalline Phase in längerem Kontakt mit der reineren Waschflüssigkeit. Die Reinigungswirkung ist auf die durch die Konzentrationsdifferenz zwischen hoch konzentrierten Verunreinigungen in den Poren der Kristallphase und der niedrig konzentrierten Waschflüssigkeit induzierte flüssig-flüssig Diffusion zurückzuführen.
> Um ein Aufkristallisieren der Waschphase während des Vorganges zu vermeiden, muss die Kristallphase erwärmt werden, so dass gleichzeitig mit dem Waschen ein Schwitzen erfolgt. Da zu Beginn des Vorganges auch die anhaftende Restschmelze entfernt wird, setzt sich die Diffusionswäsche aus den Teilprozessen Schwitzen, Abspülen und Diffusion von Verunreinigungen zusammen.

Abbildung 9.2-11 Definition der Nachbehandlungsprozesse.

grenze und andererseits zum Wachstum größerer, höher verunreinigter Kristallschichten führen.

Aus der Abbildung ist ferner zu erkennen, dass das Schwitzergebnis mit zunehmender Verunreinigung der Schicht vor dem Schwitzen, d. h. für schneller gewachsene Schichten, besser wird. Denn höhere Wachstumsgeschwindigkeiten bedingen vermehrte Verunreinigungseinschlüsse.

In Abbildung 9.2–13 ist die Wirksamkeit der Teilprozesse, statische und dynamische Kristallisation, Schwitzen und Diffusionswaschen, für das oben genannte Stoffsystem bei unterschiedlichen Ausgangsverunreinigungen der Schmelze gegenübergestellt. Zur besseren Vergleichbarkeit sind die Trennergebnisse auf die Werte bei der schnellen Kristallisation im statischen Fall, also auf die schlechtesten Trennergebnisse, normiert.

Aus der Abbildung geht hervor, dass das Kristallisationsergebnis bei einer Ausgangsverunreinigung der Schmelze von 1 Ma-% allein durch verringerte Wachstumsgeschwindigkeiten um bis zu 41 % verbessert werden kann, während das Schwitzen für diesen Fall nicht zur Reinheitssteigerung beiträgt. Bei höheren Ausgangsverunreinigungen der Schmelze kann durch langsames Kristallisieren, Schwitzen oder Diffusionswaschen eine Reinheitssteigerung gegenüber dem Vergleichsfall (Normgröße) von jeweils ca. 30, 20 und 6 % erreicht werden. Im Falle der dynamischen Kristallisation mit hohen Wachstumsgeschwindigkeiten verbessert sich das Kristallisationsergebnis je nach Ausgangsverunreinigung um etwa 70

260 | 9 Andere Kristallisationsverfahren

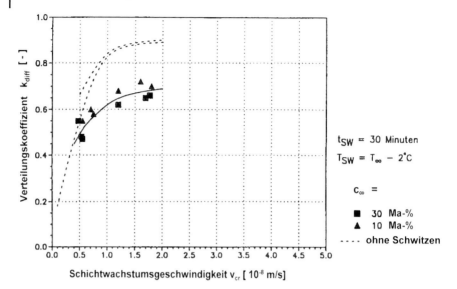

Caprolactam/Cyclohexanon, statisch - Schwitzen

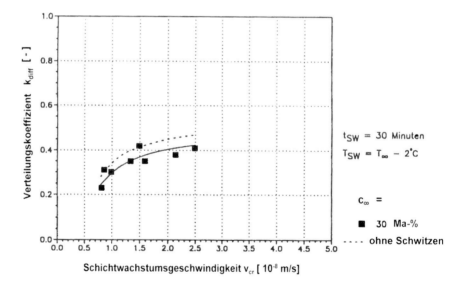

Caprolactam/Cyclohexanon, dynamisch - Schwitzen

Abbildung 9.2-12 Ergebnisse für das Schwitzen von statisch und dynamisch erzeugten Kristallschichten nach [2].

bzw. 47 % gegenüber der statisch schnellen Kristallisation bzw. gegenüber der Normierungsgröße. Das Schwitzen und Diffusionswaschen der dynamisch erzeugten Schichten verbessert die Schichtreinheit um 56 bzw. 54 %.

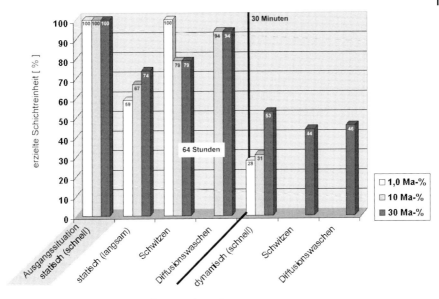

Abbildung 9.2-13 Vergleich der Effektivität der Teilprozesse Kristallisieren, Schwitzen und Diffusionswaschen; eingesetzte Verfahren zur Verbesserung der Trennergebnisse.

Auf der Grundlage dieser Abbildung können folgende Aussagen über die Wirksamkeit der Schichtkristallisation und der Nachbehandlungsprozesse getroffen werden:

- Je geringer die Verunreinigungskonzentration der Schmelze ist um so überproportional wirksamer ist die Kristallisation mit kleinen Wachstumsgeschwindigkeiten.
- Der Schwitzprozess ist bei statisch erzeugten Kristallschichten mit höheren Ausgangsverunreinigungen der Schmelze am wirksamsten.
- Die Diffusionswäsche führt nur bei dynamisch erzeugten Schichten in angemessener Zeit zu einem besseren Reinigungsergebnis.

Die Aussagen sind, je nach den Stoffwerten der zu trennenden Substanzen, zu relativieren. Die Wirksamkeit von Kristallisieren, Schwitzen und Waschen hängen nicht nur von den Ausgangskonzentrationen und Unterkühlungen ab, sondern auch von den Viskositäten und den Diffusionskoeffizienten, die sich im Laufe eines diskontinuierlichen Prozesses stark verändern. Das Rückwirken der sich verändernden Stoffwerte wirkt wiederum stark auf die Effektivität der Teilprozesse zurück.

Literatur

Allgemeine Literatur

G. J. Arkenbout, Melt Crystallization Technology, TECHNOMIC Publishing Company, Inc., Lancaster, USA (1995).

P. J. Jansens, G. M. van Rosmalen, Fractional Crystallization, in D. T. J. Hurle (ed.), Handbook of Crystal Growth, Elsevier Science Pub. Vol. 2 A, Amsterdam (1994).

M. Matsuoka, Bunri Gijuitsu, *Separation Process Engineering* 7 (1977) 245–249.

M. Matsuoka, Melt Suspension Crystallization, in J. P. van der Eerden, O. S. L. Bruinsma (eds.), Science and Technology of Crystal Growth, Kluwer academic publishers, Dordrecht/NL (1995).

M. Poschmann, Zu den Nachbehandlungsschritten der Suspensionskristallisation aus Schmelzen, Diss., Universität Bremen, Shaker Verlag GmbH, Aachen (1996).

R. Scholz, Die Schichtkristallisation als thermisches Trennverfahren, Diss. Universität Bremen, *VDI-Fortschrittsberichte*, Reihe 3, Nr. 347 (1993).

K. Toyokura, K. Wintermantel, I. Hirasawa, G. Wellinghoff, in: Crystallization Technology Handbook (Mersmann, A., ed.), Marcel Dekker, New York (1995) 459–538.

J. Ulrich, Melt Crystallization, in: A. S. Myerson (ed.), Handbook of Industrial Crystallization, Butterworth-Heinemann Series in Chemical Engineering, Boston/USA (1993) 151–164.

J. Ulrich, J. Bierwirth, Melt Layer Crystallization, in: J. P. van der Eerden, O. S. L. Bruinsma (eds.), Science and Technology of Crystal Growth, Kluwer academic publishers, Dordrecht/NL (1995).

J. Ulrich, B. Kallies, Developments in Crystallization Processes from the Melt, in: Current Topics in Crystal Growth Research, 1 (1994), Research Trends, Trivandrum, India.

K. Wangnick, Das Waschen als Nachbehandlungsprozess der Schichtkristallisation, Diss. Universität Bremen, *VDI-Fortschrittsberichte*, Reihe 3, Nr. 355 (1994).

J. Ulrich, H. Glade, Melt Crystallization-Fundamentals, Equipment and Applications, Shaker Verlag, Aachen, (2003).

Spezielle Literatur

1 Y. Özoguz, Zur Schichtkristallisation als Schmelzkristallisationsverfahren, Diss. Universität Bremen, *VDI-Fortschrittsberichte*, Reihe 3, Nr. 271 (1991).

2 M. Neumann, Vergleich statischer und dynamischer Schichtkristallisation und das Reinigungspotential der Diffusionswäsche", Diss., Universität Bremen, Papierflieger, Clausthal-Zellerfeld (1996).

3 J. Ulrich, H. Glade, J. J. Lu, in: Manual on Melt Crystallization, J. Ulrich, H. Glade (eds.) EU-Projekt CRYSOPT, März 2000.

Index

a

Abfallwirtschaftsprogramm 217
Abkühlung, lineare 183
   natürliche 183
Abrieb 10, 198
Abriebsgeschwindigkeit 197
Abriebsmechanismus 197
Abschmelzen 253
Abwassertechnik 226
Additiv 131, 135
   maßgeschneidert 136
   multifunktionell 136, 138
Additivkonzentration 144
Additivzusatz 173
Addukt 38
adduktive Kristallisation 3
Agglomerat, Härte 127
Agglomeration 115
   Halbwertszeit 121
Agglomerationskernel 120
Aluminiumschrott 226
Aluminium-Umschmelzbetrieb 226
Ammoniak 226
Ammoniumnitrat 30
Ammoniumsulfat 46, 109, 190, 205
Anfahren 111
Anforderungen 7
Animpfen 211
Anionenäquivalent 54
Anlage, mehrstufig 207
   mit Thermokompression 207
Anlagenbauer 226
Antisolvent-Kristallisation 238
Anzahldichte 159
Anzahldichtebilanz 149, 153, 182
Attachment-Energie 134
Aufarbeitung 217
Auftaumittel 33
Ausbeute 179

Auslegung 101, 190
Ausschleusung 103
Axialpumpe 195

b

Batch-Kristallisation 210
Batch-Kristallisator 181
Batch-Kühlungskristallisation 155
Batch-Lösungskristallisation 174
Batch-Verdampfungskristallisation 154
Batchzeit 169
Benzoesäure 240
Bildanalyse 150
BImschG 217
binäres Stoffsystem 31
binäres System 24, 25
binding liquid 125
Biopolymer 242
birth-and-spread-Modell 89
Bischofit 40, 48
Bisphenol A 38
Bittersalz 57
bivariante Fläche 43
bivariantes System 25
Bleichchlorid 143
Bodenkörper 23, 234
Bremband 256
Brikettiereinrichtung 235
Brodie-Verfahren 251
Bromid 224
Bruch 10
Brüdenverdichtung 207

c

Calciumchlorid 34
Caprolactam 138, 255
Carnallit 48
Chargenkristallisator 107
Chloralkali-Elektrolyse 218

Kristallisation in der industriellen Praxis. Herausgegeben von Günter Hofmann
Copyright © 2004 WILEY-VCH Verlag GmbH & Co. KGaA, Weinheim
ISBN: 3-527-30995-0

Chlornitrobenzol 146
Citronensäure 22
Computersimulation 146
Crystal-Modelling 146
Cyclohexanon 255

d

Dampfphase 24
Dampfstrahl-Vakuumpumpe 208
darstellender Punkt 28, 48
Dekahydrat 37
Dekanterzentrifuge 209
Dendriten 10
dichteste Kugelpackung 65
dichteste Packung 65
Diffusion 94
Diffusionswäsche 259, 261
Dimension 24
diskontinuierliche Kristallisation 173
Doppelsalz 50, 56
Dosierprogramm 173
down-stream 132, 174, 226
DP-Kristallisator 203
Drehtrommelofen 226
Drehzahl 199
Dreieck-Koordinatensystem 43, 46
Dreistoffsystem 24, 43, 45
  trivariant 42
Druck 24
Druck-Kristallisation 14, 237
DTB-Kristallisator 158, 193, 199, 200
  dynamisches Verhalten 159
Düngemittel 204
dynamisches Verfahren 255
dynamisches Verhalten 159

e

effektive Kristallwachstumsgeschwindigkeit 197
Eindampfung 189
Eindicker 102, 230, 231
einfache Kristallisation 3, 173
einfach-kubisches Gitter 87
Einheitsverfahren 1, 15
Einkristallzüchtung 3
Einschlüsse 108, 222
Einstoffsystem 24
Eisen(III)-chlorid 35, 222
Eisen(II)-sulfat 34
Eispunkt 33
Elektroneutralitätsbedingung 54
Elementarzelle 66
Energiebilanz 103

Energieeinsparung 146
Energieeintrag 158, 196
Erstarrungsgeschwindigkeit 245
Erstarrungsverlauf 41
erstnächste Nachbarn 87
Eutektikum 38
eutektische Mischung 32
eutektisches System 8
Existenzgebiete 60
experimentelle Untersuchung 180

f

Fällung 95
  chemische 175
  physikalische 175
Fällungskristallisator 173
Fällungstaktik 173, 180
Fallfilmkristallisator 254
FC-Kristallisator 161, 193, 213
FC-Verdampfungskristallisator 201
Feinkorn 102
Feinkornabzug 207
Feinkornauflösung 13, 108, 158, 159, 160, 184, 188, 200, 235
feste Lösung 8
feste Phase 24
Fest-Flüssig-Gleichgewicht 7, 241
Fest-Flüssig-Trennung 102, 132, 250, 253
Feststoffbrücke 115, 119
Feststoffgehalt 173
F-Fläche 87
Filterkuchen, Permeabilität 117
Filterwiderstand 187
Filtration 220, 222
Filtrationsgeschwindigkeit 180, 181
Filtrierbarkeit 117, 132
Flächendefekt 71
Flächenwachstumsgeschwindigkeit 133
Flakes 42
Fließbettkristallisator 108, 144, 200, 205, 206, 213
Fließbild 14, 208, 213, 229, 230, 234, 241
flüssige Phase 24, 25, 241
Flüssigkeitsringpumpe 208
Formänderung 134
fraktionierte Kristallisation 3, 217, 220, 222
freie Enthalpie 22, 63
Freiheitsgrade 23
Fremdstoff 142
Fremdstoffbeeinflussung 131
Fremdstoffkonzentration 143
Fünfstoffsysteme 58

g

GAS 237
Gaslöslichkeit 241, 246
Gasträgersublimation 3
Gegenstromwäsche 223
gerichtete Umwälzung 200
Gesamtverfahren 101
Gibbs'sche Phasenregel 23, 238
Gips 141, 211
Gipskristallisation 217, 221
Gitter 65
Gitteraufbau 63
Gitterdefekte 70
Glaserit 56
Glaubersalz 36, 46
Gleichgewicht 7, 23
Gleichgewichtsdiagramm 19
Gleichgewichtsform 72, 73
Gleichgewichtshabitus 133
Gleichgewichtslinie 22
Gleichgewichtsphase 24
Gleichgewichtssystem 24
Gleichgewichtszustand 21, 23
Gleichmäßigkeitskoeffizient 12
Granulometrie 190
Grenzflächenphänomen 95
Grenzflächenprozess 94
Grenzflächenspannung 73
Grobkorn 213
Grobkornkristallisation 233
Grobvakuumbereich 189
Grundbauart, Kristallisator 193
Grundverfahren 3

h

Habitus 75, 132, 135
Halbkristalllage 88
Halbkristalllage-Fläche 87
Harnstoff 205
Hauptabmessung 108
Haushaltszucker 13, 116
Hefeschlempe 201
Herstellkosten 149
Heterogenkeim 80
Heterogenkeimbildung 76
heuristische Regeln 106
hexagonal dichteste Packung 66
hilfsstofffreie Kristallisation 4
Hilfsstoff-Kristallisation 4
Hochreindarstellung 248
Höhenschichtlinie 57, 60
höhere Systeme 52
Homogenkeimbildung 76, 84

Hydrat 35
hydratbildendes Stoffsystem 34
Hydratschmelze 40
Hydrozyklon 208, 215, 221

i

Impfen 111
Impfgut 183
Impfkorngröße 168, 169, 184
Impfkristallmenge 156, 162, 168, 169
Impftechnik 162, 173
Indizierung von Flächen 69
Induktionszeiten 80, 82
inkongruent schmelzende Verbindung 36
instabile Lösung 27
instabiles System 27
instationäres Verhalten 109
invarianter Punkt 26, 48, 233
invariantes System 24, 25
inverse Löslichkeit 211
Isotherme 44, 231
Isothermenschar 45, 50
isothermer Kristallisationsendpunkt 29

j

Jänecke-Dreieck 50, 53
Jänecke Wasserzahl 53

k

Kainit 57
Kalialaun 144
Kaliumchlorat 30
Kaliumchlorid 30, 31, 45, 145, 204, 205, 226, 232
Kaliumnitrat 30
Kaliumsulfat 30, 142, 201
Kaltwasser 210
Kammerfilterpresse 222
Kapazität 102
Kationenäquivalent 54
Keimbildung 8, 132, 237
Keimbildungshäufigkeit 80, 156, 174, 190, 191
Keimbildungskinetik 106
Keimbildungsmechanismen 11
Keimbildungsschauer 110
K-Fläche 87
Kieserit 60
Kinetik 11, 166
Klarlaugenabzug 211
Klarlaugenüberlauf 207
klassierende Entnahme 13, 110, 159, 160, 203

Knickpunkt 25, 26, 34
Kochsalz 13
Körnungsnetz 12
Koexistenzpunkt 33, 34
Koexistenztemperatur 34
koexistierende Phase 24
Kohlendioxid 238
Kokristallisation 232
Kollisionskernel 120
Komplexbildung 145
Komponente 23
kondensierte Phasen 25
kondensiertes System 25
kongruent schmelzende Verbindung 35
Konjugationslinie 29, 41
konstante Lösung 27
konstitutionelle Unterkühlung 253
Konzentrationsangabe 20
Konzentrationsgradient 253
Konzentrations-Temperatur-Diagramm 28
Korngrößenbeeinflussung 178, 181
Korngrößenverteilung 126, 149, 174, 193, 235
Kornkristallisation 3
Kresol 239
Kristallform 63, 74, 132, 163
Kristallgitter 63
Kristallgröße 12
    mittlere 12
Kristallisat, klassierend aus dem Prozess 13
Kristallisation
    adduktive 3
    aus Lösungen 3, 19
    aus Schmelzen 19, 248
    einfache 3
    fraktionierte 3, 217, 220, 222
    Grundlagen 63
    hilfsstofffreie 4
    statische 258
    wirtschaftliche Bedeutung 5
    Ziele 6, 174
Kristallisationsanlage, Fließbild 208
Kristallisationsbahn 28, 29
Kristallisationsendpunkt 29
Kristallisationsverfahren 176, 189, 193, 237
Kristallisationswärme 94
Kristallisationsweg 28, 29
Kristallisator 106, 149
    Bauart 189, 197
    industrieller 189
    statischer 255
Kristallisatorbauart 106
Kristallisatorvolumen 168
Kristallkeimbildung 75
Kristalloberfläche 195
Kristallphase 21
Kristallschicht 254
Kristallverweilzeit 197
Kristallwachstum 132
Kristallwachstumsgeschwindigkeit 190
Krustenwachstum 210
kryohydratischer Punkt 25, 26, 32
Krystal-Kristallisator 205
kubisch dichteste Kugelpackung 66, 68
kubisches Gitter 67
kubisch-flächenzentrierte Elementarzelle 68
kubisch-innenzentrierte Elementarzelle 68
kubisch-innenzentriertes Gitter 68
Kühlband 41
Kühlmedium 210
Kühlprogramm 173, 183
Kühlungskristallisation 175
Kühlungskristallisator 168, 232
Kühlungskurve 168
Kühlwalze 41
Kühlzeit 168

l

labile Lösung 27
Labormaßstab 173
Lagerfähigkeit 190
Lagerung 220
Langbeinit 60
Laserbeugung 150
Laufraddurchmesser 199
Laugung 228
Leitrohrkristallisator 108, 202
Leitrohr-Propellerpumpe 202
Leonit 57
Liniendefekt 71
Lösegeschwindigkeit 180
Lösevorgang 21
Löslichkeit 34, 169
    inverse 233
Löslichkeitsdiagramm 19
    rechtwinkliges polythermes 26
Löslichkeitskurve 25, 26, 168
Löslichkeitssystem 194
Lösung 35
Lösungsgleichgewicht 24
Lösungsmittel 20, 24
lösungsmittelfrei 248
Luftstrahlsieb 150

m

Ma-% 21
Magnesiumchlorid 215
Magnesiumchlorid-Hexahydrat 40
Magnesiumchloridsole 50
Magnesiumsulfat 215
Massenabscheidungsrate 195
Massenanteil 20
Massenbilanz 103, 182
Massenprozent 30
mechanische Brüdenrückverdichtung 233
Meersalz 189
Mehrstoffsystem 19, 30
Melamin 212
Menthol 245
Mersmann-Chart 178
Messo-Wirbelkristallisator 203
Messtechnik 112
metastabile Lösung 27
metastabiler Bereich 9, 22, 80, 82, 132, 174, 191
metastabiler Bodenkörper 57, 58, 60
Mikropartikel 244
Miller'sche Indices 69
Mischkondensator 208
Mischkristallbildung 222
Mischkristalle 8, 224
Mischtechnik 97
Mischungsgerade 194
mittlere Korngröße 193
mittlere Kristallgröße 12
Modellierung 136, 149
Mol 20
Molenbruch 30
Momentengleichung 183
monoklines Gitter 67
monovariantes Gleichgewicht 43, 54
monovariantes System 25
Morphologie 162, 179, 245
MSMPR 13, 105, 156
Müllverbrennungsanlage 217
multivariantes System 25
Mutterlauge 189
Mutterlaugen-Rückführung 211
MVR 233

n

Nachbehandlungsprozess 257
Nadelform 190
Nadeln 10
Nahrungsmittelindustrie 201
Nanotechnologie 237
Naphthalin 240
Nasswäscher 217
Natriumchlorid 30, 32, 45, 131, 143, 212, 218, 226, 232
Natriumsulfat 36, 202

o

Oberflächenkondensator 207
Oberflächenkühlungskristallisation 189, 210
Oberflächenladung 120
offene Maxima 35
optimale Kühlkurve 173, 183
Oslo-Kristallisator 193, 205

p

Partikeldichte 122
Partikelform 242
Partikelgröße 242
Partikelgrößenverteilung 108, 149, 242, 245
Periodensystem 218
Peripherie 207
Permeabilität des Filterkuchens 117
perspektivische Projektion 53
PGSS 237, 241
PGSS-Verfahren 243
Pharmazeutika 242
Phasendiagramm 19, 132
Phasengesetz 23, 24
Phasengleichgewicht 21
Phasenmenge 23
Phasenregel 23
Phasensystem 231
Phasenübergang 63
Phenol 38
Phosphin 226
pH-Wert 145, 180, 221, 222
Pilotversuch 230
Plättchenform 190
Politur 211
Polymer 242
Polymorphie 179
Polytherme 231
polytherme Darstellung 57
polythermes Löslichkeitsdiagramm 26
Population Balance 105, 153, 167
Primärkeimbildung 75, 191
Primärpartikel 115
Probenahme 152
product design 246
Produkteigenschaft 132, 149
Produktkorngröße 184
Produktqualität 174
Produktreinheit 174, 189
Prozesskosten 149

Prozesssenke 223
Pumpe 107, 192
Punktdefekt 71
PVC 217

q

Quadrupelpunkt 33
quarternäres System 42
Quasi-Dreistoffsystem 59
quasi-ternäres Stoffsystem 49, 52, 54
quinäres System 25, 51, 59

r

Rauchgasreinigung 217
Reaktions-Fällung 176
Realkristalle, Wachstum 91
rechtwinkliges Koordinatensystem 30, 48, 57
Redoxpotenzial 221
Regeltechnik 112
Reifung 97
Reinheit 108, 132, 189, 190
Reinheitsanforderung 220
Reisezeit 111, 210
Rekristallisation 213, 217
relative Löslichkeit 177
relativer Filtrationswiderstand 186
relative Übersättigung 177, 242
RESS-Verfahren 237, 241
Restfeuchte 118, 174, 189
Restschmelze 254
Restübersättigung 195
reversible Agglomeration 125
reziproke Salzpaare 25, 43, 54
Rieselfähigkeit 174
Rieselfilm 254
Rohrkrümmer-Umwälzpumpe 199
Rollierbewegung 118
Rosin-Rammler 12
RRSB-Diagramm 12, 164, 184
Rührer 192
Rührerleistung 158
Rührertyp 180
Rührintensität 123
Rührtechnik 173
Rührwerkskristallisator 107
Rüttelsieb 150

s

Saatgutkorngröße 156
Sättigung 21
Sättigungslinie 25, 26, 29, 80
Sättigungstemperatur 168
Sättigungszustand 190

Salzaustragungsstutzen 207
Salzhydrat 34
Salz-Raffination 214
Salzsäure 217, 218
Salzschlacken, Aufarbeitung 226
Salzschmelze 226
Salzwäsche 189
Schälschleuder 209
Schaufeltrockner 118
Schichtkristallisation 249, 252
Schlackenrecycling 227
Schlaufenreaktor 196
Schmelze 19, 35, 250
Schmelzgleichgewicht 38
Schmelzkristallisation 3, 14
Schmelzpunktdepression 244
Schönit 57, 60
Schraubenversetzung 70, 91
Schubschleuder 209, 215
Schwefeldioxid 217
Schwefelwasserstoff 226, 230
Schwermetallfällung 221
Schwitzen 253, 260, 261
sekundäre Aluminiumindustrie 226
Sekundärkeim 76
Sekundärkeimbildung 76, 84, 192
semi-batch-Fällungskristallisation 185
S-Fläche 87
Sherwood-Zahl 95
Sickerwasser 227
Siebanalyse 127, 150, 167
Siebschneckenschleuder 190, 209
Siedepunkterhöhung 210
Silbernitrat 212
Simulationsprogramm 132
Sinkgeschwindigkeit 158, 180
Sonnensaline 189, 213
Speisesalz 213
spezifischer Energieeintrag 197, 198
sphärische Agglomeration 124
Spontankeimbildung 23, 75, 191
stabile Lösung 27
stabiler Bodenkörper 58
stabiles System 27
Stapelfehler 72
Staubfreiheit 174, 190
Stickoxid 217
stöchiometrische Fahrweise 180
Stoffbilanz 103, 105
Stofftrennungsprozess 189
Stofftrennungsverfahren 1
Strahlmühle 116
Streufähigkeit 190

Stromtrockner   209
Stufenversetzung   71
Sublimation   3
Suspension   221
Suspensionsdichte   168, 208, 212
   Einstellung   211
Suspensionskristallisation   132, 249, 250

t

tailor-made-Additive   137
TAKE-Liste   220
TA-Luft   217, 230
Temperaturabhängigkeit   34
Temperaturführung   252
Temperatur-Konzentrationsdarstellung   21
ternäres System   25, 43
Thenardit   37
thermodynamisches Gleichgewicht   27
thermodynamisches Potenzial   23
Thermokompression   202
T-Mischhammer   97
TNO-Thijssen-Prozess   251
T-p-Diagramm   238
Tracht   75
Trägergas   241
Trenneffekt   251
Trennergebnis   261
trivariant   42
trivariantes System   25
Trocknung   220
Tropfapparat   253
TSK-Verfahren   251

u

überkritisches Fluid   241
Überlöslichkeitskurve   22, 27
übersättigte Lösung   27
Übersättigung   8, 75, 143, 169, 174, 178, 190
Übersättigungsabbau   104, 194
Übersättigungshöhe   194
Übersättigungszyklus   186
Ultraschall   150
Umfangsgeschwindigkeit   199
Umlauftrockner   209
Umwälzpumpe   197
Umwälzung   193
Umwandlungspunkt   24, 25, 26, 60
Umwandlungstemperatur   24
Ungleichgewicht   21
Unterkühlung   250
Untersättigung   22
unvollständiges Gleichgewicht   26
Unwucht-Fließbetttrockner   209

v

Vakuumbandfilter   230
Vakuumfiltration   231
Vakuumkristallisation   175
Vakuumkühlung   189
Vakuumkühlungskristallisation   194, 202, 210
Vakuumtechnik   189
Vakuumverdampfung   189
Vakuumverdampfungskristallisation   210
Verdampfungskristallisation   175, 222
Verdampfungskristallisator   169, 232
Verdampfungsprogramm   173
verdecktes Maximum   38
Verdrängungs-Fällung   176
Verfahrensauswahl   209
Verkrustung   111, 190, 210, 232
Vermischung   98
Verpackung   220
Verschobenes Wachstum   145
Verteilungskoeffizient   224
Verunreinigung   102, 132, 222
Verweilzeit   111, 197, 198, 250
Vielstoffsystem   43
Viereckdarstellung   55
Volldünger   190, 205
vollständiges Gleichgewicht   27
Volumenanteil   20
Volumendefekt   71
Volumenformfaktor   168, 169
Voreindicker   208

w

Wachstum idealer Kristalle   89
Wachstumsdispersion   161
Wachstumsfläche   133
Wachstumsform   72, 74
Wachstumsgeschwindigkeit   90, 94, 156, 174, 252
Wachstumshabitus   133
Wachstumshemmung   136
Wachstumskinetik   106
Wascheindicker   215
Waschen   253
Waschkolonne   251
Waschwasser   218
Waschwasseranalyse   219
wasserfreier Bodenkörper   33
Wechselwirkungsenergie   64
Widerstandshöhe   199
Wiederverwertung   217
Wulff'scher Satz   73

y
Y-Mischhammer 97

z
Zentraldistanz 73
Zentrifuge 213
　Bauart 209
Zinksulfat 34

Zucker 13, 116
Zusammenstoß 199
Zustandsdiagramm 19, 21
Zwangsumlaufkristallisator 199
Zweistoffsystem 24
Zwilling 71, 72
Zwischengitteratom 71